トーマス・シェリング〈著〉
斎藤剛〈訳〉

軍備と影響力

核兵器と駆け引きの論理

Thomas C. Schelling
Arms and Influence
With a New Preface and Afterword

keiso shobo

ARMS AND INFLUENCE: WITH A NEW PREFACE AND AFTERWORD
by Thomas C. Schelling
Preface to the 2008 edition © 2008 by Yale University
Copyright © 1966 by Yale University
Originally published by Yale University Press
Japanese translation published by arrangement with Yale University Press
through The English Agency (Japan) Ltd.

目　　次

2008 年版にむけての序文　1

初 版 序 文　5

第1章　暴力という外交────────────────9

力ずくと強制の対比　10

戦争における強制的な暴力　14

苦痛と損害の戦略的役割　20

恐怖と暴力に対する核の寄与　25

戦場での戦いから暴力という外交へ　32

第2章　コミットメントの技法───────────41

信頼性と合理性　42

目的と能力の整合──主動性の放棄　48

目的と能力の整合──「コミットメント」のプロセス　54

コミットメントの相互依存性　60

敵のコミットメントを疑う　64

コミットメントからの逃避　67

敵のコミットメントからの回避　71

抑止と「強要」の違い　73

防衛と抑止，攻撃と強要　82

強要の脅しにおける「連関」　89

強要と瀬戸際政策　93

第3章　リスクの扱い────────────────95

瀬戸際政策──リスクの扱い　101

リスクを生み出す制限戦争　107

核兵器とリスクの増大　111

体面，神経，そして予期　117

i

第4章　慣用表現としての軍事行動 ——————————— 127

暗黙の駆け引きと通常戦力の限界　131

慣用表現としての復仇　140

戦術的反応と外交的反応　150

慣例的な敷居の扱い　151

敷居の特質　153

「究極の制限」　155

戦場の戦争，リスクの戦争，そして苦痛と破壊の戦争　163

復仇と越境追撃　165

強　制　戦　争　167

強制戦争と強要　171

強制核戦争　172

「戦略戦争」の相手としての中国　180

第5章　極限の生存競争という外交 ——————————— 185

敵の兵力と都市　187

暴力と暴力の対決　192

決定的な問題——終わらせること　198

休戦と軍備管理　203

いくつかの厳しい選択　206

戦争における交渉　209

第6章　相互警報の力学 ——————————— 215

害をもたらす拙速の影響　220

「脆弱性」と抑止　225

兵器の性格——力と安定　227

動員——現代における例証　232

武装世界における安定の問題　237

武装解除世界における安定の問題　240

国際的な軍事当局　243

安定に資する軍縮の設計　248

目　次

第7章　軍備競争という対話 ——————————————253

継続する対話　256

軍備レベルを巡る暗黙の駆け引き　260

軍事力の整備目標にかかわるコミュニケーション　263

軍備競争におけるフィードバック　266

暴力の抑制　274

あとがき——驚くべき60年：広島の遺産　279

訳者あとがき　295

事項索引　303

人名索引　307

著者・訳者紹介　310

表記について

- （　）は，訳注の断り書き以外，原文で使用されているとおり記した。
- 原文でのダブルクォーテーション（" "）は，訳文ではカギカッコ（「　」）に置き換えた。
- 原文での斜め文字は，傍点付記に置き換えた。

iii

2008年版にむけての序文

　1960年代に本書を著してから今日に至るまで世界は変化してきた。もっとも顕著な変化は，米ソ——NATOとワルシャワ条約機構——間の敵対関係とそうした敵対関係を包み込むものとしての核兵器が，ソ連の解体とワルシャワ条約機構の崩壊によって消散したことである。ロシアは冷戦後もいくぶん軍事対立的であり続けているが，新生ロシアと米国の間の曖昧な対立を懸念するものは（私の知る限り）誰もいない。

　ここ40年以上におけるもっとも驚くべき展開——私の知る誰しもが想像できなかった展開——は，広島と長崎が世界で最初の核攻撃をこうむった後の20世紀における45年間という期間に，戦争で核兵器が使用されたことが一度たりともなかったということである。私がこの序文を書いている2008年初めの時点で，日本の都市の上空で怒りにまかせて投下された核兵器の2回目かつ最後となった爆発があった日から62年と半年が経過している。その日以来，どうカウントするかにもよるが，核保有国がからむ戦争が5〜6回生起しているものの，核兵器が使用されることはなかった。

　2期にわたるアイゼンハワー政権においては，核兵器が「通常戦力化」したと公式に宣言されたが，その後，1964年にジョンソン大統領は，記者会見においてヴェトナム戦争における核兵器の有効性について問われ，「間違ってはならない。通常核兵器などというものは存在しない。19年にわたる危険に満ちた年月の中で相手に核エネルギーを解き放った国はない。そうすることはいまや最高レベルの政治決断なのだ」と応じている。

　そうした19年にわたる危険に満ちた年月はいまや60年以上に及んでいる。核兵器は，国連による韓国防衛において使用されなかった。これに引き続く中国との戦争においても使用されなかった。ヴェトナム戦争においても使用されなかった。1973年にエジプトの2個軍がイスラエル側のスエズ運河地域に侵攻したときも使用されなかった。フォークランド諸島を巡る英国とアルゼンチンとの戦争においても使用されなかった。そして，もっとも印象的なことには，ソ連の自信を喪失させたアフガニスタンにおける長期に及ぶ戦争の最中そして敗戦時においても使用されなかったのである。

核兵器の不使用が「タブー」と呼ばれるようになったことは，高く評価されるべき財産である。われわれの主たる願いは，さらに60年間，核戦争なしで過ごすことである。

　本書が書かれた時点で，不拡散プログラムは，いかなる専門家もが期待した，あるいは可能と考えたよりも成功を収めている。2008年の時点で，核兵器を保有している国は9カ国あり，おそらく10カ国になろうとしている。本書初版を執筆していた時点（訳注：1965年）では，20世紀中に核兵器保有国は3～4倍に増えるだろうと真剣に見積もられていた。そうならなかったのは，政策がうまくいったことと，1986年のウクライナ・チェルノブイリ原子力発電所の爆発事故によって原子力発電に対する関心が失われたことによる影響もある。

　一方，本書執筆以降，テロリズムは変化を遂げた。テロは，かつては一部のハイジャックを除き，大部分は大規模紛争とは関係がなく，アルジェリアやヴェトナムで起きたような内紛現象であったが，2001年以降は，その暴力レベルと目標の双方でより大きな地位を占めるとともに，動機が多様化していると考えられている。本書は，対テロ政策を考えるうえでの何らかの手引きとなるのだろうか。

　これに関連して自問していることがある。はたして私は，本書がテロ首謀者の手に渡ってほしいと思っているのだろうか。とくに，テロリストの核兵器に関わりを持つ誰しもが本書に関心を示すことを，私は，歓迎するのだろうか，それとも嘆くのだろうか。ここ2～3年，私は自問し続けている。

　さらにこれと少なからず関連する問いがある。私は，この数年のうちに核兵器を獲得するかもしれない北朝鮮，イラン，その他の国において影響力のある者が本書を読み，賢くなることを期待しているのかという問いだ。テロリストと新たな核国家の双方に対するこれらの問いのいずれに関しても，私は，完全にとはいえないまでもほぼ結論に達しており，それを披瀝（ひれき）できるくらいの自信はある。つまり私は，彼ら，すなわち「ならず者国家」やテロリストに対して，潜在的な暴力に関して，彼らが見出すであろうもっぱら破壊的な使用におけるいかなる価値との比較においても，外交的な使用という期待しうる価値を評価してほしいと思っているということである。賢いテロリスト——核物質を手に入れることができるなら核爆発装置を組み立てることができる人物は相当高い知能の持ち主であろう——なら，そのような兵器の相対的な強みは，単なる破壊作用ではなく，感化作用であることを評価できるはずである。私は，彼

らが本書からそのことを学ぶのを望んでいるのだ。

本書『軍備と影響力』が最初に発刊されてから40年の間に，中国は，あたかも資本主義のような経済が急速に発展する一方で，断固として台湾を独立させない，あるいは独立国として認めない保守的な核国家という，異なる国の寄せ集めのような国家になった。その核戦力は，米国の基準からすれば穏健であり，「先行使用」への不支持を宣言している。本書を執筆したとき私は，ソ連と中国が修復不能なほど仲たがいしているのは明らかであると考えていたが，皆がそう認識していたわけではなかった。とくに，ヴェトナム戦争における中ソ両国の利害関係を肯定的に評価していたジョンソン政権やニクソン政権はそうだった。だが，もはやソ連は存在しておらず，中国とロシアは国境を接しているだけの関係である。

冷戦の崩壊，印パ間における核競争の到来，米国の政策における「ならず者国家」の特定，原材料から爆弾を製造するノウハウにアクセスできるテロリストが核物質を入手する可能性，といったことから，本書の一部が無意味，あるいは陳腐化したのではないかというもっともな疑問を持つ者もおそらくいるだろう。私の期待するところは，そうしたことについて考えを巡らせているインドとパキスタンが，本書がかなり正鵠を得たものであると気づいてくれることであり，同じように北朝鮮とイランが，本書が啓示するところに気づいてくれることである。私は，本書の2008年版発刊に向けた準備において当然のことながら，21世紀の読者にとって無関係だったり理解できなかったりするかもしれない時代遅れな箇所をすべての章で見出そうとした。

実のところ私は，初版の序文の冒頭に記した一文——「人間の創造性についての嘆くべき原理の1つは，創造より破壊のほうがたやすいということである」——が，1960年代当時よりも，今日さらに意味を持っていると考えている。この原理は，いまや最悪の事態に対するわれわれの懸念の源となっている。

私は新たな語彙を考案しなければならなかった。「抑止（deterrence）」という用語は十分に理解されていた。「抑止」とは，ある辞書に記されているように，「恐怖，疑念，またはその他同種の手段によって，行動するのを妨げる，または思いとどまらせる」ことを意味していた。別の言い方として，「恐怖によって，わきに逸らせる（turn aside），または思いとどまらせる。転じて，成り行きへの恐怖から行動を妨げる」があり，また，ラテン語に由来する「脅して～させる（frighten from）」があった。抑止は，軍事戦略のみならず刑法にお

いても広く使用されていたし，「封じ込め」とともに，ソヴィエト圏に対する米国の政策の基本であった。だが，抑止は受動的である。受け入れられない何かに対する反応を措定しているが，挑発的ではないという意味で静穏である。「攻撃的」との対比において，むしろ「防衛的」な何かである。米国には，国防総省は存在するが，もはや戦争省は存在しない。「防衛」は軍事行動の穏健な面を体現するようになっているのだ。

　しかしながら，「成り行きへの恐怖」によって，ある好ましくない行動を未然に防ぐのではなく，ある好ましい行動をもたらすことを意図する脅しの行為を何と呼称すればよいのか。「強制 (coercion)」は，こうしたことを包含しているものの，成り行きへの恐怖によって行動を強制することだけでなく，抑止——行動を妨げる——も含んでいる。これを論ずるためには，新たな用語が必要である。私は，「強要 (compellence)」という用語を選んだ。この用語はいまや戦略用語として，かなりとは言わないが，ほぼ定着している。この用語は，将来，米国——「われわれ」——がすべきことを分析するときに必要であるし，さまざまな敵対者——「彼ら」——がわれわれに危害を与えうる能力においてどのようにして優位に立とうとするかを分析する際，さらに必要になってくるだろうと私は考えている。

　われわれは，抑止——核抑止でさえも——が，つねに働くわけではないことを見てきた。米国の核兵器によって，北朝鮮による南進が抑止されることはなかったし，米軍が中国国境付近に進出していった（中国の脅威によって米国の参戦が抑止されなかった）のと同じように，中国の南進が抑止されることもなかった。1973 年にエジプトとシリアは，イスラエルが核兵器を保有していることを知っていたが，それによって抑止されなかった。シナイ砂漠付近には市民がまったく存在していなくとも，核のタブーを破って核兵器を使用するのはイスラエルにとっても大きな危険が伴うことを，たぶんエジプトとシリアは（きわめて適切にも？）認識していたのだろう。

　しかしながら，米ソ間の「相互抑止」は驚くほどうまくいった。われわれは，そこから印パが正しい教訓を導き出すことを期待できる。本書が，北朝鮮，イラン，その他，核兵器保有を検討中，あるいはすでに獲得している国の関係者をして，抑止について，そして核兵器が単なる破壊以上のことをどうやって達成できるかについて，真剣に考えさせる助けとなるのであれば，彼らとわれわれの双方を利することになるだろう。

初 版 序 文

　人間の創造性についての嘆くべき原理の１つは，創造より破壊のほうがたやすいということである。建築に多大の人力を要した家屋も，マッチ箱を買うのに必要な金しか使っていない非行少年によって，１時間足らずで焼き尽くされてしまう。犬を毒殺するのは育てるよりも安上がりである。そして，国家は，200億ドル程度の核兵器で，同額の海外投資によって生み出されるより多くのものを破壊できる。人間あるいは国家が及ぼしうる危害は，人々に強烈な印象を与える。そしてそれは，しばしば，そのために用いられる。

　痛めつける力（power to hurt）──誰かが大切にする何かを破壊し，痛みと悲しみを与えるだけの，まったく何物も得ることができない非生産的な力──は，用いるのは容易ではないが，しばしば用いられる交渉力の一種である。それは，闇社会では，恐喝，強請，そして誘拐の根底にあり，一般社会では，ボイコット，ストライキ，そしてロックアウトの根底にある。痛めつける力は，いくつかの国においては，有権者，官僚，そして警官に対してさえも，何かを無理強いするために日常的に用いられる。そして，犯罪や非行を抑止するために社会で用いられる体罰のように，人間性の中に潜んでいる。痛めつける力には，人の迷惑になったり収益を減じたりする座り込みのような非暴力的な形態や，他人に罪や恥の意識を生じさせる自暴行為のような巧みな形態もある。アテネ時代に入って間もないころから，人は，法律でさえ悪用できるのであり，お金を借りていようがいまいがそれを手に入れるために裁判の脅しをかけたりする。痛めつける力はしばしば，一般市民にとっても軍人にとっても規律の源泉であるし，神は厳格な服従を強いるためにそれを用いるのだ。

　他国に及ぼしうる物理的な危害に由来する交渉力は，抑止，懲罰と報復，テロ，神経戦，核の脅し，そして停戦と降伏のような概念と，捕虜の扱い，戦争の制限，そして軍備の規制といったその害悪を制約する互恵的な努力の双方を反映している。軍事力は時として，説得や脅しによってではなく，力ずくで目標を達成するために使用される。だが通常，潜在的な軍事力は，それが及ぼしうる危害によって，他国，そしてその政府と民衆を感化するために用いられることもありうる。このことはいまに限ったことでなく歴史を通じて言えること

5

だ。それは，巧みに用いられるかもしれないし，不器用に用いられるかもしれない。悪意をもって用いられることもありうるし，自己防衛のため，あるいは平和を求める中で用いられることもありうる。一方，外交の一部たる交渉力として用いられることもありうる。それは，より醜く，より不快で，より文明的とは言えない外交の一部であるが，されど外交である。

　このような類の外交には慣習的な名称がない。それは「軍事戦略」ではない。軍事戦略は，戦勝獲得のための術や学を意味する。そして，戦勝の目的は，「敵にわが意思を強いること」と慣習的に表現されてきたが，どのようにしてそれを達成するかについては，戦役や戦争の遂行に比べて，概して注意を払われてこなかった。それは，外交の一部であるが，少なくとも米国においては，主流にある持続的なものではなく，常道をはずれた偶発的なものであった。そしてそれは，戦争切迫時や戦争遂行時には，軍事に明け渡されてきたのである。だが，ここ 20 年，その一部は，主流かつ持続的なものとなった。米国においては，外交政策に対する軍事の関係性が，爆弾の破壊力の著しい変化と時を同じくして，著しく変化したのである。

　私は，本書において，このような暴力という外交に潜むいくつかの原則を見出そうとした。「原則」という用語はいささか仰々しく聞こえるかもしれないが，私の関心は，国家が暴力的な能力を交渉力としていかに用いるのか，あるいは少なくとも用いようとするのか，その困難性と危険性は何か，そして成功と失敗の要因は何かということであった。成功というのは，ある程度は二律背反する概念ではないし，失敗はなおさらでそうである。暴力が伴う場合，敵の利害とさえ共通点があるのだ。共通点がなければ交渉は成立せず，単なる死闘でしかない。

　しかしながら，本書は政策の書ではない。私は，NATO の再編，共産国家中国の封じ込め，キューバの解放，ヴェトコンの弱体化，あるいはインドの核兵器獲得への誘因の引き離し，といったことを試みてきたわけではない。有人爆撃機，原子力艦，あるいは弾道ミサイル防衛を支持したり，逆にその評価を下げようとしてきたわけでもない。死か降伏かを選択しようとしたり，軍隊を評価しようとしてきたわけでもない。原則から直接政策が導かれるのは稀である。政策は，価値と目的，そして予測と見積もりの評価に依拠するのであり，通常，相克する原則の相対的重みづけを反映するものなのだ（政策は一貫性を保持すべきであるが，興味深い原則はほとんどつねに矛盾する）。同時に私は，自身の先入観を公平に扱っていないことを自ら認めている。それは，ある論点に

6

おいて露骨に現れるが，それに共感する読者もいれば認めない読者もいるだろう。一方私は，ある論点において自身が持ち合わせていなかった見解を得るために，懸命に努力してきたことも事実である。

　私は，軍備管理にはあまり携わってこなかったが，1960-61年にハルペリン（Morton H. Halperin）とともに，軍備管理に関する短い著作を書いた。いまもそれを気に入っているが，ここでそれを繰り返したり書き直したりする必要はないと考えている。本書では擾乱，反乱，そして国内テロについてはほとんど触れていないが，それは他書にて扱われるべきである。また，「極のある世界」に妥当性があるとしたら，おそらくそれは，米国やソ連の政策と同じくらいフランスや中国の政策が意味を持つような，数カ国が競合する世界であろうとは書いているが，多くの核保有国が存在する「極が消散した世界」についての特段の記述はほとんど，またはまったくない。私の言説が現在において妥当性があるなら，少々不完全ではあるかもしれないが，将来においても妥当なはずだ。

　私は歴史上の事例に言及するが，通常，それは描写のためであって証拠事実として提示しているわけではない。着想においては，シーザーのガリア戦記やトゥキディデスのペロポネソス戦争がもっとも役に立った。歴史的価値がどうであれ，たとえそれらが純粋な作り話だったとしても，このことは同じだったであろう。私はしばしば，最近の事例をいくつかの論点や方法論を描写するために用いるが，それは，その肯定を意味するものではないし，たとえ政策がうまくいった場合でもそうである。1964年のトンキン湾事件の検討に数頁が割かれているが，この事件を肯定することを意味しない（実のところ私は肯定しているのだが）。1965年の北爆における強制的な側面もそうである（これについては実のところ私はいまだに確信が持てない）。また，政府の最高レベルにおける非合理性——それがなければ信頼性が伴わない脅しに十分な信頼性を付与するために必要——を高める方策についても数頁を割いているが，それを認めることを意味するものではない（実のところ私は認めていない）。

　私は，掟破りの誘惑に駆られるような本書の執筆に際して，多くの助けを頂いたし，いくらかの賞賛と同じく非難についても共有することに努めた。力のこもった批判は，本書の輪郭や文体に多大なる影響を及ぼした。なかでも，ブロディー（Bernard Brodie）とキング（James E. King, Jr）は，私の原稿に対する不満と，それ以上の著者への愛情から，お骨折りいただき，すべての章を読んでくれた。そのことに，おおいに感謝申し上げなければならないが，彼らが

7

いまだ満たされてはいないことも記しておかねばならない。他にも，ボウイ（Robert R. Bowie），バッセイ（Donald S. Bussey），ブルームフィールド（Lincoln P. Bloomfield），ドナヒュー（Thomas C. Donahue），アーウィン（Robert Erwin），フィンケルシュタイン（Lawrence S. Finkelstein），フィッシャー（Roger Fisher），ギンズバーグ（Robert N. Ginsburgh），ハルペリン，イクル（Fored C. Ikle），カウフマン（William W. Kaufmann），キッシンジャー（Henry A. Kissinger），レヴィン（Robert A. Levine），レイテス（Nathan Leites），オーランスキー（Jesse Orlansky），クウェスター（George H. Quester），ウルフ（Thomas W. Wolfe）が，私のどこが誤っているのか，不明確な言語，書の構成について躊躇なく指摘してくれたり，アイディアを付加したり，事例を示してくれたりした。本書の性格や内容に影響を与えた方々は他にもおられるが，そのすべてを列挙できないことをご容赦いただきたい。

　本書執筆に際して，かつて *Bulletin of the Atomic Scientists*, *Foreign Affairs*, *The Virginia Quarterly Review*, *World Politics*, 原子力科学者会報，フォーリン・アフュアーズ，ヴァージニア・クォータリー・レビュー，ワールド・ポリティクス，国際問題研究センタープリンストン大学，国際問題研究所，カルフォルニア大学バークレー校，英国戦略研究所によって公刊されたいくつかの論文の一部を加筆修正し，いくつかの章に編纂している。これをお許しいただいた関係各位に感謝申し上げる。

　ワシントンの防衛分析研究所の誠実なグループが，初稿の推敲に際して，計11回のセミナーを毎週開催してくれた。そして，最終稿は，ロンドンの戦略研究所に招聘されていたときにまとめられた。

　1965年春，イェール大学でのかつての同僚から，ヘンリー・L.スティムソン講義の開講式に御招待いただいた際，本書に基づく講義を行った。

トーマス・C.シェリング

ケンブリッジ，マサチューセッツ州
1965年11月15日

第1章

暴力という外交

　外交と力の相違は，通常，言葉か銃弾かという単なる手段の違いではなく，敵国同士の関係，すなわち，動機の相互作用と意思疎通，相互理解，妥協，そして自制の果たす役割といったものの中に存在する。外交とは駆け引きであり，たとえ双方にとって理想的なものでなくとも，他の代替案よりもましな結果を追求するのである。外交においては，双方が相手側の欲するものをある程度制御すると同時に，自ら何かを手中に収めたり相手側の意向を無視するよりも，妥協，交換，あるいは協調によってさらに多くのものを得ることができる。駆け引きは上品にも粗野にもなりうるし，提案は脅しも伴いうる。また，現状を維持することも，すべての権利や既得権を無視することも想定しうるし，信頼よりもむしろ不信を想定しうる。だが，上品か無礼か，建設的か侵略的か，敬意か悪意か，友人同士か敵同士かといったことや，信頼や善意があるのかないのかといったことにかかわらず，たとえ相互損失の回避だけであってもいくらかの共通利害が存在するという認識，そして自身が受け入れ可能な結果を相手側にもよしとさせることが必要であるとの認識が存在しなければならない。

　十分な軍事力を持つ国家に駆け引きは必要ないかもしれない。絶対的な力，技量，そして創意によって，国家は欲するものを手に入れ，持てるものを保持し続けることができる。相手側の望みを気にかけることなしに，相手の力，技能，そして創造性に呼応するだけで，強制的にそれができるのだ。侵略の阻止と撃退，突破と占領，奪取，撲滅，武装解除と無力化，封じ込め，接近阻止，そして侵攻や攻撃の直接無効化を，強制的にできるということだ。それは十分な力があればできるのだが，「十分な」というのは相手方がどれだけ持っているかに依拠する。

　もっとも，力が成しうることは他にもある。それは，より軍事的でも，英雄的でも，人間的でもないし，一方的なものでもない。それは，もっと醜いものであり，西側の軍事戦略においてあまり注目されてこなかったことだ。奪取と

9

確保，武装解除と無力化，そして突破と妨害などに加えて，軍事力は，痛めつける（hurt）ために用いることができる。価値あるものを手に入れたり守ったりするのに加えて，価値を破壊することができる。敵の軍事力を弱体化するのに加えて，敵に極度の苦痛を与えることができる。

　苦痛と衝撃，失望と苦悩，そして窮乏と恐怖は，つねにある程度，時としてすさまじく，戦争によってもたらされる。伝統的な軍事学においては，それらは副次的なものであって目的ではない。もっとも，暴力が副次的なものとして振るわれるなら，それ自体を目的として振るうこともできよう。痛めつける力は，もっとも見事な軍事力の属性の1つに挙げることができるのである。

　力による奪取や防御とは異なり，痛めつけるというのは，相手方の利害に無関心ではいられず，与えうる苦しみとそれを回避しようとする相手側の欲求によって評価される。強制的な行いは，軍隊に対して作用するのと同じく，雑草や洪水に対しても作用するが，苦しみには，痛みを感じたり失う何かを持つ被害者が存在しなければならない。苦しみを与えても，直接的に何かを得たり何かを貯えたりできるわけではなく，それに対する回避行動を呼び起こすだけである。スポーツや復讐行為でもない限り，その唯一の目的は，決心や選択を強制するために，誰かの振る舞いに影響を及ぼすことであるに違いない。強制的であるためには，暴力が予期されなければならない。そして，和解によって回避可能なものでなければならない。痛めつける力は交渉力である。それを活用するのが外交である。邪悪な外交ではあるが，されど外交なのだ。

力ずくと強制の対比

　欲するものを取り上げることと誰かがそれを差し出すように仕向けること，攻撃を払いのけることと誰かが攻撃するのを恐れるように仕向けること，人が取り上げようと試みるものを保持し続けることとそうするのを恐れるように仕向けること，そして誰かが強制的に奪おうとするものを失うこととリスクや損害を回避するためにそれを諦めることは，それぞれ異なる。それは，防衛と抑止，力ずくと脅迫，征服と恐喝，行動と脅しという違いである。そして，一方的かつ「非外交的」に力に頼ることと，痛めつける力を基盤におく強制外交（coercive diplomacy）との違いである。

　相違点はいくつかある。単に「軍事的」または「非外交的」な強制行為に訴えることは，敵の利害ではなく力に関係する。だが，痛めつける力を強制手段

として用いることは，まさに敵の欲求や恐怖につけ込むことである。粗野な力（brute strength）が，通常，直接対峙する敵の力と比べて相対的に測られるのに対して，一般に痛めつける力は，敵が仕返しのために用いる痛めつける力によって減じられることはないのだ。対抗する力は互いに打ち消しあうかもしれないが，苦痛や悲しみはそうではない。痛めつけようとする意思，脅しの信憑性，そして痛めつける力を活用しうる能力は，まさに敵が仕返しとしてどれほど痛めつけることができるのかに依拠するが，自身の苦痛や悲しみを直接癒すことと敵の苦痛や苦しみとは何ら関係がないかほとんどない。並外れた力を持った両者は互いに打ち負かすことができないが，互いに痛めつけることはできるだろう。力をもってすれば，価値ある目標を巡って争うことはできるが，並外れた暴力をもってできることは互いを破壊することなのだ。

　力ずく（brute force）は実際にそれが行われるときに真価を発揮するが，痛めつける力は，予備として温存されているときにもっとも真価を発揮する。それは，損害あるいはさらなる損害を付与するという脅しであり，誰かを屈服させたり従わせたりすることができる。また，潜在的な暴力——いまだに使用を控えることも使用することもできる，あるいは受け手がそのように捉える暴力——であり，何者かの選択に影響を及ぼしうる。力ずくが何者かの力に打ち勝とうとすることであるのに対して，苦痛を与えるという脅しは，何者かに対して動機を与えようとするものである。不幸にして，痛めつける力は，しばしばそれが何らかの形で実行されることによって意思が示される。非合理的な反応を呼び起こす混じり気のない暴力主義的な暴力であろうが，そっちがその気ならまたやるかもしれないというような，誰かを説得するために冷静に熟慮された暴力であろうが，問題となるのは，苦痛と損害そのものではなく，誰かの振る舞いに及ぼす影響力である。痛めつける力が望ましい振る舞いをするよう仕向けるとすれば，それは，さらなる暴力を予期させることなのである。

　痛めつけたり損害を与えたりする能力を活用するためには，敵が何を大切にしているのか，敵を恐れさせているのは何なのかを知ること，さらには，敵自身のいかなる振る舞いによって暴力がもたらされるのか，そして何がそれを差し控えさせるのかを敵に認識させることが必要である。暴力を受ける側は，何を欲せられているのかを知らなければならないし，おそらく何を欲せられていないかを確信していなければならないだろう。苦痛と苦しみは，受け手の振る舞い次第で生じるのであり，それだけでは効果的な脅し——要求に従わない場合の苦痛や損失という脅し——ではなく，おそらくは暗黙のうちに伴ってい

11

る，要求に従えば苦痛や損失を回避できるという確約である。確実な死が待ち受けるということは，相手を圧倒するかもしれないが，何らかの選択肢を与えるものではないのだ。

　損害付与の脅しによる強制においても，わが方と相手方の利害が完全には対立していないことが必要である。もし相手方の苦痛がわが方の最大の喜びであり，かつ，わが方の満足が相手方の最大の悲しみであったとするなら，互いを痛めつけ失望させるためだけに突き進むことになろう。相手方がわが方にもたらしうるものに比べて，相手側の苦痛がわが方にもたらす満足がほとんど，またはまったくないとともに，わが方を満足させる行為や不作為が，わが方が与えうる苦痛よりも少ない対価しか相手方に払わせないような場合に，強制の余地はあるのだ。強制においては，交渉の余地を見出すこと，そして懲罰の脅しに鑑みた場合にわが方が欲することを行うのを相手方がよしとする──われわれが欲することを行わないのを相手側がよしとしない──ように手はずを整えることが必要である。

　もっとも激しい労働争議，人種闘争，市民暴動とその制圧，そしてゆすりに通常つきものなのが，もっぱらの損害と暴力のためのこのような能力である。犯罪者に対処するのに用いるのも，力ずくではなく，痛めつける力である。電流網による警戒線，築壁，そして武装した警備員などではなく，犯罪が起きた後で犯罪者を痛めつける，またはその脅しをかけるのである。監獄は，もちろん，強制的拘束にも剝奪の脅しにもなりうる。もしその目的が監禁によって犯罪者を悪事から遠ざけることなら，目的の達成度は，犯罪者を何人監獄に入れることができたかで測られることになる。だが，もし剝奪の脅しをかけることが目的なら，その達成度は，監獄に入れられた者がいかに少なかったかで測られることになり，対象者が自身の行為の帰結を理解しているかどうかに依拠する。車線の真ん中をわがもの顔で走るか車線を守ろうとする場合も，交差点をわれ先に通過しようとする場合も，車が恐れるのはもっぱら損害である。大型車やブルドーザーは，それ以外の車がどう思おうが，自ら定めた進路の走行を強行できるのだから，それ以外の車は，損害の脅しをかけなければならない。それは，通常，相手側が自らの車や身体の価値について道を譲るに十分な相応の評価をすること，相手側がわが方に注目すること，そして相手側が自ら車を制御してくれることを期しつつ行う，相互損害の脅しなのである。単なる損害の脅しは無人車両には通用しないだろう。

　強制と力ずくのこのような違いは，意図と手段の双方にみられる。コマンチ

族を追いつめて根絶するのは力ずくであった。一方，彼らの行動に自制をもたらす意図をもって村落を襲撃するのは，痛めつける力に依拠する強制外交である。インディアン（訳注：ネイティブ・アメリカンのこと）にとっての苦痛と損害は，どのみち同じように見えたかもしれない。その違いは，目的と効果の違いなのだ。もしインディアンが邪魔だったり，その土地を奪いたかったり，あるいは権力者がその行動を自制させる望みがないと考えたものの彼らを抑留することもできないために根絶しようと決めたのなら，それは単なる一方的な力の行使である。一方，もしあるインディアンが他のインディアンの行動を自制させるために殺されたのなら，それは，効果的であろうとなかろうと，強制またはそれを意図した暴力であろう。ヴェルダンの戦いにおいてドイツ人は自らを，身の毛もよだつ「肉挽き機」の中で数十万のフランス軍兵士を殺す殺戮者とみなした。もしドイツ軍の目的が軍事的な障害——血の通った人間ではなく軍事的「資産」であるとみられていたフランス軍歩兵——を除去することであったなら，ヴェルダンにおける攻勢は一方的な軍事力の行使である。そうではなくて，その目的が，許容できない苦痛を与えるべく若者の命を奪うこと——人間くささのない「効果」ではなく，息子，夫，父親，そしてフランス人男性のプライドを奪うこと——や，降伏を歓迎すべき救いの手だと相手に思わせること，そして連合軍の勝利を無に帰すことであったなら，それは，調停に助け舟を出すことを意図した強制行為，つまり応用的な暴力行為である。そしてもちろん，いかなる暴力の行使も，残酷で無慈悲で執念深く，徹底的に固執的だったりするのだから，その動機そのものが，さまざまなものが入り混じって混乱しているに違いない。ヒロイズムと残虐性が強制外交にも単なる力の対決にもなりうるという事実は，残忍な企てが行われる際には，つねにこのような違いが明確に認識されたり，それによって戦略が導かれたりすることを意味しない。

　力ずくと強制の対比は，チンギス・ハンによる２つの相容れない戦略によっても描かれる。チンギス・ハンは，黎明期の活動においては，モンゴルの戦争教義——敗者が勝者の同胞になることは決してあってはならず，敗者の死は勝者の安全のために必要——を追求した。これは，一方的な絶滅という脅迫あるいは確証の付与である。モントロスによれば，かかるチンギス・ハンの振る舞いは，後になって，外交目的のために痛めつける力をいかに用いるかを見出したときに転換した。「偉大なチンギス・ハンは，ありふれた慈悲によって思いとどまったわけでなく捕虜——女，子供，年老いた父親，愛する息子——

を，真っ先に敵の抵抗の犠牲者となる可能性の高い行進部隊の先頭に配置するという策を思いついた」のだ[1]。生きた捕虜は死んだ敵よりも価値があることがしばしば証明された。そして，成熟期にあったチンギス・ハンによって発見されたこのやり方は現在も生きている。北朝鮮と中国は，国連軍機の爆撃を思いとどまらせるために，戦略目標の近傍に捕虜を収容したと報じられた。捕虜はもっとも純粋な形の痛めつける力を体現しているのである。

戦争における強制的な暴力

　痛めつける力と強制的に奪ったり確保したりするための力をこのように峻別することは，現代の戦争——大規模であろうと小規模であろうと，仮想のものであろうと現実のものであろうと——においても重要である。何年もの間，ギリシャ人とトルコ人はキプロスにおいて，だらだらと相手方を痛めつけることはできたが，いずれの側も欲するものを強制的に奪ったり確保したりすることはできなかったし，物理的手段をもって自らを暴力から守ることもできなかった。一方，ユダヤ人は，1940年代後半，パレスチナから英国を追い出すことはできなかったが，テロによって，苦痛と恐怖そしてフラストレーションを与え，ついには何者かの意思決定に影響を及ぼすことができたのだった。また，アルジェリアにおける残虐な戦争は，軍事力というよりも混じり気のない暴力による争いであり，問題は，だれが先に耐えがたい苦痛と不名誉を感じるかということであった。フランス軍部隊は，当初，力で対決し，その軍事力を国粋主義者のテロ実行能力に指向し，国粋主義者をせん滅するか無力化し，国粋主義者とテロの被害者を峻別したいと思い，実際そうしようと試みた。だが，内戦において，テロリストとその犠牲者は一般的に物理的にきわめて接近しているために，犠牲者とその財産を力で守ることはできず，結局そうした試みは成功しなかった。そしてついには，フランス軍部隊自身が苦痛を与えることを意図する戦争に訴えたのだった。

　ロシア人が米国からハワイを奪えるとは誰も思わない。ニューヨークやシカゴもそうだ。だが，ハワイやニューヨークやシカゴの人々を殺傷したりビルを破壊したりする可能性があることは誰も疑わない。ロシア人が西ドイツを，何らかの意味ある形で征服できるかは疑わしいが，凄まじく痛めつけることがで

---

1) Lynn Montross, *War Through the Ages* (3rd ed. New York, Harper and Brothers, 1960), p. 146.

第1章　暴力という外交

きることには疑いはない。米国がロシアの大部分を破壊できるであろうことは
世界中が当然のこととして捉えているが，翻って，米国がひどく痛めつけられ
たり徹底的に破壊されたりすることから逃れられるか，あるいは西欧がロシア
を破壊しながら自身が徹底的に破壊されることから逃れられるかは，せいぜい
のところ議論の余地があるといったところだ。そして，大惨事の脅しをかけた
り服従するように仕向けることなしに，米国がロシアの領土を占領してその経
済資産を活用したりすることは，事実上，問題外である。現代においてもっと
も見事な米国の軍事的能力に内在するものは，痛めつける力であって，伝統的
な意味での軍事力ではないのだ。米国に存在するのは国防総省であるが，われ
われは，報復（retaliation）——「悪には悪で応じる」（同義語は与罰〔requital〕，
復仇〔reprisal〕，復讐〔revenge〕，仇討ち〔vengeance〕，応報〔retribution〕）——
を重要視している。そしてまた，それほど取るに足らない現代の軍事的能力の
いくつか——プラスティック爆弾，テロリストの弾丸，焼打ち，拷問——も，
苦痛と暴力であり，伝統的な意味での力ではない。

　戦争は，力の競い合いというより，忍耐，神経，頑固さ，そして苦痛の競い
合いとして出現したり，そうなる恐れがあったりする。それは，軍事力の争い
というより，駆け引きのプロセス——汚く，恐喝的で，しばしば一方または双
方ともにかなり後ろ向き——として現れたり，そうなる恐れがあったりする。
されど駆け引きのプロセスであることには変わりない。

　こうした違いは，力の使用と力による脅しとの違いとして完全に表現される
わけではない。力の行使に付随する行動と，脅しの実行に付随する行動という
ものは，まったく異なることもありうる。もっとも効果的な直接的行動が脅し
として作用して敵に十分な代価と苦痛を生じさせることもあるし，そうでない
こともある。米国はソ連の奇襲攻撃を受けた場合にはソ連の社会を事実上破壊
するという脅しをかけた。単なる損害付与のために1億人を殺害するのは凄ま
じいことだが，それでもソ連の攻撃を止めることができないのなら1億人の死
は無意味で，とくに脅しがどの道すべて事後的に行われるのであればなおさら
である。したがって，力による達成の手段としても単なる損害付与の手段とし
ても作用する行為もあればそうでない行為もあることを認識しつつ，概念を区
分する——強制行為と苦痛の脅しの概念を区別する——ことには価値がある。
人質をとることにおいては，あらゆる形の復仇は事後的に行われることになる
ため，ほぼもっぱら苦痛と損害が伴う傾向がある。自衛のいくつかの形態では
人命や財産の損耗を強いることはほとんどないかもしれないが，いくつかの強

15

制行為においては，それ自身によって脅しが効果的になるほどの大きな暴力を伴うことがあるのだ。

痛めつける力は，通常，直接何かを達成するものではないが，力ずくで成しとげるためにまっすぐ切り込んでいく能力よりも多くの目的を持つ可能性を秘めている。力のみをもってしては，馬を水場に導くことすらできないし――引きずっていかなければならない――，ましてや水を飲ませることなどできるものではない。いかなる積極的是正措置や協調，そして物理的な排除など，追放や根絶以外のほとんどすべての行為において，敵対者またはやられる方の側が何かを行う――たとえそれが何かを止めたり出ていったりするだけであっても――ことが必要である。苦痛と損害の脅しにおいては，敵対者またはやられる側がそうしたいと欲するように仕向けることがあり，その者がなしうるいかなることも，誘導される余地が潜在的に存在するのだ。一方，力ずくにおいては，もっぱら協調をまったく必要としないようなことを達成できるのであり，その原則は，人を気絶，骨折，あるいは殺害したりするさまざまな一撃によって人を無力化するといった素手で戦う術によって描かれる。だが，人を監獄につなぐためには監獄につながれる者自身の努力が必要となってくる。「鎖付き手錠」による拘束は，苦痛や無能力化の脅しであり，その者が従順である限りにおいて効力があるのだし，自らの足で監獄へ向かう選択肢をその者に与えるのである。

それでもなお，意思決定のあるレベルにおけるもっぱらの苦痛やその脅しが，他のレベルにおいては力ずくと等価でありうることに留意しなければならない。チャーチルは，1940年のロンドン空襲が始まったとき，ロンドン市民がパニックになることを懸念した。爆撃は，人々にとっては，無秩序な退避を誘発させる単なる暴力行為であったが，チャーチルと英政府にとっては，交通手段の機能を停止して人々の通勤が遅らされたり，恐怖から人々の勤労意欲が削がれたりして，非効率性がもたらされるものであった。チャーチルの決断は，少数の犠牲者が生じる恐れから無理強いされるようなものではなかったのだ。戦場においても同じである。兵士に恐怖を与える戦術は，兵士を逃走させ，首をすくめさせ，あるいは銃をおき投降に導くものであり，痛めつける力に依拠する強制に相当するが，最高指揮官にとっては，計画を挫折させるものではあるが，無理強いさせられるものではない。このような戦術は，軍の規律と強靭さの競い合いの一部をなしているのである。

暴力――純然たる苦痛と損害――は，汚い駆け引きの意図的なプロセスにお

第1章　暴力という外交

いて，強制や抑止，脅迫や恐喝，そして士気喪失や無力化のために行使された
り，その脅しとして用いられたりするが，多くの場合そのことは，暴力が，無
謀であったり無意味ではない，あるいは意図的な場合でさえ手に負えなくなる
危険がないことを意味するものでは決してない。古代の戦争では，通常，敗者
にとって負けはまったく「完全」な負けを意味し，勝者の復讐，正義，個人的
利益のために，あるいは単なる慣習にしたがって，男は殺され，女は奴隷とし
て売られ，若い男は去勢され，家畜は畜殺され，建物は根こそぎ破壊された。
意図的であろうと過誤によるものであろうと，もし敵が都市を爆撃したなら，
たいていわれわれは可能であれば敵方の都市を爆撃する。戦争の興奮と労苦の
中で，復讐は味わうことのできる数少ない満足の1つであり，正義が敵の懲罰
を求めていると一般に解釈される。その懲罰がたとえ正義が求める以上の熱狂
を帯びているとしてもである。1099年にエルサレムが十字軍の手に落ちた後
に生起した虐殺行為は，軍事史上，もっとも血なまぐさい出来事である。「キ
リスト教徒は，文字通り血の海を進んでいったのであり，その聖墳墓教会への
進軍の模様は，身の毛もよだつことに，『ぶどう絞り器で絞る』と喩えられ
た」とモントロスは記しており [Montross, p. 138]，そのような過剰性は，通
常，要塞化した陣地や都市の攻略におけるクライマックスでみられるとしてい
る。「攻撃者は，長期間，自分たちが相手に課すことができた以上の罰に耐え
てきたのであるから，いったん城壁を突破したなら，抑えていた感情が，殺
人，レイプ，そして略奪にはけ口を見出すのである」。同じことが，アレクサ
ンダーがティルスを苦難のすえに攻略した際にも生起したし，第二次大戦にお
ける太平洋の島々でのそうした現象も知られないことではない。劫火のような
混じり気のない暴力が目的をまとうこともできようが，それは大量虐殺の裏に
隠された狡猾な意図がことごとく成功裏に達成されることを意味するものでは
ない。

　しかしながら，もし暴力の生起が抜け目のない目的が存在することの証に必
ずしもならないのであれば，苦痛や破壊がないことは暴力が用いられていない
ことの証にはならない。暴力は，それが用いられるのではなく，それが生起す
る恐れがあるときにもっとも合目的なのであり，うまくいくのである。うまく
いく脅迫とは，実行される必要のない脅迫である。欧州の水準からすればデン
マークは第二次大戦において事実上無傷であったが，デンマーク人を屈服させ
たのは暴力だった。行使を差し控えられた暴力——成功裏に脅しをかける暴力
——は，清く，慈悲深いものとさえみなしうる。だが，誘拐の犠牲者が十分な

17

身代金と引き換えに無傷で戻ってきたことをもって，その誘拐が非暴力的な事業ということにはならない。1847年のメキシコ市における米国の勝利は偉大な成功であった。最小限の残虐行為をもって，都市と引き換えに戦争で得ようと欲したすべてを獲得したのである。いかなる危機にされされているのかをメキシコ政府に知らしめるために，メキシコ市に対して米国が何をできるのかを告げる必要さえもなかった（その1カ月前，ベラクルスが陥落寸前のときに，米国側の意図はメキシコ側に伝わっていたことに疑いの余地がない。48時間にわたる砲撃の後，同地に所在する外国領事はスコット将軍（General Winfield Scott）の司令部に対して女や子供そして中立者を退避させるための停戦を申し入れたが，スコット将軍は，「そのような内なる圧力が降伏をもたらす一助となることを期して」，申し入れを拒否するとともに，兵士だろうが非戦闘員だろうが，都市から離れようとする者は誰であろうと，射撃の的になるだろうと付言した[2]）。

　言葉として発せられようとそうでなかろうと，脅しはつねに存在する。かつてその流儀はより寛容だった。ペルシャ人は，戦わずしてイオニアの都市を屈服させてその住人をわが方に取り込むことを欲した際，大使に以下のような訓令を発した。

　　先方に貴大使の提案を伝えるとともに，もし先方が自らの同盟関係を破棄するなら，先方にとって納得いかない結果にはならないことを約束ありたい。わが方は，家屋や寺院に火を放ったり，この問題が生起する前よりも乱暴に脅迫したりすることはない。しかし，もし先方が拒絶して戦いに固執するなら，貴大使は脅迫に訴え，わが方が何をすることになるかについて正確に言及ありたい。先方に伝えるべきことは，破れたあかつきには，奴隷として売られ，若い男は去勢され，若い女はバクトリアに連れ去られ，領地は没収されるであろうことである[3]。

---

2) Otis A. Singletary, *The Mexican War* (Chicago, University of Chicago Press, 1960), pp. 75-76. 同様のエピソードがガリア戦記にある。紀元前52年，アッシリアの都市防衛戦において，「戦闘に従事できない年寄りや虚弱な者を都市から放逐することを決め，……. その者らはローマ側の要塞に近づき，奴隷とする代わりに飢えをしのぐようにしてくれるよう，涙ながらに兵士に訴えた。だが，シーザーはそれを拒絶するよう命じた歩哨を城塁に配置した」のであった。Ceaser, *The Conquest of Gaul*, S. A. Handford, transl. (Baltimore, Penguin Books, 1951), p. 227.

3) Herodotus, *The Histories*, Aubrey de Selincourt, transl. (Baltimore Penguin Books, 1954), p. 362.

第 1 章　暴力という外交

　それは，ヒトラーがシュシュニック（Kurt Schuschnigg）に語ったごとくの
響きがある。「私は命令を与えさえすればよい。さすれば，一夜のうちに前線
の滑稽なかかしは消え失せる……そのとき，貴方は本当の意味で何かを悟るこ
とになる……軍の後には突撃隊とコンドル軍団が続く。誰も復讐心を隠すこと
はできない。私でさえも」。

　あるいは，ハーフラーの城門前でのヘンリー五世が語ったごとくの響きがあ
る。

やみくもに略奪に走る兵士達に命令をくだして
それをやめさせようとするのは，沖の鯨にむかって
浜辺へくるよう召喚状を送るようなものだ，無意味な
むなしい作業でしかない。だから，ハーフラーの市民たち，
おまえたちの町を，そこに住む人々をあわれむならば，
わが兵が私の指揮下に十分掌握されているいまのうちに，
冷静でおだやかな慈悲の風が，殺人，略奪，暴行の
毒気をはらんだ汚らわしい黒雲を吹き払っている
いまのうちに，あわれみをかけるがいい。さもないと，
いいか，一瞬ののちには向こう見ず無鉄砲な兵士たちが
血に汚れた手をもって，泣き叫ぶ娘達の前髪をつかんで
凌辱し，父親たちの白髪をつかんでその老いた頭を
壁にたたきつけ，赤子たちの裸のからだを手槍で
串刺しにするだろう，その母親たちが狂乱のあまり，
かつてヘロデ王の血に飢えた殺し屋どもの所行に
ユダヤの妻達がなしたがごとく，恐ろしい悲鳴で
雲を突ん裂くその目の前でだ。さあ，返答を聞こう，
いさぎよく降伏してそのような惨禍を避けるか，
それとも防戦という罪を犯して破滅を招くか？

（第三幕　第三場）

（ウィリアム・シェイクスピア『ヘンリー五世』小田島雄志訳，白水社,）
（1983 年，91-92 頁より抜粋　　　　　　　　　　　　　　　　　　　）

19

苦痛と損害の戦略的役割

　混じり気のない暴力や非軍事的な暴力は，対等ではない国家間の関係——そこには実質的な軍事的課題がなく，交戦の成り行きに疑いの余地がない——においてもっとも顕著に現れる。ヒトラーは，オーストリアに対して侮辱的かつ残忍に脅しをかけることができた。デンマークに対しては，もしそれを望んだなら，もっと洗練された方法で脅しをかけることもできた。この種の方法を用いたのは，将軍ではなく，ヒトラーであったことは特筆に価する。誇り高い軍部は，自らが恐喝者であるとは考えたくないのだ。将軍が好む仕事は，勝利をもたらすことであり，敵軍と決着をつけることであり，一般市民への暴力行為をできるだけ政治や外交に委ねることである。だが，もし力による戦いがどのようなものになるかに疑いの余地がないのなら，戦闘の段階をすべて飛び越えて一挙に強制的な交渉に進むことはおそらく可能であろう。

　典型的な不均衡な力の衝突は，戦争の終末において，勝者と打ち負かされる側との間で生起する。オーストリアが戦争の口火が切られる以前から脆弱だったのに対して，フランスは 1940 年に防衛線が瓦解したときに脆弱になった。降伏交渉は，一般市民への暴力の脅しが表面化することがありうる場である。それはたいてい，一方的であり，あるいは暴力の可能性が誤認されることがなく，それゆえ交渉が首尾よく運び暴力は温存される。だが，実際の被害のほとんどが勝敗を決する前段階の戦闘において生じたという事実は，勝敗を決した後における暴力が無益であったことを意味しない。単に，暴力は潜在的だったのであり，その脅しが成功したということなのだ。

　まさに勝利とはたいてい，痛めつける力を用いるための前提条件に過ぎない。クセノフォンは，ペルシャ人の指揮下で小アジアにおいて戦っていたとき，敵兵士を蹴散らしてその土地を占領するために軍事力を用いた。だが，土地は勝者が望んだものではなかったし，勝利自体も望んだわけではなかった。

　　翌日，ペルシャ人指揮官は，1 件の家屋も残さずに村を焼き払った。それは，他の部族に対して，もし屈服しなかったら何が起こるかを見せつけ，恐怖を植えつけるためだった……指揮官は，捕虜の何人かを丘に上げて言った。もし住人が降伏の意思表示をせず，家で大人しくしていなかったら，おまえの村も焼き払われ，穀物は破棄され，飢えで死ぬことになるだろうと伝

第1章　暴力という外交

えよと[4]。

　軍事的な勝利は取っ掛かりのための対価でしかなく，その成果は暴力による脅しの成功に懸かっていたのだ。

　ペルシャ人指揮官と同じように，ロシア人は，1956年にブダペストを蹂躙して，ポーランドや他の近隣国を恐怖に陥れた。軍事的勝利とこのような暴力の誇示には10年間の時差があったが，その原理はクセノフォンによって語られていたことであった。軍事的勝利はたいてい，暴力の幕開けであって終わりではない。成果を生む暴力は一般的に予備として温存されるという事実によって，暴力が演じる役割についてのわれわれの考えが惑わされるべきではない。

　戦争における混じり気のない暴力それ自体はどうなのだろう。軍事的手法として苦痛と苦しみを付与するということなのか。苦痛の脅しは勝利の政治的活用でしかないのか，それとも戦争自体を決する技法なのか。

　対等ではない国家間においては，混じり気なしの暴力は，明らかに戦争の一部をなす。植民地の征服は，たいてい真正の交戦というよりも「懲罰的遠征」という事態であった。もし部族民が茂みに退避するなら，まったくもって近代的な言葉において女王の「庇護」としてかつて理解されていたことを彼らが受け入れるまで，住民不在となった村を焼き払うことができるのだ。1920-30年代においても，英国の空軍力はアラブの部族民に対して服従を無理強いするために，懲罰的に用いられた[5]。

---

4) Xenophon, *The Persian Expedition*, Rex Warner, transl. (Baltimore, Penguin Books, 1949), p. 272. 「暴力による脅しの『合理的』目標は，利害の調整であり，実際に暴力で挑発することではない。同様に，実際の暴力の『合理的』目標は，行動の意思と能力を示して将来における脅しの信憑性の判断尺度を確立することであって，無制限の紛争においてその能力を消耗することではない」と，ニウバーグは述べている。H. L. Nieburg, "Uses of Violence," *Journal of Conflict Resolution*, 7 (1963), 44.

5) 空軍大将であるポータル卿の講義 "Marshal Lord Portal, Air Force Cooperation in Policing the Empire" の中に，この戦術についての，明敏で思慮深く，「外交的」性格を強調する記述がある。「違法な部族は，爆撃に代わる代替案を与えられるとともに……代替案とは何であるかをもっとも明瞭な表現をもって知らされねばならない」そして「敗者の命や感情を大目に見る勝利のほうが，戦闘員に多大な損耗が生じた後で攻撃された土地に『平和』が押し付けられるという結果に終わる勝利よりも永続的かつ有益でなければならないと考えるのはもっとも大きな誤りであろう」という記述である。*Journal of the Royal United Services Institution* (London, May 1937), pp. 343-58.

もし敵軍がわが方に対抗できるほど強力でなかったり，交戦に後ろ向きであったりするなら，強制的な暴力の誇示を奏功させるための前提条件として，勝利を収める必要はない。シーザーは，ガリアの部族を鎮定している最中，懲罰的な暴力の誇示によって部族をおとなしくさせるために，時として武装勢力を押し分けて進まなければならなかったが，事実上まったく抵抗がなくて懲罰誇示の段階に直接進むこともあった。シーザーの軍団にとっては，覇権争いの中にこそ雄雄しさがあるのだが，ガリアの統治者としてのシーザーにとっては，敵軍は政治支配の障害でしかないとみなしうるものであって，統治はたいてい，苦痛，悲しみ，そして窮乏を生じさせる力に依拠していたのだ。実のところシーザーは，その暴力の脅しを地方遠征にさえ頼らなくてすむように，信頼できない部族から数百の人質を抱え込むことを好んでいたのである。

　軍事戦略としての痛めつけは，平原インディアンに対する軍事行動にも現れた。1868年，シャイアン族との闘いにおいて，シェリダン（Philip Sheridan）将軍は，インディアンの冬季宿営地に対する攻撃が最良の行動方針であると判断した。インディアンは，ポニーが草を食べて生活できる季節には好きに振る舞えるが，冬の間は遠隔地に身を潜めていると考えたからだ。「罰せられることはないという考えを心に抱く彼らの誤りを正すとともに，その兵糧と集落を移す望みがないときに攻撃することを期して，インディアン領地内の巨大な一団に対して冬季作戦が決行されたのであった」[6]。

　これらは，交戦ではなく，人間に対する懲罰的な攻撃であり，敵軍を決定的な闘いに引き寄せるような無益な試みを行うことなしに，暴力を用いることによって相手を屈服させようとする試みであった。それは，広島のときとは違って，影響が局地的で小規模な「大量報復」だった。インディアン自身は，組織や統制をまったく欠き，概して射撃訓練に十分な弾薬を配当する余裕がなく，騎兵隊に対して軍事的に張り合えるものではなかった。彼ら自身の初歩的な戦術は，せいぜいのところ嫌がらせや復仇の類であった。半世紀にわたる西部でのインディアンとの闘いは，われわれに騎兵戦術という遺産を残したものの，われわれの対インディアン戦略，あるいはインディアンの対白人戦略を扱った本格的な専門書はほとんどみられない。20世紀は，「報復」がわれわれの戦略の一部となった初めての世紀ではないが，それを体系的に認識するようになったという点では初めてといえる。

---

6) Paul I. Wellman, *Death on the Prairie* (New York, Macmillan, 1934), p. 82.

第1章　暴力という外交

　戦略としての痛めつけは，南北戦争において出現したが，挿話的であって，中心的な戦略ではなく，南北戦争におけるほとんどの場面が軍隊同士の交戦であった。南軍は，独立交渉に入れるくらい合衆国側の領地を破壊したかったが，そのような暴力を機能させるための十分な能力を有していなかった。一方，合衆国軍は軍事的勝利に余念がなかったのであり，戦略としての痛めつけというのは，シャーマン将軍のジョージア進軍における意図的で明確な暴力の用い方にもっぱら現れていた。「もし市民が私の野蛮性や残忍性に対して不平の声を上げるのであれば，これは戦争であると応じる……もし彼らが平和を望むなら，彼らとその親族は戦争をやめるべきだ」と将軍は記していた。また将軍の仲間のひとりは，「シャーマンはまったく正しい……この不幸で恐ろしい紛争を終わらせるただ１つの可能な道は……耐えがたいほどそれを恐ろしいものにすることだ」[7] と述べた。

　「耐えがたいほど恐ろしい」ものにするということからわれわれは，アルジェリアやパレスチナ，ブダペストの破壊，そして中央アジアにおける対部族戦を連想する。だが，ここ100年で生起した大戦を決したものは，たいてい軍事的勝利であって，人々を痛めつけることではなかった。戦争を南部の人々にとっての地獄にするというシャーマン将軍の試みは，南北戦争後の100年における軍事戦略の典型ではなかった。２度の世界大戦において，敵軍に対する決定的勝利を達成するために敵を求めてこれを撃破するのは，依然として公然の目的であり米国戦略の中心に据えられた目標であった。軍事行動は，駆け引きの過程ではなく，駆け引きの代替手段として捉えられていたのだ。

　その理由は，文明国が人々を痛めつけるのを嫌い，「純軍事的な」戦争を好んでいるということではない（あるいは，そうした戦争に参画しているすべての国が完全に開明的であるということでもない）。その理由は明確で，少なくとも第二次大戦が終結するまでの100年間における対等な国家間同士の戦争では，戦争の技法や態様からして軍事的勝利が達成される前段階では強制力としての暴力が決定的なものではなかったからである。たしかに，封鎖の対象は，敵軍のみではなく敵国のすべてであった。第一次大戦中にインフルエンザで亡くなっ

────────────────

7) J. F. C. Fuller は，この書簡と発言のいくつかを掘り起こして，「戦争を決する要因——平和を求める力——が政府から人々に移ったこと，そして平和の創造が革命の成果であったことを意味するがゆえに，これは，19世紀における新たな概念であったのであり，究極的には民主主義の原則をもたらすものだった」と記している。*The Conduct of War: 1789-1961*（New Brunswick, Rutgers University Press, 1961), pp. 107-12.

23

た市民は国にあまねく向けられた暴力の犠牲者だった。封鎖——南北戦争における南部の封鎖，両大戦における中央同盟国の封鎖，対英潜水艦戦——が，人々にとって戦争を耐えがたきものにすることと，経済を疲弊させることによって敵軍を弱体化することのどちらが期待されていたのかはそれほど明白なことではない。その双方が論じられたが，その目的が道理にかなっており，いずれの目的に対しても寄与したのであれば，それを明らかにする必要はない。敵国本土に対する「戦略爆撃」についても，人々が味わうかもしれない苦痛や窮乏と国がこうむるかもしれない損害に鑑みれば，徹底抗戦より降伏のほうがましであることを人々と敵指導者の双方に誇示する試みとして時として正当化された。また，より「軍事的」な観点から，特定の兵站物資の部隊への到達を妨害する方策，あるいは軍事が頼みとする経済を全般的に弱体化する方策としても正当化された[8]。

　しかしながら，封鎖や戦略爆撃自体は，欧州におけるいずれの世界大戦においても，テロ——敵を軍事的に弱体化するというより敵を強制することを意図する暴力——としてはあまり機能しなかった（直進的な軍事作戦によって米航空機が航続圏内に入った後の日本との戦争においてはおそらく十分機能した）。欧州正面において，航空攻撃は少なくとも頻度的には耐えうるもので懲罰と強制という意味ではそれほど決定的な暴力ではなかったし，航空機によって運搬されるのが通常爆弾や焼夷弾である限り，敵軍を負かしたり破砕したりする必要性がなくなるわけではなかった。ヒトラーが保有していたV-1ぶんぶん爆弾とV-2ロケットは，連合軍部隊というよりも英国を怯えさせ痛めつけることを目的とする兵器としてのかなり端的な例である。V-2が必要としていたのは，運搬に値する懲罰的な破壊力を持つ弾頭であったが，ドイツはそれを有していなかった。1920-30年代には，来るべき大戦は空からの衝撃と恐怖という市民に対する混じり気のない暴力による戦争になるだろうとの予期があったが，当時可能な技術では実現しなかった。懲罰的な暴力によって被占領国を黙らせておくことはできたが，欧州における戦勝は，むき出しの力とその力量に依拠していたのであり，市民に対する暴力の脅しではなく，軍事力の適用によってもたらされたのであった。軍事的勝利は，いまだに取っ掛かりを得るため

---

8) 第二次大戦前とその最中における戦略爆撃理論を核時代の概念に照らした再検証については，George H. Quester, *Deterrence before Hiroshima* (New York, John Wiley and Sons, 1966) を見よ。また，Bernard Brodie, *Strategy in the Missile Age* (Princeton, Princeton University Press, 1959), pp. 3-146 の最初の4章も見よ。

に支払うべき対価だったのであり，人々に対する潜在的な暴力は，降伏と占領のための政治的手段として温存されたのである。

日本の都市に対する2度の原爆投下はきわめて特異な例であった。原爆は，恐怖と衝撃の兵器であり，実際に日本を痛めつけたが，さらに痛めつけることができるのを確証させるのが目的だった。われわれが有した少数の「小型」兵器に直接的な軍事的価値があったことに疑いの余地はないが，その絶大な利点は，混じり気のない暴力にあった。軍事的見地からすれば，日本の工業都市を2つばかり破壊したところで米国にとって得られるものはわずかであったが，日本は多くを失った。広島に投下された爆弾は，日本全土に向けられた脅しだった。爆弾投下の政治目標は，広島市民の死や市民が働く工場ではなく，東京にいる生存者だったのだ。2つの原爆は，コマンチ族に対抗したシェリダンやジョージアにおけるシャーマンの伝統を受け継いでいる。結局2つの爆弾が日本人や米国人の命を救うことになったのか単なる犠牲でしかなかったのか，懲罰的で強制的な暴力が直進的な軍事力よりも醜悪なのか開明的なのか，恐怖を与えることが軍事的な破壊よりもよほど人道にかなっているのかそうでないのかといったことにかかわらず，少なくとも，広島と長崎に投下された爆弾は，日本そのものに対する暴力であり，日本の物理的な能力に対する攻撃が主目的ではなかったと認識しうる。原爆の主たる効果と目的は，爆撃に伴う軍事的な破壊ではなく，苦痛と衝撃を与えること，そしてさらなる苦痛と衝撃を確証させることだったのだ。

恐怖と暴力に対する核の寄与

人類を地球上から根絶するのに十分な軍事力，そして防御する術を思い描くことができない兵器を，人間は歴史上はじめて手にしたと言われる。また，もはや国力発揮の手段にはなりえないくらい，戦争は破壊的で恐るべきものとなったとも言われる。「人類史上はじめて，人間は力を抑制している……これまでのところあえてそれを使用していないのだ」[9] と，ラーナーは，問題の核心をついて，著書『過剰殺戮の時代』にそのように記した。また，ソ連当局は，すべての歴史理論をたった1つの技術的事象に適合させなければならないことを好むものではなかったが，戦争において「機能する不変の要因」という紛ら

---

9) Max Lerner, *The Age of Overkill* (New York, Simon and Schuster), 1962, p. 47.

25

わしい名辞が与えられている一連の原則を見直さなければならなかった。われわれの時代はまさに，「人類史上はじめて」と表現することで，「不変」だったことの放棄を体現しているのだ。

　このような言説は劇的な印象を与えるがゆえに際立っている。必ずしもすべてではないが，そうした言説のいくつかにおいては，かつての戦争における大惨事を軽く見すぎる傾向が見てとれる。おそらく抑止と恐怖の均衡という歴史的な斬新性を誇張して捉えているのだろう[10]。そうした言説は，先進国が大量に保持するという代償を受け入れることで膨大な破壊力を弾頭に詰め込むことができるという状況にあって，戦争において何が新しいことなのかというさらに重要なことを解明する助けにはならない。核弾頭は，以前のものとは比較にならないほど破壊的であるが，そのことが戦争について何を暗示するというのか。

　人間が人類の大部分をも破壊できる大規模な破壊能力を持つに至ったのは歴史上はじめてというのは真実ではない。日本は1945年8月までには防衛不能になっていた。爆撃と封鎖の連携によって，いずれは侵攻を許し，米国はもし必要であれば意図的に病原菌を散布することによって，核兵器がなくとも，おそらく米国は日本列島に存在する人々を壊滅することができたであろう。それは，陰惨で，高くつく，苦行的な戦役であり，時間もかかるし，粘り強さが要求されたであろう。だがわれわれは，それを行うだけの経済的・技術的な能力があったし，ロシア人とともに，あるいはロシア人なしでも，多くの人が存在

---

10) チャーチルは，相互核抑止という呼称で馴染みのある概念を端的に表現する「恐怖の均衡」という用語を考案し言及したと一般に考えられている。しかしながら，1934年11月に行った議会下院におけるスピーチにおいてチャーチルは以下のように述べている。「防御的手段についてすべてが言いつくされ行いつくされたとき，ある新たな発見を唯一の大規模な防御の直接的手段として温存することは，われわれに与えうるのと同じ程度の損害を敵に対しても同時に与えることができる確実性を保持するということなのである。この方策の有効性を過小評価してはならない。全く戦わないですむことが実際に証明される可能性がある——実のところ私は理論的に証明できないが。もし2つの国が，戦争における特定のプロセスによって，それを採用するといずれの側も利益を得ることができず，もっとも恐ろしい報いを双方が受ける，つまり，同等の損害を相互に付与できることを相手側に誇示するなら，いずれの側もその方法をとることができない可能性があるばかりかその蓋然性が高いように思われる」。世紀の変わり目から第二次大戦終結までの航空時代における，抑止，先制攻撃，対兵力・対都市戦，報復，復仇，制限戦といった概念についての興味深い再検討は，前出のクウェスター（George H. Quester）の著書に記されている。

する世界中の居住地域に対して同じことをできたであろう。防衛能力を喪失した人々に対して、アイスピックではやれないが核兵器ならやれるようなことはそれほどないのだし、アイスピックでやればわれわれの国民総生産に制約をもたらすこともなかったであろう。

　そうしたことを話すのは不快である。われわれはそれをやっていないし、そうしたかもしれないと想像を巡らすことすらできない。われわれにはそうする理由がなかった。もしあったとしたら、われわれの目的は一貫しなかっただろう。勝利の中で戦争の狂暴性が消えうせたのに死刑執行人の任務を遂行することになったであろうからである。もしわれわれとわれわれの敵がいま、そのようなことを互いに、あるいは他国に対して行うとしたら、核兵器が初めてそれを可能にしたからというわけではない。

　核兵器はそれを迅速に行うことができる。そこが違うところなのだ。十字軍がエルサレムの城壁を破ったとき、そういう雰囲気が続いている間、都市を略奪した。彼らは、もし再考する時間があったなら持ち帰ったであろう物品を焼き払い、もし結婚のことを考える時間があったならそうしていたかもしれない女性を凌辱した。人が寝ずにいられる短い時間にまで破滅的な戦争の期間が短縮されるなら、戦争の駆け引き、意思決定過程、中央による制御と抑制、当事者の動機、そして戦争進行中における思考や顧慮の余地は、劇的に変化する。過去の戦争において8000万の日本人を殺傷することは想像しがたいが、現代の戦争において2億のロシア人を殺傷することは想像できる。それは想像できるだけでなく、現に想定されている。それを想像できるのは、それが「最後の審判のラッパの音が鳴る瞬間」に起きうるであろうからだ。

　おそらくこのことが、全面戦争の終結がいかにしてもたらされるのかについての議論がほとんどなされない理由かもしれない。全面戦争の終結が「もたらされる」のではなく、すべてが使い尽くされた後でおしまいになるだけだと人々は予期しているのである。それはここ数年、「制限戦争」という概念がかなり明確になってきた理由でもある。2度の世界大戦や普仏戦争など、かつての戦争は制約されていた。制約をもたらしていたのは、遂行しうる限界、行使可能な暴力が最大限に発揮される前段階での終結、そして苦痛と窮乏の脅しは伴うものの市民への大規模な暴力の行使はたいてい除外されている交渉といったことであった。核兵器が使用できるようになったことで、軍事力での争いの結果を待って暴力を抑制することはできなくなったのであり、抑制は、なされるにしても、戦争自体が続いている間になされなければならなくなったのだ。

これが核兵器と銃剣の違いである。このような違いは，結果として生じる犠牲者の数ではなく，それを生じさせる速さ，決定の集権化，政治プロセスと戦争の絶縁，そしていったん戦争が始まれば人の手から離れてしまう恐れのあるコンピューター・プログラムといったものの中にあるのだ。

　核兵器が戦争の狂暴性を数時間内に圧縮するのが可能であるからといって，それが不可避であるというわけではない。いまなおわれわれは，大規模核戦争が生起することになる，あるいは間違いなく生起するのかを問わなければならない。とは言うものの，戦争は大きなかんしゃく玉の破裂の連鎖のようなものであろうという見方は，核戦争の概念とこれまで経験した世界戦争の概念との間に決定的な違いを生じさせる。

　より緩慢な戦争はもはや存続しないという保証はもちろんない。第一次大戦は，マルヌ会戦の後，いつでもやめることができただろう。戦争目的について考え，長期的な国益を斟酌し，すでに生じた代価と犠牲者そして今後生じるであろうそれらに鑑みて，停戦条件について敵側と協議するに十分な時間があった。だが，恐ろしい事態はあたかもコンピューターに委ねられたかのごとく機械的に継続した（コンピューターならより迅速に経験から学ぶようプログラムされていたかもしれないゆえ，コンピューターよりもさらに悪かったかもしれない）。もし４年分の苦痛と衝撃のすべてが４時間に圧縮されるのならそれは幸いなことだと考える者もいるかもしれない。それでも戦争は終結した。そして，核兵器が今日ドイツ人に対してできるであろうことを，その当時銃剣でやろうという気は勝者の側になかったのである。

　他にも違いがある。かつて敵に対してやりたいようにやるのはたいてい勝者の側であり，敗者にとっての戦争はたいていの場合「全面戦争」だった。ペルシャもギリシャもそしてローマも，まったく一本調子に「兵役適齢期にあるすべての男を殺害し，女子供を奴隷に供し」，しばらく後に新たな統治者が来るまで，打ち負かされた領地はその呼び名以外に何も残されていなかった。一方，敗者は勝者に対して同じようなことはできなかった。少年が去勢され売り飛ばされるのは，戦争に決着がついた後，勝者が敗者に対して一方的に行うのみだった。痛めつける力は，軍事力によって勝利した後にのみ行使することができたのだった。同じような経緯は今世紀（訳注：20 世紀）の大戦にも見られた。技術的，地理的な事情から，軍事力はいつも，敵の国家そのものに用いられる前に，軍事的勝利を達成すべく，敵軍を突破し，消耗させ，破砕するために行使されなければならなかった。第一次大戦において連合国軍は，ドイツ陸

第1章　暴力という外交

軍を破るまで，ドイツ人に強制のための苦痛や苦しみを決定的なやり方で直接
与えることはできなかった。一方，ドイツ人は，その前に立ちはだかる連合国
軍をまず打ち破らなければ，フランス人を銃剣で強制することはできなかっ
た。二次元の戦いでは，彼我ともにそれぞれが護る領土に互いに押し入ろうと
軍隊が衝突する傾向がある。小規模侵攻は人々に大きな損害を与えることはな
かったが，大規模侵攻ではいつも戦争における軍事的段階を終わらせるべく軍
事組織を破壊した。

　核兵器は，先だって勝利を達成せずとも，敵に対して途方もない暴力をふる
うのを可能にする。核兵器と今日現存する運搬手段をもってすれば，まず敵の
軍隊を破砕することなく，敵本土の突破を期すことができる。核兵器がしたこ
と，あるいはしそうなことは，そうした類の戦争の地位を首位の座に押し上げ
ることである。核兵器によって戦争はより軍事的なものではなくなりそうだ
し，「軍事的勝利」の現在の地位を低下させる要因にもなる。もはや勝利は敵
を痛めつけるための前提条件ではない。また，ひどく痛めつけられない保証も
ない。戦争に勝利するのを待たずして，敵に「耐えがたい」損害を与えること
ができるのである。勝利への確信──それが誤っていようが正しかろうが──
によって，国家指導者が戦争を意図したり，戦争に情熱的になったりした時代
があったが，いまやそうではないのだ。

　核兵器は，戦争で勝利する前に敵を痛めつけること，おそらく交戦を非現実
的なものとするのに十分なほど決定的に痛めつけることができるばかりでな
く，大規模戦争においては，それが核兵器のなしうるすべてであると広く想定
されている。大規模戦争は，まるで国家にとって破滅的な争いにしかなりえな
いごとくしばしば議論されている。もしこれがまさにその通りならば──もし
核兵器による都市の破壊と住民の殺傷が全面戦争における最優先目標であるな
ら──，戦争の過程は逆転する。つまり，敵国にわが意思を強要するための準
備行為として敵軍を破砕する代わりに，敵軍を破砕するための手段，あるいは
その準備行為として敵国を破壊しなければならなくなるだろう。もし敵国を破
壊せずに敵軍を無力化することが事実上できないならば，勝者は征服した国を
生き長らえさせる選択肢さえ持っていないことになる。勝者はすでに敵国を破
壊してしまっているのだから。封鎖や戦略爆撃でさえ，国が破壊される前に敗
北させる，あるいは破壊がいきすぎる前に降伏を選択させることを想定し
うる。南北戦争では，南部が生存できなくなるほど弱体化する前に，戦えなく
なるほど弱体化することを予期できた。「全面」戦争に関しては，核兵器によ

29

ってこの順序が逆転する恐れがあるのだ。

それゆえ核兵器は，戦争の新時代という重大な変化をもたらす。その違いは，単なる破壊の可能量ではなく，破壊の役割と意思決定過程にある。核兵器は，事態進行のスピード，事態の制御，事態進行の順序，勝者と被征服者の関係，そして本土と戦場の関係などを変えることができる。今日における抑止は，単なる軍事的敗北の恐れではなく，苦痛と全滅の恐れに依拠しているのである。われわれは，先の大戦においては「無条件降伏」が合目的に宣言されたことの賢明さについて論じることはできようが，将来の大戦においては当然の帰結としての「無条件破壊」を予期することになるように思われる。

このような破壊は，つねに行われうるのだろうが，核兵器が存在する場合，それは行われることになるだろうと予期される。「過剰殺戮（overkill）」は目新しいものではない。1945年に米陸軍は，世界中の人間を殺害するのに十分なキャリバ30機関銃の弾丸を確実に保有していたし，もしそうでなくても何の制約も受けずに人々を殺戮することができただろう。目新しいのは，単なる「殺戮」という考え，つまり，大規模戦争とは，単に国家間で殺し合いを競うもの，あるいは単に破滅に向かうだけの双方向の実力行使であって競い合いですらないという考えである。

こうしたことが核兵器によって生じる違いである。少なくとも核兵器がこのような違いを生じさせる可能性がある。一方，そうでない可能性もある。もし核兵器自体が，あるいは運搬手段が攻撃に対して脆弱だったとしたら，奇襲によって敵の報復手段を除去できるかもしれない。膨大な爆発力を1個の爆弾に詰め込むことができるからといって，勝者の側が致命的な懲罰を確実に受けるとは限らない。西部の町で2人のガンマンが対峙したとき，どちらか一方が相手を殺すことになる可能性があったのは間違いないが，撃ち合いで両方とも死ぬのが確実だったわけではなく，動きが遅いほうが死ぬのだ。致死性がより小さな兵器は，やられたほうが死ぬ前にやり返すことができるのだから，抑制的な恐怖の均衡や慎重の均衡によほど役立ったのかもしれない。もし敵の撃ち返し能力を直ちに排除することができるのなら，核兵器の持つ正真正銘の効力がゆえに戦争を先に仕掛けるのが理想的ということになるかもしれない。

正反対の可能性もある。核兵器が攻撃に対して脆弱ではなく，いずれの側に対しても恐るべき効果があるわけではないことが判明していれば，使用前に破壊されてしまう恐れがあること，そして敵国の組織的な破壊以外に可能な役割が核兵器にはないことから，迅速に相手側の核兵器を攻撃しなければならない

第 1 章　暴力という外交

ということにはならないし，時間をかけず迅速にそうしなければならない理由
もなくなるという可能性だ。核による破壊がゆっくりと進む場合——爆弾が 1
日に 1 発しか投下できない——を想像してみればよい。その景況は，もっとも
暴力的な大規模なゲリラ戦といったような，相当異なるものになるだろう。核
戦争には緩慢に進展する必然性がたまたまないのだが，速いスピードで進展す
る必然性もないのかもしれない。単に核兵器が存在すること自体によって，ゆ
っくり進めなければならなかったり，目もくらむ閃光の中でかたをつけなけれ
ばならなかったりするわけではない。核兵器はかくも物事を単純化しないの
だ。

　ここ数年，戦争において核兵器がなしうることと核兵器がゆえに回避できな
くなることとの違いがあらためて強調されている。米政府は 1961 年に，大規
模核戦争でさえ破滅的な怒りの渦中での単純な争いにはおそらくならない，あ
るいはその必然性はないことを強調し始めた。1962 年 6 月にマクナマラ国防
長官は，「抑止」は戦争中においても機能し，交戦国は国益のために戦争にお
ける破壊を制限しようとする可能性があるという考えを，物議をかもした演説
において表明した。敵国の人々や都市を大規模に殺傷・破壊しても軍事目的に
決定的に寄与することはなく，継続的にその脅しをかけることが目的に寄与す
るであろうとそれぞれの交戦国は感じるかもしれない。継続的な脅しは，おそ
らくそうした殺傷・破壊がいまだなされていないことに依拠するだろう。より
狭い制限戦争においてそうするように，交戦国は互いに相手側の抑制に応える
だろう。最悪の敵でさえ，相互主義がもたらす利益のなかで，捕虜に損傷を加
えるようなことはたいていなかったのだから，市民も同等の扱いを受けるに値
する。熾烈な核攻撃は，おそらく主に互いの兵器と軍隊に対してなされるだろ
うということだ。

　マクナマラ長官は，「米国は結論に至った」として，以下のように述べた。

　　起こりうる全面戦争における基本的な軍事戦略は，可能な限り，過去にお
　けるより在来型の軍事作戦で評価されてきたのとほぼ同じようなやり方に近
　づけるべきである。すなわち，主要な軍事目標は……一般市民ではなく，敵
　軍の破壊でなければならず……わが方の都市への攻撃を抑制するために考え
　うるもっとも強力な誘因を仮想敵国に与えることになる[11]。

31

戦争について考えなければならないなら——もちろんそうしなければならないが——，これはそのための賢明な思考法である。だがそれは，マクナマラの「新戦略」が賢明であろうとなかろうと，敵国市民が人質として留保されるべきであろうとただちに殺傷されるべきであろうと，あるいは主要攻撃目標が軍隊であるべきであろうと人々やその生活基盤であるべきであろうと，「過去におけるより在来型の軍事作戦で評価されてきたのとほぼ同じようなやり方」ではない。それは，まったく違うのであり，その違いは強調されるに値する。

　両世界大戦においては，敵国軍隊にかたをつけるまでは，一般に敵国そのものに手をつけるうえでの決定打がなかったため，敵国民ではなく敵国軍隊を相手にした。第一次大戦において，ドイツは，連合軍がドイツ市民の殺傷を自制することに期待して数百万のフランス市民に銃剣を振るうのを控えるようなことはなかったが，連合軍の防衛線を破るまでフランス市民に手出しはできなかった。ヒトラーは，ロンドンを恐怖に陥れようとしたができなかった。連合国空軍は，シャーマン将軍自身がジョージアで行ったと認識していたことをドイツでやってみようという考えを少なくともいくらかは持ちながらヒトラーの領地での戦争に打って出たが，第二次大戦中の爆撃技術をもってしては，軍隊を迂回してもっぱら敵の市民を攻撃することは，とかくドイツではできなかった。核兵器を持つ者にはその代替手段がある。

　敵もわが方と同じように一般社会への攻撃を抑制するという条件の下で，敵の都市の破壊や人間社会の根絶のための大規模な力を予備として意図的に温存しつつ敵の軍事施設に攻撃を集中させるのは，「在来型アプローチ」ではない。両大戦では，敵軍の破砕こそが敵を降伏に追い込む唯一の方法であったため，まずすべきことはそれであった。暴力のための決定的能力を予備として温存しつつ「総力をあげて」もっぱら交戦するようなことはこれまで行われてこなかったのだ。マクナマラ長官の提案は，痛めつける力のほうが対抗する力より重くみられるという新時代における新たなアプローチだったのである。

戦場での戦いから暴力という外交へ

　マクナマラ長官の演説から遡ること約100年前の1868年，ペテルブルグ宣言（戦争の諸悪に対処するための近代初の大会議）において，「戦時中に国家が達

11）Commencement Address, University of Michigan, June 16, 1962.

成に努めるべき唯一の正当な目的は敵の軍事力を弱体化すること」であるされた。そして，赤十字国際委員会総裁は，1920年に国際連盟に宛てた書簡の中で，「委員会は，戦争がかつての姿，すなわち市民同士ではなく軍同士の闘争に回帰することが強く望まれると考える。一般市民は，可能な限り，闘争とその影響の埒外にあり続けなければならない」と記した[12]。この文言はマクナマラ長官のそれに酷似している。

　赤十字国際委員会は，19世紀後半に戦争をより人道的にするためのルールを案出すべく奮闘したすべての人々がそうであったように，落胆する運命にあった。1863年の設立時，同委員会は戦争を起こした者らが非戦闘員をなおざりにしていることを懸念していたのだが，第二次大戦において非戦闘員は枢軸国と連合国軍の双方から意図的に攻撃目標として選定された。それは，断固として行われたわけではなかったが，それでも意図的になされたのだ。このような傾向は同委員会の望んだこととは対極にあった。

　現今，非戦闘員は単に意図的な攻撃目標であるばかりか，主要な攻撃目標であるように思われる。あるいは，少なくともマクナマラ演説まではそれが当然のことと思われていた。実のところ非戦闘員は，規模的に両極端にある戦争の双方において，主要な攻撃目標であるとみられたのだ。つまり，熱核戦争は都市と人口の破壊・殺傷の競い合いになる恐れがあったし，一方の端にある攪乱はほとんど完全に暴力主義的である。われわれは汚い戦争の時代に生きている。

　なぜそうなのか。戦争は，本来，戦闘員間における軍事的な現象ではないのか。戦争を適正な領域にとどめおくことができない21世紀特有の戦争は堕落しているのではないか。それとも戦争は本来的に汚いのか。作法で表面を取り繕うようになった戦争が存在する見せかけの文明――歓迎すべきだが期待できない状況――を赤十字は懐かしんでいるだけではないのか。

　この問いに答えるうえで，狂暴な戦争における非戦闘手段――庶民とその所有物――の関与を3つの段階に区分するのが効果的である。ただし，このような段階区分を行う価値はあるものの，その筋道は単に過去300年における西欧の叙述であり歴史の一般化ではない。第1段階は，人々が分別のない戦闘員によって痛めつけられることのある段階である。そしてそれは，赤十字国際委員

---

12) International Committee of the Red Cross, *Draft Rules for the Limitation of the Dangers Incurred by Civilian Population in Time of War* (2nd ed. Geneva, 1958), pp. 144, 151.

会が念頭においていた「文明的戦争」の時代に人々がおかれていた状況である。

　1648年頃からナポレオンの時代まで，西欧の多くの地域において，戦争は社会に刷り込まれていた。それは，領地，時としてお金や王権といったもので測られる利害をめぐる君主間の争いであり，兵士のほとんどが傭兵で，戦争の誘因は貴族特権階級の中にしかなかった。君主は領地を賭けて戦ったが，係争地の住民にとっては，誰に忠誠を誓うべきかということよりも，自分たちの作物や娘らを軍の略奪から守ることが重要であった。ライトがその不朽の名著『戦争の研究』において言及したように，住民は居住地が新たな君主に統治されることにほとんど関心がなかった[13]。さらに言えば，プロシア王とオーストリア皇帝にとって，ボヘミア農民の忠誠心や熱情は決定的な考慮要因ではなかった。この時代の欧州における戦争が王様のスポーツであったというのは大げさだが，著しい誇張でもない。そして，その時代の軍事作戦は，兵站上の制約がゆえに，民衆の熱情を必要としない規模にとどめられていた。

　人を痛めつけることは戦争の決定的手段ではなかった。人を痛めつけたり財産を破壊したりすることは，単に賭して戦っているものの価値を減じて双方に不利益をもたらすだけだった。さらに言えば，たいていの場合，戦争に及んだ君主は敵と共有している社会的慣行の正当性を覆したくはなかった。敵君主を飛び越えて直接領民との戦争に持ち込むことは大転換を意味したことだろう。敵対する君主を滅ぼすことは，たいてい双方の関心事ではなかった。主権の対立はそれぞれの君主自身の問題に比べて双方に共通する点が多かったし，宗主権の正当性を覆せば破滅的な反動を呼び起こすかもしれなかった。欧州大陸におけるこのような特定の時代の戦争がもっぱら軍事活動に限定されていたことは，意外なことではない，あるいは意外であったとしてもまったく驚くべきことではない。

　その時代のそうした世界においては，非戦闘員の権利に関心を持ち，戦争において双方の側が遵守するであろうルールを案出することにいまだ希望を持つことができた。社会秩序を維持したり敵を滅ぼさないことで双方の側に何か得るものがあったのであるから，おそらくルールはきっちり守られただろう。ルールはやっかいかもしれないが，双方の側を縛り付けるなら不利な点はおそらく相殺されるだろう。

---

13) Quincy Wright, *Studt of War* (Chicago, University of Chicago Press, 1942), p. 296.

こうしたことはナポレオン戦争の間に変わっていった。ナポレオン時代のフランスにおいては、人々が戦争の成果に関心を持ち、国家的な動員が行われた。戦争は単に選ばれた者の活動ではなく国家的な試みとなったのだ。国家全体を戦争に動員できるというのは、ナポレオンとその閣僚が示した政治的および軍事的な天賦の才であった。プロパガンダが戦争の手段となり、戦争は通俗化した。

多くの著述家が、こうした戦争の大衆化や庶民の戦争への参画を嘆いた。実のところ、われわれが熱核戦争に起因すると考える恐怖のいくつかは第一次大戦前に、さらに多くがその後で、すでに多くの識者によって先見されていたのであったが、このような恐怖を生じさせることになった新たな「兵器」は人間であった。つまり、国家的戦争に情熱的に参画し、全面的勝利の追求に自らの命を捧げ、全面的敗北の回避に死に物狂いな数百万もの人々である。今日、高度に訓練された少数のパイロットが数千万もの人々やその住居を吹き飛ばしたり焼き尽くしたりするのに十分なエネルギーを運搬できることをわれわれは痛感しているが、2〜3世代前には、銃剣と鉄条網、あるいは機関銃と榴散弾を用いる数千万の人間によって同じような破壊や混乱がもたらされることが懸念されていたのだ。

それは、戦争と人々との関わりにおける第2段階——17世紀中期以降の欧州における第2段階——であった。第1段階においては、人々は中立的だったが、その幸福はおそらく顧みられていなかった。第2段階における戦争は、人々自身の戦争であったため、人々はこれに関わりを持った。ある者は戦い、ある者は戦備を整え、ある者は食料を生産し、ある者は子供を育てたが、彼らは皆、戦争遂行国家の一部だった。1939年にヒトラーがポーランドを攻撃したとき、ポーランド人にはその成り行きを気にかける理由があった。チャーチルが英国は水際で戦うと呼びかけた相手は義勇兵ではなく英国民であった。戦争は重大な意義を持つ何かにかかわっていた。もし人々が綺麗な戦争で負けるよりも汚い戦争を戦い抜こうとするならば、戦争は単なる政府間の戦いではなく国家間の戦いになる。もし人々が戦争継続の可否や休戦協定の条項に影響を及ぼすのなら、戦争で人々を痛めつけることは目的にかなっている。それは汚い目的であるが、たいていの場合、戦争自体が汚いことにかかわっている。ポーランド人とノルウェー人、ロシア人と英国人には、もし自分たちが戦争で敗れたらその帰結が汚いものになるであろうと考える理由があった。このことは現代の内戦——大衆の感情を巻き込む内戦——においてはまったく明らかなこ

とであり，われわれはそれが血なまぐさく暴力的であると予期している。内戦に対して人々への暴力を伴わない綺麗な戦いを望むのは，綺麗な人種暴動を望むようなものである。

　ことの成り行きを促すことになる他の方法について言及しておきたい。もし現代の戦争が綺麗だったとしたら，暴力が排除されるのではなく，単に暴力が戦争終結後のために温存されることだろう。いったん軍が綺麗な戦争で敗れたなら，勝者である敵は，欲しいままに容赦のない無理強いができる。綺麗な戦争は，勝利した後で痛めつける力を強制のために使用することになるのはどちらの側になるのかを決めるのであるから，敗者になるのを避けるためのなにがしかの暴力にはおそらく価値がある。

　「降伏」は，交戦の後で痛めつける力が指向されるプロセスである。もし降伏交渉が首尾よく運び，その後暴力が公然と現出しないならば，それは苦痛と損害を与えることができる能力が交渉過程において成功裏に用いられたからである。敗者の側からすれば，予期される苦痛と損害は妥協することで回避されたことになるし，勝者の側からすれば，さらなる危害を加えることができる能力によって妥協を引き出したことになる。誘拐がうまくいった場合にも同じことが言える。結局われわれは，純然たる苦痛と損害の目的がゆすりであることに気づかされる。優位を活かすことができるのが潜在的な暴力なのである。行儀のよい被占領国に対して暴力が役に立たないわけではなく，潜在的暴力を巧みに使われてしまう国とは，おそらくそれを懲罰的に用いる必要がない国であろう。

　このことから，戦争と市民への暴力との関係における第3段階が導かれる。もし苦痛と損害を戦争の最中に与えることができるなら，軍事的決着の後で行われる降伏交渉を待つ必要はない。もし戦争の最中に人々や政府を無理強いできるならば，勝利を達成するまで待ったり，負けゆく戦争において強制力をすべて使い果たしてしまうリスクを犯したりする必要はないのだ。もし北軍が戦争に負けつつあったのだとしたら，シャーマン将軍によるジョージア掃討のための進軍は，ドイツ軍のぶんぶん爆弾やV-2ロケットがそうであったと考えられるように，軍事的敗北をこうむる前に戦争を終わらせるための強制手段として意味があったのかもしれない。

　現代においては，少なくとも東西の主要国が，第二次大戦中のいかなる暴力よりも大量の暴力を戦争の最中に市民に対して用いる能力を有するがゆえに，軍事的勝利の達成や停戦を待たずして抑制の機会が訪れる。第二次大戦におけ

る主たる抑制には，降伏の日という時間的な境界があった。一方，現代においては，戦争の最中に暴力が劇的に抑制されるのを目のあたりにする。朝鮮戦争は，激烈な「全面」戦争であり，朝鮮半島の戦場における戦いというだけでなく双方が用いる資産の競い合いだった。それは，「全面的」であったが，あくまでも劇的な抑制の範囲内においてそうだった。そこに，核兵器，ロシア人，中国領土，日本領土，そして国連側に越境した海上に所在する艦船への爆撃や飛行場の爆撃はなかったのだ。それは軍事力の争いだったが，前例のない市民への暴力という恐れによって制限されていたのである。朝鮮戦争は，核という暴力の時代における制限戦争について考察するための好例かもしれないし，そうでないのかもしれないが，数十万という戦死者が見積もられるとともに世界の2大大国が完全に埋没してしまう戦争への誘因がある中で，暴力を用いることができる能力が意識的に抑制されうるということの劇的な証であった。

　第3段階の帰結は，「勝利」は国家が軍に求めることを不完全にしか表現していないということである。この時代にあって軍が主として求められることは，潜在的な力に備わっている影響力である。国家は，軍事行動の成功による直接的な結果だけでなく，痛めつける能力に由来する交渉力を欲している。敵への全面的勝利でさえも，せいぜい敵国民に対する暴力を無抵抗に行う機会を与えるだけである。国益または何らかのより広範な利益に照らして，その機会をどのように活用するかは，勝利そのものを達成するのと同じくらい重要なことでありうる。だが，伝統的な軍事科学は苦痛を付与できる能力の活用法をわれわれに教えていない。勝者側であろうと敗者になりそうな側であろうと，もし国家が敵に影響を及ぼす混じり気のない暴力という能力を用いようとするのなら，全面的勝利の達成を待つ必要はないのだ。

　実際には，この第3段階は，2つの相当異なる派生型として分析できる。その1つの型においては，純然たる苦痛と損害は，強制戦争（coercive warfare）における脅迫や抑止のための主要な手段であり，おそらく実際に適用できる。もう1つの型においては，戦争の中での苦痛と損害はほとんど役に立たないか無目的なものであると予期されるが，混じり気のない暴力という戦争に先立つ脅威は，たとえ核や制御できない暴力であったとしても，軍事力と一体化する。その違いは，抑止と脅迫の性格が全面的にあるのかそれともまったくないのかというところにある。よって，ここに2つの深刻なジレンマが生じる。1つは，用いるべき暴力を，可能な限り恐るべきものにするか，相手方が抑制した場合のためにいくぶん余地を残しておくかという選択であり，もう1つは，

報復を，可能な限り自動的なものにするか，運命の決断に対する慎重な制御を確保するかという選択である。これらの選択は，一部は政府によって一部は科学技術によって決定づけられる。これらの異型は両方とも，苦痛と損害——（実際に生じたのではなく）苦痛と損害の脅し——の強制における役割によって特徴づけられるものであるが，前者においては，成功しようが失敗しようが脅しとそれに引き続いて起こる暴力は必要のないものであり，後者においては，段階的な苦痛と損害はさらなる脅しをかけるために用いられるかもしれない。国家が核兵器を保持する現代は，2つの異型が混ざり合った複雑で不確実な時代である。

　軍事力が基本的に，奪ったり保持したり，攻撃をかわしたり侵略者を撃退したり，敵対者に領土を奪われないようにしたりするための力であった時代——軍事力が敵対する軍との交戦において貢献する時代——にあってさえ，痛めつける力に依拠する強制外交は重要であった。その時代においてさえ，相手側が係争地のためにどれくらいの対価と苦痛を負うかということが重大な問題だったのだ。いったんメキシコシティが米国の手中に落ちてしまった後でメキシコ人がテキサスとニューメキシコとカルフォルニアで譲歩するかどうかは，軍事的な判断でなく，外交的な判断であった。もし手に入れたいと思う特定の領土を容易に奪うことができない，あるいは攻撃から守ることができないなら，他のものを奪ってそれと引き換えにすることができる[14]。そして，敵の指導者が何を引き換えにするか——首都なのか国家生存なのか——を判断することは，過去においてさえ，戦略の重要な一部であった。現在，われわれは，痛めつける力——苦痛と衝撃そして窮乏を国にもたらす力——が奪ったり保持したりする力に相応する時代にいる。おそらく痛めつける力は，相応するというより決定的なのであり，戦争を暴力的な駆け引きのプロセスであると考えることが必要でさえある。生きた捕虜が死んだ敵よりも価値があるという時代は初め

---

14) たとえば，子供である。アテネの暴君ヒッピアスがアクロポリスでスパルタ人に支援されたアテネ人亡命者の軍隊によって包囲された。その陣地は堅固で，十分な食料と水の補給もあり，包囲軍はしばらくとどまったのち退却するはずだったが，ヘロドトスは，「予期せぬ不幸な出来事」があったと言う。安全のために国外退去した被包囲側の子供たちが捕えられたのだ。「この不幸は彼らの計画をすべてご破算にした。子供たちを取り戻すために，彼らは，条件を飲み，5日以内にアッティカを離れることを余儀なくされた」。Herodotus, *The Histories*, p. 334. ドイツのぶんぶん爆弾や核兵器によって子供たちを遠距離から殺すことができるなら，まず子供を捕える必要はない。そして，双方が相手方の子供を傷つけることができるなら，駆け引きはさらに複雑になる。

第1章　暴力という外交

てのことではないし，これまでも痛めつける力は駆け引きをするうえでの強み
であったが，米国の経験においては，このような類の力が軍事関係の主要な部
分を占めるというのは初めてのことである。

　痛めつける力は戦争において何ら新しいものではないが，米国にとっての近
代科学技術は，われわれに対して用いられようともわれわれ自身の防衛に用い
られようとも，非建設的で得るものがない純然たる苦痛と損害の戦略的重要性
を劇的に高めるものだった。このことが戦争と戦争の脅し――破壊ではなく影
響を及ぼす技法，征服や防衛でなく強制や抑止の技法，交渉と脅迫の技法――
の重要性を高めるのだ。

　ライトはその著書『戦争の研究』において，戦争の「不愉快な価値」につい
て，銀行を破壊し強奪しようとする爆弾を手にした銀行強盗にたとえながら，
数頁を割いて記している（pp. 319-20）。ライトによれば，この不愉快な価値に
よって，戦争の脅しは「非良心的な政府の外交の一助」となる。われわれはい
ま，この問題を正当に評価するために，さらに強力な用語とより多くの頁を割
くことが必要であるし，良心的な政府でさえ，多くの場合，そうした価値以外
に軍事に頼るべきものをほとんど持ちあわせていないことを認識する必要があ
る。歴史を通じて，どれほど多くの戦争関連条約や戦略が，痛めつける力が軍
事力の基本的な属性であり外交が依拠すべき基盤であると認識することから目
を逸らしてきたことか。それは尋常なことではない。

　もはや戦争は単なる力の競い合いのようにはみえない。戦争や戦争の瀬戸際
は，神経とリスク・テイク，そして苦痛と忍耐の競い合いになってきている。
小規模の戦争は，より大きな戦争の脅しを包含するのであって，単なる交戦で
はなく「危機外交」である。戦争の脅しは，つねに国際社会における外交のど
こかに潜んでいたのだが，いまや米国人にとって相当に表面化してきている。
労使関係におけるストライキの脅し，家庭内のいさかいにおける離婚の脅し，
あるいは政治団体における脱退の脅しのように，暴力の脅しはつねに国際政治
を取り巻いている。これらは力と善意のいずれによっても免れることはできな
い。

　ある時代のいくつかの国でそうだったように，軍事戦略は，もはや軍事的勝
利のための科学として考えることはできないのであって，それ以上とまではい
かないにせよ，同じくらい，強制，脅迫，そして抑止の技法なのである。戦争
の手段は争奪的というより懲罰的である。好むと好まざるとにかかわらず，軍
事戦略は暴力という外交になったのだ。

39

第2章

コミットメントの技法

合衆国軍がカルフォルニアの防衛に役立つことには誰も疑いを持っていないように思われる。だが，米軍部隊がフランスの防衛において頼りになるか，あるいはフランスが攻撃を受けた場合に米ミサイルがロシアを叩くかどうかについて，フランス人は疑念を持っていると私は聞いている。

もしロシア人がわれわれを攻撃するならわれわれは必ずロシア人と戦うとロシア人に告げる必要があるとはとても思われない。だが，もしロシアやその衛星国がわれわれと手を結んでいる国を攻撃するなら米国を敵に回すことになるということをロシア人に告げるために，われわれはあらゆる手段をとっている。不幸なことに，そう告げることは実際にそうすることではない。そして，それが事実なら，そう告げたとしても必ずしも信じてはもらえない。われわれは，明らかに戦争を欲していないし，そうしなければならないときにしか戦わないだろう。われわれがそうしなければならないであろうことを示すことが課題なのだ。

敵の意図ではなく能力に着目することは軍事計画策定における慣例である。だが，抑止は，意図にかかわることであり，しかも単なる敵の意図を見積もることでなく，敵の意図に影響を及ぼすことである。もっとも難しいのはわが方の意図を伝えることだ。戦争は，よくても不快かつ対価がかさむ危険なものであり，最悪の場合には破滅を招く。国家がはったりをかますことは認識されているが，偽りのない脅しをかけること，そしていざというときには心変わりすることも認識されている。戦争，とくに制御できない戦争に値しない領土も多くある。説得力のある戦争の脅しはおそらく侵略者を抑止するだろうが，問題は脅しに説得力を持たせることであり，はったりだとみられないことである。

一般的に軍人は，国土を守ること，そしてたとえその努力が徒労に終わっても立派に死ぬことさえ期待されている。チャーチルが英国民は水際で戦うと発言するに際して，それが正しい政策であることを確信するためにいま一度その慎重な策を見直してまんじりともしなかったなどと思う者は誰もいなかった。

41

だが，ポーランドを攻撃したドイツへの宣戦布告は，これとは性格を異にする意思決定であり，単なる反射行動ではなく「政策」の問題だった。ある脅しにはそもそも説得力があり，ある脅しには説得力を持たせることが必要で，ある脅しははったりのようにみえる運命にあるのだ。

　本章では，実行に移すのが困難な脅し，当然のこととみなしうる信頼性にそもそも欠ける脅し，そして実行に移すことが望ましくないと誰かが判断するかもしれない行動に国家をコミットさせるような脅しについて記している。この議論における適当な出発点は国境である。暫定的——きわめて暫定的——な推測として言えば，国土と何であれ「外国」との違いは，そもそも信頼性のある脅し——たとえ暗黙の脅しであっても——と，信頼性を持たせる必要がある脅しの違いである。他の国家や領土に軍事力の影を投射するのは外交のなせる業である。しかるに，外国で戦うことは軍事力のなせる業であるが，多大な対価とリスクの環境条件下において外国で戦うことになる敵国や同盟国を説得するには，軍事的能力以上のものが要求される。つまり意図を映し出すことが求められるのだ。そのためには，そのような意図——まさに慎重に確立した意図——を持つこと，そして，他国をして行動せしめるために説得力をもってそれを相手に伝えることが求められる。

信頼性と合理性

　誰かが誤った行いをしたら痛めつけるという脅しをかけるにあたって，仮に相手に脅しを信じさせることができるなら，脅した側のほうもどれだけ傷つくことになるのかによって必ずしも脅しに決定的な違いは生じない。これが抑止のパラドックスである。人は，その前を歩くことによってトラックを躊躇させたり，往来の激しい道で信号を無視して歩いていたりするのだ。

　この原則は，1956 年のハンガリー動乱にも当てはまる。西側は，ハンガリーの正当な地位について筋を通してソ連と激論になることでもたらされる成り行きへの恐れから抑止されたのであり，ソ連が西側よりも強い，あるいは続いて戦争が起きたとしたら西側がソ連圏よりも傷つくという考えから抑止されたのではない。どちらの側がより大きく傷つくかにかかわらず，ソ連が軍事的に反応しそうなくらい，そしてハンガリーがリスクを犯すに値しないと思わせるくらい十分に強かったがゆえに西側は抑止されたのだ。

　もう 1 つの抑止のパラドックスは，自分自身あるいは自国が完全に合理的で

第2章　コミットメントの技法

冷静で制御されている，あるいはそう思わせることが，必ずしも助けにはならないということである。コンラッドの著作の1つ『密偵』は，ブルジョア社会の転覆を試みるロンドンの無政府主義集団について書かれている。彼らの用いる技法の1つが爆破であり，グリニッジ天文台が破壊目標となっていた。彼らはニトログリセリンを発育不良の小柄な化学者から入手していたのだが，当局は，その入手場所と製造者を把握していた。だが，ニトログリセリンの提供者であるこの化学者は，ロンドン警察の前を何事もなく行き来していた。なぜ警察は君を捕えないのだろうかと，グリニッジでの仕事に関係していたある若い男がこの化学者に尋ねると，こんな答えが返ってきた。離れたところから自分を撃てばそれはブルジョア道徳の否定になって無政府主義者の言い分を強めることになるからそうしないだろうが，それだけでなく自分はつねにある「代物」を肌身離さず持っているから思い切って自分を捕えられないのだと。そして，ジャケットのポケットに入れた手はニトログリセリン容器につなげられた管の末端の球体を握り続けているのだと彼は言った。その小さな球体に圧力をかけさえすれば，近くにいる者は彼もろとも粉々に吹っ飛ばされるのだ。若い仲間は，実際に自分自身も吹っ飛ばすなどという不合理なことをなぜ警察が信じるのか訝しがったが，化学者は平然と説明した。「最後にことなきを得るのは一に性格による……私は自分自身を殺せる手段を持っているが，いいかい，それ自体はまったくもって自分を守る方策ではない。効果的ならしめるのは，その手段を使う私の意思を警官らが信じることなのだ。それは彼らの心証だ。それは疑いの余地がない。だから自分は死んでいるようなものだ」[1] と。

　われわれは彼を，狂信者，ペテン師，あるいは狡猾な交渉人と呼ぶこともできようが，合理的であろうとなかろうと，彼はそうするだろうと信じさせることが彼にとって価値のあることだった。精神病院には，とても狂っているかとても賢いか，あるいはその両方である患者が入院していて，思い通りにならなければ自ら血管を切りつけたり衣服に火をつけたりすると明言しているものがいると聞く。時として彼らの思い通りになるものと私は理解している。

　1950年代初頭に米国が，モサデク（訳注：当時イラン首相）を説得したときのごたごた——もし彼が自国とアングロ・イラニアン石油会社に関してもっと合理的にならなければ，取り返しのつかない損害を自国にもたらすかもしれなかった——を思い出してみればよい。彼には脅しがあまり効かなかった。伝え

---

1) Joseph Conrad, *The Secret Agent* (New York, Doubleday, Page and Company, 1923), pp. 65-68.

43

られるところでは，彼はパジャマを着て泣いていた。英国か米国の外交官が，もし彼がわからずやのままでいたなら国がどうなるか，そして西側諸国が彼を苦境から救い出すことはないであろう理由を説明したのだが，何を言われているのかを彼が理解していたかどうかさえ，見たところ釈然としなかった。それは，床のうえに粗相（そそう）したら死ぬまで殴られることになると生まれたばかりの子犬にわからせようとするようなものだったに違いない。もし相手が話を聞かなかったり理解できなかったり自己制御できなかったら，脅しは効かないし，そもそも脅しをかけることすらできないだろう。

　時として，すべてを完全には制御できないことや，直情的だったりあてにならなかったりすることに対して，多少の信頼をおくことができる。直情的な同盟国と協力することとは，おそらくそういうことである。戦争の初期や侵略が不確かな段階において，ドイツは米国よりも核兵器の使用を躊躇（ためら）わないであろう——かつソ連の指導者はそう認識している——から，核兵器をドイツ軍部隊がその裁量によって直接使用できるようにすべきだという提言が真剣になされてきた。1964 年の大統領選挙においてなされたような提言——核兵器使用の権限は平時から戦域指揮官かそれ以下のレベルの指揮に委譲すべきという提言——の背後にある動機の 1 つには，危機に際しての文民の躊躇を軍人の大胆さに肩代わりさせること，あるいは少なくともそのように敵に見せるということがあった。危機に際してベルリン，金門島，あるいはサイゴンなどに軍高官を派遣することは，権限が政治的抑制，官僚的遅延，あるいは大統領責任さえも及ばない誰か——大胆な軍の伝統に即して反応するであろう誰か——に委譲されることを示唆する。1962 年初頭のキューバ危機においてケネディー大統領がみせた抑制や問題を先送りするやり方に対する議員らの強い不満は 11 月に危機が終息したときには消え去ったのだが，大統領にとって多くの点でやっかいだったそれらの不満は，大統領がどれほど平和的になろうとしても，その忍耐には政治的な限度があるということをキューバ人やロシア人に伝えることにおそらく一役買ったであろう。

　政府のトップレベルにおける国家的直情の強烈な表出が，1959 年のハリマン（訳注：米国の政治家・実業家）とフルシチョフとの会談の模様に描かれている。フルシチョフは，「貴方の将軍らは，力でベルリンにおける貴方の地位を維持すると言っているが，それははったりだ」と述べ，力説——ハリマンはこれを怒りと表現した——を続けた。「もし戦車を投入するならそれは焼き払われることになる。間違いない。貴方が戦争を欲するならそうすればよい。しか

44

しそれは貴方の戦争であることを忘れるな。わが方のロケットは自動的に飛んでいくことになる」と。ハリマンによれば，同席したフルシチョフの同志たちは，「自動的に」という言葉に口をそろえたという。ライフ誌に掲載されたフルシチョフとの会談についてハリマンが書いた記事のタイトルは，「不安を掻き立てるフルシチョフへのインタビュー」であった[2]。後にフルシチョフ首相が国連総会の席上において机を靴で叩いて大きな音を立てたことは，ロシア高官がどう振る舞えばよいのかをいかにわかっているか，その証を視覚に訴えたものだった。

米国の軍事政策を批判する傑出したフランス人であるガロア（Pierre Gallois）将軍は，ハリマン長官の面前での「理性を失った感情発露」を理由に，フルシチョフを「抑止の政略を抜け目なく理解する者」と賞賛した[3]。ガロアは明らかに「モスクワがベルリンのために核ミサイルをワシントンに撃ち込むとはほとんどみていない」（とくに当時フルシチョフはおそらく核ミサイルをまったく保有していなかったからであると私は推測する）が，それでもなお，フルシチョフがそうしたように，非理性的な自動性の類や見境のない全面報復へのコミットメントの必要性を米国は高く評価すべきであるとガロアは考えている。

しかしながら，重要人物の誰がしかは自動性について口をそろえるというロシア人の反応によっていくぶん怖気づくかもしれないが，抑止の脅しを信頼させるために米政府がそうした作法に頼ることをわれわれが望むかどうかについては，私は疑いを持っている。われわれは，年間500億ドルの国防支出によって，あまり突飛ではないものを手に入れるべきである。外交政策において信頼できるようにみせる義務がある政府は，責を負うべきもっとも重要な決断において性急であるかにみせるよう恒久的に努力することなどとてもできない。フルシチョフは抑止の近道を必要としていたかもしれないが，脅しに対する反応を，もっぱら大統領の機嫌を推測するといったことではなく，説得力のある順序立てられたものとして整えるに十分な成熟と豊かさを米政府は備えるべきである。

いまだに，性急性，非合理性，そして自動性は，実体を完全に伴ってはいない。誇示は効果的に違いなく，ケネディー大統領が誇示する側になったときに人々は感銘を覚えた。おそらくクレムリンの人間もそうだったろう。ケネディー大統領は，「自動性」について表明するのにもっとも強い印象を与えうる機

---

2) *Life*, July 13, 1959, p. 33.

3) *Revue de Defense Nationale*, October 1962.

会を選んだ。それは，1962 年 10 月 22 日の演説であり，キューバ危機の始まりであった。いつになく慎重で厳粛な談話のなかで大統領は，「その 3：わが国は，西半球のどの国に向けてであれ，キューバからいかなる核ミサイルが発射されたなら，それをソ連によるアメリカ合衆国への攻撃とみなし，ソ連に対する全面的な報復措置をとるつもりである」と述べた。マクナマラ長官が制御された柔軟な反応を行う戦略を公表してから半年も経っていないときのことであり，大統領発言がほのめかしたこのようなリアクションは非合理的だったであろう。そればかりか，おそらくそれは，ひとえに大統領とロシア人にとって「完全に合理的な反応」が何を意味するのかに依拠するのだし，大統領自身の軍事政策の基本の 1 つ——戦争中であっても挑発と反応を釣り合わせることの重要性を強調するもので，早くもケネディー政権初となる 1961 年国防予算教書に据えられていた——に矛盾していたであろう[4]。それでもなお，まったく信頼できないものではなく，大統領は案外そのつもりだったのだ。

演説起草において大統領が軍人や文民の高官に文章を提示したうえで，演説の中にあるこの特定の一節が政策として見なされなかったというのは，とてもありそうもない——実のところ考えがたい——。仮にこの一節がまったくのレトリックであったとしても，かの波乱の月曜日の危機的状況においては，おそらく政策的行為として見なされたに違いない。こうした政策がただ追認されることで，この半球上で単発の核爆発が全面核戦争の前兆となるようなことが，多少なりともさらにありうるようになったはずである。

もし大統領が正反対の何かを言って，挑発に対して軍事的反応を釣り合わせ

4）ウォルステッター夫妻（Albert and Roberta Wohlstetter）は，"Controlling the Risks in Cuba," Adelphi Papers, 17 (London, Institute for Strategic Studies, 1965) において，このケネディー演説を評価している。彼らは，「演説には制御された反応といったような響きはない」という一致した見解を示しつつ「米国は自国に対するミサイルに反応するのだから，近隣諸国に対するミサイルにも反応すると言っているようなものだ」と述べている。そして，この方針は，制御された，または「全面的」よりも小規模な反応の可能性を残すだろうとする。たとえ「全面的」という言葉を無視したとしても，脅しは依然として核戦争の 1 つであり，「いかなる核ミサイル」という言葉をソ連の意図的な攻撃を意味するに足りると見なさない限り，表現法と細部に違いは認めるにしても，依然としてこの声明はフルシチョフのロケット声明に類するものとして分類されるべきである。ポイントは，脅しは必然的に過誤かブラフのいずれかだったということではなく，熟慮のない衝動的なすばやい反応，つまり「釣り合わない」行動を暗示したことである。それは，不測の事態が起きた場合には必ずしも国益に寄与しないが，それでもなお政府が衝動的になれると見なされるなら，強い印象を与えることができる。

るというマクナマラ長官のメッセージと大統領自身の言葉を真剣に受け止める
べきときはいまであるとソ連に警告したり，米国は1発の核が引き起こす事態
——とくにおそらくソ連の指導者が完全に意図したものではない場合——によ
ってパニックに陥り全面戦争に突入することはないと予告したりしていたとし
ても，核弾頭を搭載した1発のキューバのミサイルが北米大陸で爆発した場合
に全面戦争という完全な狂気の沙汰が生起する可能性が，この大統領発言によ
って排除されるわけではない。それが急場の方便であるときはいつも，政府，
とくに信頼に値する政府が自らを非合理的にみせるのは困難であるし，他方，
信頼に値する政府でさえもつねに穏健でいることを保証するのも等しく困難な
のである。

　このようなすべてのことは，抑止の脅しとは，決意，性急さ，まったくの頑
固さ，あるいは無政府主義者がいうようにもっぱら性格の問題であることを示
しているのかもしれない。われわれの性格を変えるのはたやすいことではな
い。熱狂的になったり性急になったりすることは，われわれの脅しを確信させ
るために払うべき高くつく対価なのだろう。だが，われわれは熱狂的な性格の
持ち主ではないし，ヒトラーならできたであろうやり方で諸国を震え上がらせ
ることはできない。われわれは，頭脳と技能をもって頑固さと狂気に代えなけ
ればならない（その場合でさえ，われわれはいくらか不利な立場にある。ヒトラー
は技能および性格の類を兼ね備えていたのだから）。

　もしわれわれがソ連圏に広めたいと思っている作法に少しでも反するならば
その都度全面戦争を仕掛けると本当に信じさせることができ，かつ，クレムリ
ンの指導者が自らの国益の存するところを理解しまったくの頑固さがゆえに自
国を滅ぼすようなことはしない可能性が高いなら，われわれは好きなだけ脅し
をかけることができるだろう。ルールを定め，もし少しでもそれが破られたな
ら神の怒りに匹敵する核攻撃を加えると宣言できるのだ。奔流がわれわれをも
飲み込んでしまうであろうということは，ロシア人がわれわれを信じるかどう
かにとって意味のあることだが，もしわれわれを彼らに信じさせることができ
るなら，われわれも苦しむであろうということは彼らにとって何の慰めにもな
らない5)。もしわれわれが，好むと好まざるとにかかわらず，脅しの実行を余

---

5) これは，ガンディー（Gandhi）が支持者たちを軌道上に横たわらせることによって列
車を止めることができたこと，また，工事現場撤去のための運動家がトラックやブルドー
ザーを同様の方法で止めることができる理由である。もしブルドーザーが，横たわった男
が進路外に出るよりも早く止まることができるなら，ブルドーザーの運転手が流血を回避

47

儀なくするべく計らうことが確実にできたとしても，ルールを破った場合に不回避となる成り行きをソ連が理解して自らを制御できると確信できるなら，われわれは何とかしてそのように計らいたいとさえ思わないだろう。世界を吹き飛ばすのを余儀なくするかもしれないように計らうことで，世界を吹き飛ばさなくて済むのだ。

しかし，それを信じさせるのは難しい。われわれがいま一度考え直して何らかの機会——私の子供が言うところの「もう1回チャンスを」といった機会——を与える方法を見出す期待をソ連に抱かせないようにするのは難しいだろう。ただそう言うだけではそうならないのだ。モサデクや無政府主義者ならうまくいくかもしれないが，米国政府ではそうはいかないだろう。われわれがなすべきは，自らが言ったとおりに反応せざるをえないような状況——われわれにはどうしようもない状況——に自らをおくことであり，さもなければ，宣言した方法で反応しない場合に生じるなにがしかのとてつもない損失を受け入れる覚悟を持つべきである。

目的と能力の整合——主動性の放棄

しばしばわれわれは，選択肢があまり残されていない立場に自らを追い込まなければならない。これは橋の破壊という昔からあるもくろみである。もし貴方が，進軍を続けたならば貴方は撤退すると考えている敵と対峙し，かつ撤退するための橋が存在するなら，おそらく敵は，進軍を続け，もし貴方が撤退しなかったならば自動的に交戦が始まるところまで前進するだろう。貴方は，長期的な利益が何であるかを計算し，橋を渡って撤退することもあろう。少なくとも，敵は貴方がそうすることを期待するだろう。だが，もし貴方が撤退できないように橋を破壊してまったく死に物狂いの状況におかれていれば，貴方に

できる時点でのみ脅しは完全に信頼できるものとなっている。フランスを致命的な報復攻撃の危機にさらすことになるにもかかわらず，なぜ致命的にならない規模のフランスの核戦力によるソ連に対する攻撃がソ連を抑止すると見込まれるのかを，同様の原理によって説明できると考えられる。信頼性とはこうした問題なのであり，あるフランス人評論家は，文民統制の届かないところにフランスの核兵器をおくための法的措置を提唱している。米国の戦車は治安維持活動においては信頼性に欠ける。双方が自衛のために機関銃を使用しているときでさえそうだ。ブルドーザーと同じで，脅しが過ぎるのだ。よって，もっと信頼性のある——より強烈でなく完全に自動的な——手段が武装した鉄の怪物を守るために使われるのだ。それは軽度の電気緩衝器である。

は自ら防御する以外の選択肢はなく，敵は新たな計算をすることになる。敵は，いやおうなく進軍した場合に貴方がどうしたいのかを計算に入れることはできないのであり，その代わり，貴方が抵抗する以外になにもできない場合になすべきことを決めなければならないのだ。

蔣介石は，自身の精鋭部隊の主力を金門島に移動させたとき，米国をも巻き込んでこうした状況に自らを追い込んだ。もし攻撃されれば砲火を浴びながらの撤退はきわめて困難であり，蔣介石の部隊は戦う以外の選択肢を持っていなかった。そして，おそらく米国も蔣介石を支援する以外の選択肢を持っていなかった。それは，蔣介石の側に立てば，米国も巻き込んで自分自身と金門島を一体化させるという，疑いようもなく賢明な動きであった。そして，もし金門島が攻撃されたら必ず防衛することを中国共産党に知らしめたいと米国が思っていたなら，それは実のところ，米国の側からしても賢明な動きであった。

この橋を破壊するという考え——明らかに譲歩できないところに自身を追い込む——は，外交政策においてわれわれが求めているのは「主動性」であるという概念とは，少なくとも語義的にはいくぶん対立する。主動性が，創造性，大胆さ，新たな着想を意味するのであれば，それもいい。だが，こうした語法は，抑止，とくに致命的ではない米国に対する攻撃の抑止が，主動性を持っていて衝突に進むという恐ろしい決心をしなければならないのは敵方であるという状況となることにたいてい依拠しているという事実をいくぶん覆い隠している。

ここ数年，敵の動きへの対応における豊富な「選択肢」を持つべきであるというのが米国防総省の原則のようなものになっている。この原則はよいのだが，ある特定の選択肢は邪魔になるという正反対の原則もある。米政府は，同盟国を安心させたり，ある特定の選択肢は総じて慎んでいることをロシア人に知らしめ，あるいはそうした選択肢を保持する余裕などないことや手の届かないところにおかれていることを示すためにあらゆる努力をしている。国外における米国による抑止のすべてが依拠する——そして同盟国における信頼のすべてが依拠する——コミットメントのプロセスは，緊急事態においてとても魅力的なものとして期待できたかもしれない選択肢を放棄したり無効にしたりするプロセスである。われわれは，同盟国によるわれわれへのコミットメントと引き換えにそれらの選択肢を断念するだけでなく，潜在的な敵国に対してわが方の意図を明確にするためにそうするのである。実は，われわれがそうするのは，意図を示すためだけでなく，このような意図を受け入れるためでもある。

もし抑止が破れるとしたら，たいていそれは，米政府が捨て切れなかった「選択肢」を相手方が認知し，それに対して閉ざされていない抜け穴を誰かが考えるからである。

「最終機会（last clear chance）」抗弁の法則というものがある。それは，ある事案につながる事象の中に，それ以前であればいずれかの側が衝突を回避しうる瞬間やそれ以後はいずれの側も回避しえない瞬間があったこと，そしておおいにありうることとして，一方の側はいまだ事象を制御できるがもう一方の側が回避したり止まったりする能力がない時間帯があったことを認めるものである。そして，衝突回避のための「最終機会」を有していた側が責めを負う。戦略上，双方の側が衝突を嫌う場合，たいてい，現状を維持することに利があり相手側にとどまるか避けるかの「最終機会」を委ねる側が優位に立つ。クセノフォンは，この原則を理解していた。自分からは求めていなかった攻撃の脅威を受けたとき，「あらゆる方向に容易に退却できると敵に思わせたい」として，自兵を行動不能な峡谷を背に配置したのだ。また，異邦人に占領された丘を攻撃せざるをえなくなったとき，「もし敵が逃げたくなった場合の退却経路を残しておくために，全方向からの攻撃はしなかった」のである。クセノフォンは，自ら主動性を発揮すべき時にはかたをつける「最終の機会」を敵に委ねたのだが，攻撃の抑止を欲したときにはそれを委ねられることを拒み，攻撃か退却かの選択を敵に委ねたのだった[6]。

この原則——抑止はたいてい主動性を相手側に受け渡すことに依拠する——の説明は，おそらく，ダレス国務長官が書いた2つの論説を対比させることで見出せるだろう。1954年発行の『フォーリン・アフェアーズ』に掲載されたダレスの論説（「大量報復」を導入した彼の演説に基づくもの）は，われわれは，いつ，どこで，どのように侵略に反応するかということを前もって敵に知らしめるべきではなく，行動の可否，時期・場所，範囲についての決定の余地はわが方に残しておくべきであると提唱した。一方，1957年発行の同誌に掲載さ

---

6) *The Persian Expedition*, pp. 136-37, 236. この原則は，紀元前500年頃，孫子の兵法において示されていた。「軍の包囲では敵の逃げ道を残すべし。必死になっている敵を圧迫しすぎるべからず」。紀元前4世紀，アレクサンダーに仕えていたプトレマイオス1世は，丘を包囲したとき，「敵が退却したくなった場合の退路として包囲環に間隙を残していた」。4世紀に書かれたウェゲティウスの著作には，「敵の敗北は邪魔されるのではなく促されるべき」という見出しの一節があり，「敵の敗走のために黄金の橋が造られるべき」というスキピオの格言を賞賛している。もちろんそれは，暴動鎮圧の基本原則であり，外交などの交渉ごとにおいては対をなす原則がある。

れたもう1つの論説——主として欧州向けのもの——においてダレスは，適切なことに，全面戦争の最終決定の余地をソ連側に残しておくことを選んだ。ダレスは，全面戦争に至らないレベルでのソ連による非核の猛攻撃に対抗しうるさらに強力なNATO戦力，とくに「戦術」核戦力の必要性を，次のように論じているのだ。

　将来は，巨大な報復力の抑止により大きな信頼をおくことがおそらくできなくなるだろう……それゆえに，1950年代とは対照的に60年代にはおそらく，中ソの外辺部にある国は非核の全面攻撃に対する効果的な防衛力を保持することになり，そうなれば，目的を放棄するかさもなくば防御国に対して自らが核戦争を仕掛けるという選択肢を持つ侵略者と向き合うことになることがありうる。それゆえ，おそらく形勢は逆転するだろう。つまり，侵略的でないほうが自衛のために全面的な核報復力に依拠せざるをえないということではなく，侵略者になるかもしれないほうが，通常戦力による侵略の成功をあてにはできず，核戦争を始めた場合の成り行きを自ら慎重に計らなければならないということである[7]。

アチソン元長官は，同じ頃に著作『力と外交』の中で，かなり似かよった言いまわしで，同様の原則（戦術核兵器ではなく通常戦力にかかわる原則）を提唱していた。

　いまここに，士気の高い実体を伴う戦力によって守られた西欧に対して大規模な攻撃がなされたと仮定する……この際，彼の側（われわれの敵になる可能性のある側）は，わが方に対する核攻撃（もしいまだに生起していないのなら）を含めた最終的な切り札に関連するすべてのリスクと戦力を賭すことを決意したという動かぬ事実によって，事実上，われわれに代わって決心を行っていることになろう……かかる規模の欧州防衛において，すべてのリスクを賭す意思決定は防者から攻者に移行するのである[8]。

---

7) "Challenge and Response in U.S. Foreign Policy," *Foreign Affairs*, 36 (1957), 25-43. ダレス長官が「核戦争」という用語を，「戦術」核兵器が局地的な欧州防衛においてすでに使用されている時点でいまだ生じていない何かの意味で用いていることは興味深い。

8) Dean Acheson, *Power and Diplomacy* (Cambridge, Harvard University Press, 1958), pp. 87-88.

51

東側における同様の原則は，フルシチョフが言ったとされる発言の中に反映されている。誰も戦争を望まないことについては，とくに首脳会談の場において，例によって意見の一致をみた。ベルリンが境界線の内側にあったことからくるフルシチョフの独りよがりの発言は，ベルリンは戦争に値しないというものだった。そして，話が進んでいくと，フルシチョフは，ベルリンは彼自身にとっても戦争に値しないと念を押され，「ちがう，国境を越えなければならないのは貴方だ」と応じた。私が解するこの話の含意は，いずれの側もベルリンのためだけに敷居を越えたくはないが，双方が同じように戦争を恐れているのにもかかわらず，ベルリンの位置関係がわれわれをして国境を越えることを余儀なくさせるなら，われわれはそうする側になるというものだ。

　われわれはどのようにして決めなければならないのは相手側であるという状況に自らをもっていくのか。言葉でそうなることはほとんどない。1940 年代後半にもし欧州がソ連に攻撃されたら欧州を守る義務があるとわれわれは言ったが，おそらく完全な説得力を持っていなかったであろう。米政府が議会に対して平時に陸軍師団を欧州に駐留させる権限を求めたとき，その部隊は，優勢なソ連軍に対する防衛でなく，欧州が攻撃された場合に米国は自動的に巻き込まれるということにソ連が疑いを持たないようにしておくためであるという議論が明確になされた。われわれはどうしたって欧州を防衛するのだから，部隊を駐留させることでその事実を示すべきだという言わずもがなの議論はなかったのだ。好む好まざるにかかわらず，負けるのを許容できないくらいの規模の部隊がソ連軍によって蹂躙されれば，われわれは巻き込まれざるをえないというのが，おそらくその論拠であった。「仕掛け線（trip wire）」や「1 枚板ガラスの窓（plate glass window）」といった概念は，単純化しすぎた嫌いはあるが，かかる役割を表現しようとするものであった。「仕掛け線」というのは陸軍を軽んずる用語ではあったが，その役割は名を汚すようなものではなかった。ベルリンにはそれまでなかったような優秀な兵士が駐屯していたが，駐屯地は極度に狭かった。7000 の米兵士や 1 万 2000 の同盟国兵士に何ができるのか。遠慮なく言えば，死ねるということだ。彼らは，ヒーローのように，ドラマチックに，そして米国がそこで行動を止めることはできないことを保証する形で死ぬことができるのである。彼らは，自尊心，名誉，そして米政府と軍の名声の象徴である。明らかに赤軍全体を食い止めることができる。西ベルリンでは，われわれが軍にその地を放棄することを望んだとしても潔く撤退をするすべはないし，その地はわずかな侵入をも無視できないくらい狭小である。ま

さにそういうことから，西ベルリンと駐留軍は，現代におけるもっとも難攻不落な前哨地を構成しているのである。そしてソ連がその最前線を越えるようなことはこれまでなかった。

ベルリンは，このようなコミットメントに共通する2つの特性を例示している。その1つは，コミットメントが十分に明示されておらず曖昧であるなら——われわれ自身が抜け道を残しているなら——，われわれの敵は，われわれが名誉ある撤退（あるいは多少なりとも名誉ある撤退）に強く魅かれていることを期待するだろうが，それはおそらく間違っていないだろう。西ベルリンは，その境界がしっかり規定されており，西側の部隊が物理的に占拠している。逃れることができないがゆえに，われわれのコミットメントは信頼できるのだ（シュタインシュテュッケンは，東ベルリン域内にある小さな飛び地であったが，そこに居続けるというわれわれのコミットメントの信頼性と，その飛び地と本市を結ぶ回廊にもそれが適用されるのを確固たるものにするためにある程度の策が講じられている）。だが，1つの市としてのベルリンの一体性にかかわるわれわれのコミットメントは，明らかに弱く，曖昧なものであった。ベルリンの壁が構築されたとき，力で対抗することは自身の責務ではないと西側は解釈できた。もし西側が自身の責務の解釈について，力での対抗を必要とするものからより緩やかなものまでの幅で選択肢を持っていたとすれば，おそらくソ連は，われわれが緩やかな解釈を選ぶ誘惑に駆られることを予期したであろう。もしわれわれが自らを軍事力で壁を取り壊す責務があるように仕向けていたならば，おそらく壁は構築されなかったであろう。そうでなかったからこそ，われわれがより危険でない道を選ぶと予期できたのである。

ベルリンが例示していることの2つめは，たとえわれわれがどの問題に関してコミットしているかを正確に明示しても，何をするかにコミットしているのかは，たいてい不明確であるということである。このようなコミットメントには制限がない。西ベルリン攻撃に対するわれわれの軍事的反応は，実のところ具体的には述べられていないのだ。われわれは，可能であればその都市の西側を保持することには明らかにコミットしている。もし押しやられたら侵攻者を撃退して元の境界を回復することにはたぶんコミットしているだろう。ひょっとすると，もしその都市を失ったら再奪取することにコミットしているかもしれない。だが，こうした一連の事象のどこかの時点で手に負えなくなってしまい，ことはベルリンにおける現状維持の単純な回復ということではなくなってしまうのだ。おそらく，それまでの現状に意味がなくなるような軍事的不安定

53

が生じるだろう。高くつく現状の再構築は，ある種の復仇を呼び起こし，仕返しとして何らかの対応を余儀なくさせるかもしれない。何が起こるかは予言や推測の範疇である。われわれがコミットしているように見えることとは，挑発に見合う何らかの行動である。軍事的な抵抗は，それ自体の勢いを増幅させる傾向がある。それは動的で不確実なのだ。われわれがベルリンでやっていることは，すぐに手に負えなくなる可能性のあるプロセスを始めるという脅しなのだ。

　1958年のレバノンでの作戦行動——危機が進展している中での軍隊の上陸——は，最近の政治・軍事作戦における最も適切な事例というわけではないが，同様の戦略を体現していた。米国がレバノンに上陸させた1万〜1万2000人の部隊の軍事的な潜在能力——誰と，どこで，いかなる問題を巡って交戦することになっていたのかに依拠するだろう——がいかなるものであろうとも，ソ連によるいかなる危険な企てや動きも始まる前にその地に到達したことで上陸部隊は優位に立ったのだ。この上陸は，おそらく「予防展開（preemptive maneuver）」と表現できるかもしれない。上陸後においては，レバノン，ヨルダン，そしてイラクの問題に対するソ連によるいかなる意味のある介入も，米軍とソ連軍，あるいは米国とソ連に支援された軍隊が直接交戦する可能性を実質的に高めることになっていたことだろう。

　実際，境界を越えなければならないのはフルシチョフの番になった。おそらくイラクとヨルダンは米ソ双方にとって戦争に値しなかったのだろうが，部隊をおくことで——よく用いられたような表現をすれば，米国旗を立てることで——おそらく米国は，圧迫下での名誉ある撤退はできないであろうことをフルシチョフに対して明らかにしたのだ。そもそも上陸しないよりも撤退するほうが困難である。上陸はロシア人に対して次の一手を預ける助けになったのだ。

目的と能力の整合——「コミットメント」のプロセス

　撤退できない状況に自らを追い込むことに加えて，脅しをかけるうえでさらに一般的な方法がある。それは，反応することへのコミットが，国家の名誉，義務，そして外交的名声になるような政治的関与を自らに負わせることである。米国と中華民国国民政府との間で署名された軍事援助協定とともに，1955年の米国での台湾決議はおそらくそのように解釈されてしかるべきものであろう。それは，米国が蔣介石を守ることを再保証する主たる方法ではなかった

し，彼が米国に対して行ったことへの見返りを主眼とするものでもなかった。それはもっぱら第三者に印象を与えるものとして重要だったのであり，米国の議会活動の主たる観衆はソ連圏の中にいた。その決議は，条約とあわせて，威信と名声と指導力の喪失という耐えがたい事態に至らずに米国が台湾防衛から身を引くことはできないということについて中ソに疑義を持たせないでおくためのセレモニーだった。米国は，単にすでに持っていた意図や義務を伝えようとしただけでなく，このようなプロセスを通じてその義務を実際に強めようとしたのであった。米議会のメッセージは，「台湾防衛の義務があるのだからそのことを表明してもよい」というより，「もし貴方に印象を与えるに十分なコミットをわれわれがしていなかったのなら，いままさにそうしている。ここにわれわれは自らに義務を課した。偽りのないコミットという公にした規範の中に自らをおくわれわれに刮目せよ」ということだった[9]。

　こうした類のコミットメントは労せずに得られない。米議会が世界中の取るに足らないどんな場所でもソ連を退かせるのをもっぱらよしとするような決議を通したとしたら，その信用は失墜することだろう。いわば国家が例外的に関心を持ちうる事柄に対する国家の財源は限られているのであり，国家による政

---

9) 時として国内において可能なコミットメントの手法もある。それは，フィッシャーが言うところの「一般的に各国政府が自身に義務を課すべく，国内法に国際的義務を織り込むこと」である。フィッシャーはこれを軍縮におけるコミットメントとの関連で論じているが，戦力の廃棄と同じように，戦力の使用にも適用できるだろう。ノルウェーの勅令（1949 年 6 月 10 日）は，武力攻撃を受けた場合，政府命令発出の有無にかかわらず将校は動員されるべきこと，政府の名で発出された動員停止命令に根拠はないとみなされるべきこと，敵による報復爆撃の脅威にかかわらず抵抗は続けられるべきこと，を規定している。同じようにスイスでは，すべての兵士に配布されている服務必携に記された 1940 年 4 月の指示において，攻撃を受けた場合，スイスは戦うこと，これに反するいかなる出所からのいかなる命令や示唆も敵のプロパガンダと見なされるべきこと，が宣言されている。その目的は国内的な規律と士気であったように思われるが，国内制度による抑止と抵抗の信頼性を高める可能性は一考に値する。多くの政府は，緊急事態における軍の権限を増大させる規定を憲法に，あるいは非公式に有してきたが，このようにして抵抗の動機への疑念がより小さい個人や組織に向けて政府権限が委譲されることがありうる。先の脚注で述べたとおり，フランス核戦力においては，時として法的な自動性が提唱されてきた。同じように，和解が支持されないように国内世論を操作することもありうる。敵の抑止という観点から評価すれば，これらの手法はコミットメントのプロセスとして適切である。一方，もちろん相当危険でもありうる。Roger Fisher, "Internal Enforcement of International Rules," *Disarmament: Its Politics and Economics*, Seymour Melman, ed. (Boston, American Academy of Arts and Sciences, 1962).

治介入は，そのときどきの決議や文書署名の代償として行われるようなものではないのだ。

　時としてそれは，おそらく意識的に表現されはしないであろう長いプロセスによって生じる。私の知りうるところから判断するに，インドが中国やソ連から攻撃された場合に米国がインドを支援するというコミットメントは，何年にもわたってインドが公式に求めてこなかったからなのか，あったとしてもまったく微々たるものであった。1962年11月（訳者注：中印国境紛争）における教訓の1つは，インドほど大きな国を乗っ取ろうとするような相当に冒険的な試みに直面した場合においては，おそらくわれわれは，事実上，あたかも相互援助条約を締結しているごとくコミットすることになるだろうということだ。西側から猛烈な反発を受けずに広大な土地や人々を奪うことができると，ソ連や共産中国が経験から学ぶようなことをさせるわけにはいかないのだ。

　1955年，そしてとくに1958年にわれわれが懸念した金門島に対するわれわれのコミットメントは意識的に表明されてこなかったものであり，そのことは，その当時，本当に悩みの種であったようだ。金門島は，米国の政策に何ら関連するものではなかったため，蔣介石が中国本土から退避してきたときに国民党によって適切に防衛されておりその手中にとどまっていた。米国が台湾へのコミットメントを想定する頃になると，金門島は米国の意図の曖昧さの境界上に現れてきた。1958年にダレス長官は，われわれは圧力を受けて金門島を明け渡すことはできないという公式見解を表明したのだ。われわれはそもそも金門島のためにリスクをとりたいとは思っておらず，仮に1949年に金門島が共産主義者の手中に落ちていたならそれはそれで良かったのかもしれないという含みがあったと思われていたが，いったん金門島が争点になると共産中国とわれわれの関係が危うくなった。しかるに，われわれは以前であればコミットしないほうがよいと考えたかもしれないことにコミットすることになったのだ。そして，そのコミットメントが十分に強いものでないと映ったとき，蔣介石は，被攻撃下での撤退が困難な条件下で，十分な規模の精鋭隷下部隊を金門島に移動させることによって，彼が島を防御するか，さもなくば軍事的惨事を受け入れるしかないことをわれわれにはっきりわからせて，そのコミットメントを強化し，彼を脱出させるかどうかの判断を米国に委ねたのであった。

　もっとも強力なわれわれのコミットメントのいくつかは，かなり潜在的なものであるが，儀式や外交によって促されたり損なわれたりする。コミットメン

トは，われわれがそれを否定したときでさえ存在することができる。もし発効20年後にNATO条約が失効したとしたら何が起こるかについて，多くの推測がある。最近では，西欧コミュニティーの発展が大西洋同盟と両立するか否かについての推測がある。米国が現NATO諸国へのコミットメントから自らを解放できるくらい欧州が自立することをソ連は望むだろうという議論が時としてある。NATO条約が法的に効力を持たなくなったら，欧州に対するわれわれのコミットメントはおそらくいくらか減じられるということには一理あるが，それほどではないと私は考える。コミットメントの大方は依然として存在することになろう。われわれは西ドイツやギリシャをソ連に蹂躙させることはできないのであり，それは西ドイツや他の西欧諸国への条約上のコミットメントに左右されないのだ。

　軍事的危機に際して，ユーゴスラヴィアや，ことによるとフィンランドをも支援するという暗黙の義務でさえ米国は認知しているかもしれないと私は思っている。ハンガリーに対しておそらく米国が持っていたいかなるコミットメントも，明らかにそれほどのものではなかった。だが，ユーゴスラヴィアやフィンランドの地位はハンガリーほどでもない（おそらく，挑発に際し，わが方が先に国境を越えて，われわれと交戦するリスクを賭すかどうかの判断をソ連に委ねるかもしれない）。仮に，クレムリンが本当にチトーにがまんできなくなったり，チトーの死去に伴う後継問題においてある種の危機が生じたりしたとしたら，われわれの側が対抗して最後通牒を突きつけたりレバノンのときのように予防展開するようなこともなく，すんなりと赤軍がユーゴスラヴィアに侵攻したり最後通牒を突きつけたりできるだろうとクレムリンが考えているかどうかは疑わしいと私は思う。それらはすべて，われわれのコミットメントが実際にいかなるものであると示されるのか，そしてわれわれのコミットメントがいかなるものであるとソ連が考えるのか，という2つのことについての解釈上の問題なのではないかという思いを巡らせることしか私にはできない。

　実のところ，われわれのコミットメントは政策というより，むしろ予測である。すべての不測事態に対して明確な政策を持つことはできない。膨大な数の不測事態があり，事前にすべて検討するための十分な時間はとれない。もし誰かが1962年10月に，共産中国によるインド陸軍破砕の試みという不測事態に対する米国の政策がどのようなものか尋ねていたとしたら，その答えはおそらく，事前の「検討対象」ではなかった不測事態に直面して米政府が決定するであろうことの予測でしかなかったであろう。政策とは，たいてい事前に練られ

たものではなく，政府の行動をいくらか予測可能なものとする誘因と制約の寄せ集めなのだ。

インドの場合，米国が潜在的あるいは暗黙的な政策を有していたことが判明した。私の知る限り，ネルーはそれを10年間にわたって予期していた。タイとパキスタンが米国とともに署名した条約（訳注：SEATO〔東南アジア条約機構〕）をネルーが何やら軽んじていた理由は，真の緊急事態において，自身の西側との密接な関係は条約がない場合もある場合もほぼ同じであろうと感じていたからだというのは，私は疑わしいと思っているが，考えられることである。一方，インドが共産中国に征服されたり破壊されたりしないようにすべきであるという米国のいかなる「コミットメント」も，主としてインドの人々や政府に向けられたものではなかったというのは興味深いことだ。米国は，共産中国を総じて抑制したかったのであり，アジアの他の国々の政府を信じさせたかったのであり，一回りして欧州における米国の抑止の役割に対する信頼を維持したかったのである。インドに対する軍事支援は，暗黙の誓約を守る方策だったのであろうが，それは一般的なものであり，おそらくインド人だけに対して負う誓約ではなかった。規律を強いる者——警察官など——が何者かによる不法侵入や暴行を阻止したり罰したりすべく介入するとき，侵入や暴行の被害者にもたらされるいかなる利益もおそらく副次的なものであろう。被害者のためにあえて奮闘することもないかもしれない。だが，こと規律を守るということであれば，一も二もなく奮闘するだろう。

この予測という問題は，おそらく朝鮮戦争の当初からきわめて大きな意味を持っていた。米国が韓国防衛に「コミット」していたか否かについては，多くの議論がある。私が目のあたりにした介入決定の過程——まず軍事支援への米軍の参画，ついで爆撃，ついで増援，そして最終的に大規模戦争——に鑑みれば，1950年5月の段階で，米国が行うであろうことを自信をもって推測することはできなかったであろう。可能だったのは，韓国の状況推移，米国大統領を補佐する人物，そして世界で起きている他のことに基づいて，大統領が下す可能性のある決定を見積もることだけだったであろう。

アチソン国務長官による独特の演説が，韓国は米国の防衛圏の外側にあるとソ連に示したという点で重要であったという議論が想起される（私の知る限り，ロシア人，中国人，あるいは韓国人がこの演説によって特段の刺激を受けたという決定的な根拠はない）。ここで宣言された同長官の立場は，基本的に，米国の防衛圏に韓国は含まれないということ，そして韓国のような国も対象となる

であろう他のさまざまな責務，とくに国連に対する責務を米国は負っているということであった。明らかに，ソ連（または中国，または決定を下した誰しも）が計算違いをした。おそらく彼らはわれわれが気のない言い振りで自らのコミットメントを貶めたと考えたのであろう。彼らは，高くつき，向こう見ずで，そしておそらくこれまでになく危険になるであろう戦争に突入したのだ。彼らが計算違いをしたのは，抑止の用語やコミットメント・プロセスに対する理解を深める時間があまりなかったからなのかもしれず，いまとなれば彼らもより的確に解釈するかもしれない。とはいえ，キューバでのミサイルにかかわる冒険的試みは，それから10年の時を経てもソ連がいまだにシグナルを読み違えることがありうる（あるいは米国が相手側に明確に伝えられないことがありうる）ことを示している。

　そして米国は，わが方が鴨緑江に向かって進軍しているときに発せられた中国の警告を読み違えたようだ。ホワイティングは，米国に北朝鮮全域を占有されるくらいなら交戦もいとわないであろうという中国共産主義者による米国に対する深刻な警告の試みを引証している[10]。われわれは，彼らを理解すべくいろいろなことを行ったのかもしれないが，彼らを明確に理解できなかった。だが，もしわれわれが彼らの警告を正しく受け止めていたとしても，軍の展開をわれわれが実際に行ったような脆弱なかたちでは行わなかっただけだろう。中国共産主義者は，米国にメッセージを伝えるとともにそれに信頼性を持たせるための最善の努力をしたのかもしれないが，われわれは，彼らのメッセージを受け止めなかったし，理解しなかったし，信頼性を見出すこともなかった。意思疎通ができていない場合，受け手にとって送り手が弱すぎるのかその逆なのか，あるいは送り手が受け手の言語で上手く話せていないのか，それとも受け手が送り手の言語を誤認しているのかを判断するのは容易ではない。米国と共産中国に関して言えば，1950年に意思疎通の過誤がそれぞれの側に少なくとも1つはあり，双方がそれに苦しめられたようだ[11]。

---

10) Allen Whiting, *China Crosses the Yalu* (New York, Macmillan, 1960).

11) なぜ中国人が，それほど秘密裏かつ突然に，北朝鮮に侵入したのかを説明するのは容易ではない。彼らが，国境と領土を守るために，国連軍をたとえばピョンヤンの線で阻止したかったのだとしたら，早めに目立った侵入をしていれば，おそらく国連軍は自身が成し遂げたことに満足し，北朝鮮残留者のために中国軍との第2の戦争を戦う雰囲気にはならなかっただろう。中国人はそうする代わりに大きな戦術的優位性をもって奇襲攻撃を仕掛けるのを選んだのだが，これを抑止できる見込みはなかった。それは，決断を伴う難しい選択で，結局，悲観的な選択だった可能性があるが，もしそうだとすれば，たぶん誤っ

コミットメントの相互依存性

米国がそうした場所の多くにおいてコミットしていることの主たる理由は，われわれの脅しが相互依存的であるからだ。われわれは基本的に，ここでわれわれが反応しなくてもそこでは反応すると言っても信用してもらえないであろうから，われわれはここで反応せざるをえないとソ連に言っているのだ。

これまでのところ，われわれのベルリンに対するコミットメントは，多くの場合，コミットメントが誰に向けられたものなのかをわれわれのほとんどが考える必要がないほど深く浸透している。米国がベルリン防衛にコミットしたこと，そしてそれを続けていることの理由は，もしベルリン以外でソ連が米国を脅かすようにしてしまっては，ソ連に対して面目が立たなくなるであろうからである。われわれにとって問題となる評判のほとんどは，ソ連（および共産中国）の指導者におけるわれわれの評判である。われわれが不道徳で臆病であると欧州やラテンアメリカやアジアの人々に思わせるのも十分に悪いことだが，おそらくソ連におけるわれわれの評判を失うことははるかに悪い。圧力を受けて台湾から撤退したり，ベルリンを放棄したりした場合に生じるであろう面子の喪失においてもっとも問題となるのは，われわれはここでいまやると主張していることをどこであろうと引き続きやるだろうという確信をソ連が持てなくなることである。われわれの抑止はソ連の期待に依拠しているのだ。

このことは，東部諸州の人々がそれを欲するか否かにかかわらず，われわれがカルフォルニアを防衛しなければならない究極の理由であると私は考える。カルフォルニアがソ連の手中に落ちたにもかかわらず，オレゴン，ワシントン，フロリダ，メインが，そして最終的には，チェビー・チェイス（訳注：メリーランド州の都市）やケンブリッジをものにできないと信じさせることは，同じ原理により，不可能である。カルフォルニアで阻止できなければ，ミシシッピ川の線で阻止すると彼らを思い込ませることなどできないのだ（ミシシッピ川といわゆる大陸分水嶺の間にある他のいかなる線よりもミシシッピ川に現実味がないわけではないのだが）。侵略の新たな段階を画する線やわれわれがつねに

た選択であった。これは共産北朝鮮の領土保全という最優先の国益に基づくものであったのかもしれないが，もしそうであれば，どうしたって和解は困難であったであろう。あるいは，ただ単に，抑止や外交のすべてを犠牲にして，戦術的奇襲という軍事的強迫観念にとらわれていただけなのかもしれない。

守ると主張しているひと続きの土地や財産の線を彼らがいったん越えたのにわれわれが断固たる反応を見せなかったなら，われわれが彼らを欺いたことにさえなるかもしれない。ソ連がカルフォルニアを手中に収めた後，テキサスに到達してからようやくわれわれが全戦力をもって反撃したとしたら，彼らは約束を破ったかどでわれわれを訴えることさえできるだろう。彼らをカルフォルニアに侵入させた時点で，テキサスも手中にすることができると，事実上，われわれが彼らに言ったようなものなのだから。この場合，意思疎通が稚拙だったことやわれわれの許容範囲を認識させることができなかったという過ちを犯したのはわれわれの側なのだ。

　カルフォルニアの話は少々空想的であるが，多くの場合，抑止の有効性は，特定の地域にカルフォルニアのような地位を付与することに依拠するということを気づかせる一助となる。この原則は，世界中で作用しているのだが，完全にわれわれ自身が制御できるわけではない。今後10年のうちにいかに多くの条約に署名しようとも，われわれが英国を同一視できるのと同じようにパキスタンを同一視できるかどうかについては，私は懐疑的である。

　「同一視」は，複雑なプロセスである。それはいわば，ソ連や共産中国の指導者をして，われわれがパキスタンを支援しなければ，彼らがいたるところでわれわれのコミットメントを軽んじるような，そしてわれわれは彼らがそうするであろうことを認識するような形で，われわれとパキスタンを同一視させることを意味する。その結果，われわれはパキスタンを支援しなければならなくなるであろうし，彼らはわれわれがそうするであろうと認識するのである。そして，このような同一視は，われわれに対する彼らの期待と，その期待に関するわれわれの理解に対する彼らの期待に鑑みて，ソ連の指導者が行うことなのである。

　ソ連と米国の本土には，興味深い地理的な相違がある。つまり，越境追撃，戦場阻止爆撃，偶発的な国境侵犯，局地的な報復爆撃，あるいは計画的だが制限された米国領への地上侵攻でさえ，それが戦争に発展するようなことは想像しがたいのである。われわれの大海は，われわれを大戦争から守ってくれないかもしれないが，小さな戦争からは守ってくれる。朝鮮戦争において満州とシベリアが侵害されたり，イランやユーゴスラヴィアや中欧諸国との戦争でソ連の領土が侵害される可能性があるのとは違って，地理的連続性がゆえに生起する外縁からの事態拡大や偶発的な出来事から，カルフォルニアが局地的な戦争に巻き込まれて侵害されることはないだろう。中欧での制限戦争については，

「阻止作戦」のための爆撃をモスクワからどれくらい離れたところで行うべきなのか，あるいは，安全に行えるのかについての議論は生じうる。ソ連国境においてにわかに不連続性を生じさせるような顕著な地理的特徴はまったくない——そうした経済的特性もほとんどない——のだ。中欧での制限戦争に参戦する米軍にとって，似たような議論が生じることはほとんどない。まず，公海における潜水艦戦という不連続性があり，さらにバルチモア埠頭への積荷を運ぶ鉄道路線で内陸部へ進む中で大きな不連続性がある。そのうえ，領土へ侵入せねばならないこのような車両や艦船は，「戦場での交戦」に従事する車両や艦船とは性格が異なる。

　理論上はカルフォルニアやマサチューセッツにおいても生起しうる制限的で些細な本土での交戦の可能性は，地理的にはありえない。それゆえ，米本土は，ソ連本土に比して，特有の性格——より明白な「本土」の分離性——を有しているのだ。想像しうる「局地的な巻き添え」にもっとも近い位置にあるのが，キューバとの航空戦が生起した場合のフロリダ基地であろうが，それは起こりうる原則からの逸脱であろう。一方，ソ連においては，計画を策定しておかなければならない戦争事態のほとんどにおいて，本土の外縁部が何らかの形で巻き込まれるという問題が生起する（領空に侵入して行う航空偵察など領土が侵害されることのない領空侵犯を含む）。

　こうしたカルフォルニアの原理は，実のところ，領土だけでなく兵器にも適用できる。これまで論じられ深刻に受け止められてきた議論の1つに，われわれはすべての戦略兵器を海上や宇宙へ配備すべきではない，あるいは海外へさえ配備すべきではないという議論がある。敵はおそらく本土攻撃の口火を切ることになるであろう反応を恐れることなくそうした兵器を攻撃できるようになるというのがその論拠だ。仮にすべてのミサイルが海上の艦船に配備されたとしても，艦船に対する攻撃はカルフォルニアやミシシッピに対する攻撃とまったく同じようなものにはならないところ，敵は，国土に配備された兵器に対する攻撃ではないと考えて，艦船への攻撃を検討するかもしれないという議論だ（それほど真剣に議論されているわけではないが，極端な議論としては，われわれは人口密集地の中心に兵器を配置すべきであるというものがある。そうすれば敵は，わが方の都市を攻撃した場合に当然ありうると自身が考える大規模な反応を生起させずに，わが方の兵器に対する攻撃を決してできなくなるからだ）。

　この議論には一理ある。アジアにおける戦争で，われわれが空母や同盟国の基地から爆撃機を飛ばし，敵がわが方の空母や同盟国の基地を攻撃したとして

も，それをわれわれが，ハワイやカルフォルニアの基地から爆撃機を飛ばし，これら基地が所在する州を敵が攻撃したのとあたかも同じことであるかのように見なすことがないのはほぼ確かだろう。もしソ連が核兵器を軌道上に乗せ，それをわれわれのロケットが撃ったとしたら重大な事態を招くだろうが，それは，あたかもソ連が領土内にミサイルを配置し，それをわれわれが彼らのホームグラウンドで撃つことと同じではない。キューバに配置されたミサイルは，ロシア人が所有し取り扱っていたとしても，ソ連そのものに配置されたミサイルほど「国有化された」攻撃対象ではなかった（欧州多国籍軍における長距離ミサイル搭載水上艦の運用に反対する議論の1つに，敵は，多国籍軍が参戦しない制限戦争において，核兵器を使用せずに，報復をまったく呼び起こさないようなやり方でこれら水上艦を攻撃目標に選定することがおそらくできるのであり，したがって，これら水上艦は本土配備のミサイルとは違う形での脆弱性を有することになるだろうという議論があった）。

　この議論はいずれの方向にも向かいうる。戦争において核兵器が巻き添えをくうことでわが本土に対する核攻撃を誘引しないようにするために，それらを意図的にわれわれの国境の外におく理由にもなりうるし，他方，核兵器に対する攻撃がよりリスキーであるようにみせるために，それらをわが方の国境の内に保持しておく理由にもなりうるのだ。ここでのポイントは，単に核兵器をおく場所に違いがあるということである。金門島を動かしてカルフォルニアの一部にすることはできないが，兵器にはそれができるのだ。

　実のところ，本土は完全にオール・オア・ナッシングの性格を有しているわけではない。全面戦争においてさえ攻撃はある程度軍事施設に限定され，敵の人口中枢に対する激しい攻撃は，わが方の人口中枢への攻撃に対する適正な反応としてのみ行われるであろうとのマクナマラ長官の提案には，われわれが，関与する戦争の程度によってわが領土の一部を区別する，あるいは区別するかもしれないという含みがある。そして，米国人が仕掛けるかもしれない純粋に「軍事的な」戦争における自らの報復戦力による抑止力の保全について懸念を持つのであれば，ソ連は本当にミサイルと都市を隣り合わせて配置するかもしれないという議論があると私は承知している。それは，核兵器が攻撃された後には失うものがほとんど残されておらず，反応が軍事目標に制限される誘因がほとんどないことを示して，都市に対する大規模攻撃を伴わない「綺麗な」戦略戦争（strategic war）が起こる公算をより小さくするためである。仮に戦争が生起する蓋然性が高かったとしたらこの政策は危険なものであろうが，この

ロジックには価値がある。

敵のコミットメントを疑う

　ソ連には，われわれもそうであるように，国外における抑止の問題がある。
そしてこの問題において，西側はいくつかの点で彼らを利してきた。責任ある
者もそうでない者も，知的な者もそうでない者も，欧州人も米国人も，あらゆ
る者が西欧を守るために，あるいは西欧のこうむった損害に対して報復するた
めに本当に米国がすべての軍事力を行使してくれるのかについて，疑問を呈し
てきた。一方，もしわれわれが共産中国に挑発されその本土を攻撃するに至っ
た場合にソ連が同じことをするかについての疑問が呈されることは──少なく
とも 1963 年頃以前までは──ほとんどなかったのだ。

　ソ連は，われわれは困難だと思っていること，すなわち，同盟が及ぶすべて
の地域が欠くことのできないブロック圏の一部であることを世界に納得させた
ように見受けられる──われわれはそれに手助けした──。西側においては，
10 年間──中ソ不和がもはや否定しえなくなるまで──にわたって，中ソ圏
について，あたかもその衛星国のすべてがソヴィエト・システムの一部である
がごとく，そしてそれらの地域を制御下に保持し続けるソ連の決意はその一片
の喪失も認めることができないほどきわめて強いものであるがごとく論じられ
ていた。そしてわれわれはたいてい，あたかも彼らの勢力圏のすべての部分が
「カルフォルニア」であるかのごとく振る舞った。欧州に関して皆が米国の言
い分を認めたわけではないことが，中国に関しては，ソ連の言い分を米国が認
めたと西側では見られたのだ。

　もしわれわれがつねに中国をあたかもソ連にとってのカルフォルニアのよう
に扱うなら，われわれはそれが現実のものとなる手助けをしていることにな
る。もしわれわれがソ連指導部に対して，共産中国やチェコスロヴァキアが事
実上シベリアと同じであると認識しているとほのめかすなら，それは，その地
域における，あるいはその地域に対して彼らがいかなる軍事行動をとった場合
も，それは，あたかもわれわれが軍をウラジオストックやアルハンゲリスクに
上陸させたりソ連とポーランドの国境を越えて進撃させたりしたことへ反応す
るのと同じように解釈するとソ連に伝えたことになる。それゆえ，中国や北ヴ
ェトナム，あるいはどこにおいても反応するようにわれわれの側が彼らに強い
ていることになるのであり，事実上，まさに西側を抑止するうえで大きな価値

64

があるコミットメントを彼らに与えていることになるのだ。あたかもわれわれがモスクワの通りに入るがごとくハンガリーに侵略したならば彼らはそれに反応せざるをえないとわれわれが考えていることを明らかにすれば，彼らはそうせざるをえなくなるのである。

キューバは隣接地域における興味深い事例であり続けることになる。ソ連指導部は，隣接していない国家もまぎれもなくソ連圏内にあるという黙諾を世界中から得ることが政治的・心理的に困難であると悟ることになるのだ。ソ連の問題は，キューバにソ連の「カルフォルニア」という地位を与えようと試みたことであった。フィリピン，ギリシャ，台湾といった国を米国に編入できるか否かについて考えを巡らせ，地理と防衛義務の程度という問いに答えようとするのも一興である。ハワイについては防衛義務がある。これまでのところプエルトリコもそうだ。だが，米国に「属する」地域の範囲を越えた場合には，世界的に認められて当然のこととされる真に理にかなった「国家としての地位」を授けることはおそらくできないだろう。

キューバは，完全にソ連圏内に「属する」地域にあるわけではなく，地勢学的に離隔しており，ソ連圏の国々が伝統的に享受してきたソ連圏の領土的な全一性を享受していない。一方，インドがゴアを併合したのは基本的に感覚的な理由からだった。つまり，地図はある種の幾何学的な特性を備えているべき，飛び地は地理的に特異，そして海洋上の島嶼は誰にも帰属しうるが大国の領土に囲まれた島のような土地はその大国に帰属すべきという因習的な考えである（同じ理由から，もしアルジェリアが宗主国フランスと地中海によって地理的に離れていなかったなら，解放されるのはもっと困難になっていただろう。同じく，沿岸部の都市をその内陸の勢力圏から切り離して「フランス」にとどめおくことは地図を製作するときの心理にいくぶん反していただろう）。米国はソ連の領土に侵入せずにキューバを包囲したり，妨害したり，海上封鎖をできるという事実を含め，キューバとハンガリーの違いを生んでいる要因には，もちろん他にもいろいろある。だが，そうしたことがなくても，キューバという離隔した島との信頼に値する一体性を獲得することは，ソ連にとって苦しい闘いだろう。

さらなる「キューバ」が付加されれば，ソ連はかなりの負担を強いられるだろう。それはわが方にとって好ましいということを意味するわけではないが，それでもなお，彼らの抑止の問題に何が起こるかをわれわれは認識すべきである。その問題はわれわれにより近いものになるのだ。かつてソ連は，単一の鉄のカーテンで他界と仕切られた地理的単位である，ほぼ統合された勢力圏を有

していた。ソ連圏のすべてを内包しそれ以外は含まない閉じた線を一筆書きすることがほぼできたのだ。ユーゴスラヴィアだけは曖昧だった。些細なことだが，ユーゴスラヴィアは隣国アルバニアを逐次例外的な国にしていったのだ。だが，1960 年代初めにおけるアルバニアの政治的孤立はここでの論点を裏打ちしている。キューバにおいても同様の問題が大きくなっていった。もはや「勢力圏」にかつての意味はない。地理的に密接な勢力圏においては，衛星国は必ずしも「勢力圏」の定義を無効にすることなくソ連とある程度の協力関係を持つことができた。だが，離隔した衛星国は，ソ連が暴力によって意思を強要するのが困難なゆえにより独立的になれるだけでなく，ソ連圏の整然とした地理がそれをいっそう損なわせるのである。「勢力圏」は，すべてか無かということでなく，程度の問題になってきたのだ。

　そのうえ，このプロセスは，ソ連と近接する領土に影響を及ぼすに違いない。そして，もしソ連が離隔した国や完全に組み込んでいない国に予防線を張って抑止の脅しに手心を加えるなら，脅しの信頼性がいたるところで試されることになる。名誉や侮辱といった明白なことは程度の問題にはならない。したがって，「本土」が何を意味するか正確にわかっているとともに，ある場所を他の場所よりも「本土」らしくみせるような，完全な国家，保護国，領土といった違いや市民階級のばらつきがないときに限り，本土は神聖であるということができよう。処女性のように，本土には完全な定義が必要である。ソ連圏においては，こうした性格が失われつつあるし，旧大英帝国のような等級的構造を持つようになるならば，ますます失われることになるかもしれない。

　われわれは，ソ連が効果的な抑止力を持っているとみなしたが，そうすることで，まぎれもなく彼らを利した。最終的にわれわれは中ソ分裂を現実のものとして受け入れたが，そもそも両国の融和を認めなかったならもっと賢かったことだろう。ソ連の脅威を引き立たせたり誇張したりする試みにおいて，われわれは時として，われわれ自身も創出するのが困難であると認識する類の抑止手段をソ連に献上している。われわれは可能な限り，ソ連が自国と米国との交戦に反応するのと同じように米国と中国との交戦に反応しなければならない義務からソ連を解放するべきである。もしわれわれがソ連をこのような義務から解放するなら，われわれは彼らのコミットメントをいくぶん無効にできる。われわれは，中国をアラスカのような位置づけにさせないでおくため，そしてソ連圏の国に特権的意識を与えないために，プエルトリコと米国の離隔度よりも，北ヴェトナムとソ連の離隔度のほうが大きくみえるように持っていく

べきである。いくつかの事象——そしてまさにそうした国々のいくつか——は，将来，ある種の武力衝突に突入させることをわれわれに余儀なくさせるかもしれないのであり[12]，可能な限り，こうした地域を前もってソ連の軍事力とは切り離しておくのが賢いことだろう[13]。

コミットメントからの逃避

　時として国家は，コミットメントから逃れたい——それを切り離したい——と思うが，それは容易なことではない。われわれは，1958年における金門島に対するコミットメントを悔いたかもしれないが，当時はそれを無効にする潔い方法はまったくなかった。ベルリンの壁はまったくもって困惑の種だった。われわれは明らかに，ベルリンの壁に対して暴力を用いる義務を感じさせるような十分なコミットメントは持っていなかった。だが，われわれが何らかのコミットメントを持っていたことは疑いなく，われわれが行動を起こすであろうとの期待はいくらかあったし，そうすべきとの考えもいくらかあった。だがわれわれは，行動を起こさず，何らかの対価を払うことになった。もしベルリンの壁に関してわれわれが行動を起こすことを誰も期待すらしなかったとしたら——もしわれわれが壁の構築のようなことを阻止するいかなる義務も有しているとはまったく見られておらず，東ベルリンに関して壁の構築に反するような主張をまったくしなかったのであれば——，ベルリンの壁がわれわれをそれほど困惑させるようなことにはならなかったであろう。われわれの側の何人かは壁の構築が看過されたことに落胆したが，米国政府はかかる落胆が生じることを明らかに望んではいなかった。東ベルリンにおけるわれわれの権利と義務の性格についての外交声明は，われわれがそれまでおそらく有していたであろういかなるコミットメントをも葬り去ろうとする行為であった。この声明には十分な説得力がなかった。もし米国政府がベルリンの壁のようなものが出現するであろうことを最初からわかっていたなら，そして，それに反対しないと最

---

12) いくつかの事象は，明らかに，すでにこの主張に沿っている！

13) もしかすると，核実験禁止のもっとも大きな唯一の帰結は，安全保障政策における中ソ間の紛争を悪化させるとともに，軍事的合意を表面化させたことであった——それが，西側の企図だった，あるいは最終協議の誘因となったという根拠を私は見出していないが——。もしそれが企図されたものだったとしたら，きわめて大きな外交的勝利と言えるだろう！

初から予定していたなら，壁の出現による困惑は，外交上の心構えによって抑えられていた可能性がある。この出来事においては，われわれは与えていないが除去されないコミットメントがあるようにみられていたのだが，われわれにとって必須の権利は侵されていないこと，そしてわれわれにとって正しい何ものも奪われていないことが，遡及的に論じられたのだった。

ソ連には，キューバに関して同じような問題がある。1962年10月22日のミサイル危機にかかわる米国大統領演説の6週間前に，ソ連政府はキューバに関する公式声明を発出し，「もし戦争が勃発して，侵略者がいずれかの国を攻撃しその国がわれわれに助けを求めるなら，キューバに限らず平和を愛するいかなる国をも，わが国領土から支援することが可能な状態にあるとこれまでも言ってきたが，ここにあえて繰り返す。そしてわが国がそのような支援を行うであろうことを誰しもが疑わないようにする」と述べた。そしてさらに，「わが国政府は，誰もいまキューバを攻撃できないし，攻撃すれば侵略者は懲罰から逃れるということを誰も期待しえないという事実を想起したい。もしこのような攻撃がなされたなら，戦争が解き放される端緒となるだろう」とした。それは，長くて議論をふっかけるような声明であったが，「自身によって始められた戦争で大惨事をこうむるのはそれが解き放されるのに反対した人間だけであると考えることができるのはいまや狂人のみである」ということを認知していた。もっとも脅迫的な言葉は，表現を厳粛にするために選ばれなかったが，議論の一端を占めた。しかるに，少なくとも曖昧性の趣はあったのだ。

10月22日のケネディー大統領によるテレビ演説は，直接，ソ連に照準を当てていた。あまりに直接的であったため，人々は，カリブ海の問題でなく東西問題として扱う意図を持った決定としてしか推測できなかった。演説は，ソ連のミサイル，そしてその二枚舌と挑戦を懸念していたのであり，キューバ人への気遣い，キューバ人を傷つけることへの不本意，そして彼らを窮地に陥れる原因となった「外国支配」に対する遺憾の念といった，大統領が表明すべき本題から逸れてさえいたのだった。大統領は，米国はキューバとの間に問題を抱えているがソ連はそれにかかわらないことを望むと言ったのではなく，われわれはソ連と激論を交わしているがキューバ人が傷つかないことを望むと言ったのだ。

その翌日に国連安保理で配布されたソ連の声明は，明らかに状況を少々異なる方向へ持っていこうとする試みだった。それは，米国を公海上における海賊であるとして，「自身が望んでいるに違いない政策をキューバに押し付けよう

としている」と非難するとともに，米政府は「各国が行う自国防衛の要領の米国への説明や，公海上で運搬する積荷の内容の米国への通知を要求する権利を有していることを想定している。ソ連政府はかかる主張を断固として拒否するものである」と述べていた。さらに，「かつてと違って今日においては，政治家は冷静さと慎重さをみせなければならず，武力で威嚇してはならない」とも述べていた。そしてたしかに，ソ連の声明には武力による威嚇はなかった。その言説の極致は，「ソ連における核ロケット兵器を含む強力な兵器の存在は，帝国主義者の侵略的兵力が世界を滅亡に導く戦争を解き放つのを抑止するうえでの決定的な要因であることを世界中の人々が認識している。ソ連は，全面的な決意と一貫性をもって，この使命を遂行し続ける」が，「もし侵略者が戦争を仕掛けるなら，ソ連はもっとも強力な一撃をもって反応するだろう」というものだった。これまでのところ米海軍がやっていたこと，あるいはやるかもしれないことでさえ，戦争ではなく海賊行為であること，そして「平和を愛する国家は抵抗する以外ない」ことをほのめかしていたのだ[14]。

そもそもの始まりは，米国のキューバへの攻勢であり，米ソ対立ではない。「臨検が解かれる前にキューバにあるすべての攻撃的兵器を速やかに撤収せよ」という米国の主たる要求において，ソ連のミサイルとケネディー大統領の行動との直接的な関連は，あからさまに述べられていなかった。ソ連は，米国の行動をソ連の確固たる反応を余儀なくさせるものと解釈してキューバに対するコミットメントを強化する道を選ばなかった。彼らは，これはカリブ海の問題であると解釈したのだ。彼らの言いぶりは，不完全なコミットメントを強化するというより葬り去ることを意図しているように思われた。

しかしながら，もっぱら言葉だけで真のコミットメントを推し量ることはできないがゆえ，安っぽい言葉でそれを取り除くこともできない。1958年においてダレス長官は，「金門島？　誰が金門島など気にかけるというのか？　金門島のために戦う価値はなく，われわれの防衛圏に含まれないほうがよい」とは言えなかっただろう。米国は，ベルリンの壁は明らかに関係のないことだとは決して言わなかった。われわれの義務を記した条文には反していなかったとしても，その精神はさらなることを要求していると考える者がいるのは当然だ。1956年のハンガリー動乱においてわれわれには介入する義務はほとんどなかったし，スエズ危機ではそれを曖昧にしてふるいにかけた。それでもなお

---

14) David L. Larson, ed., *The "Cuban Crisis" of 1962, Selected Documents and Chronology* (Boston, Houghton Mifflin, 1963), pp. 7-17, 41-46, 50-54.

西側が何かする可能性はあったのだが，結局何もしなかった。そうすることが好都合であり，西側と東側における暗黙の了解だったのかもしれない。だが，その対価はゼロではなかった。

　もしコミットメントを宣言によって取り消すことができるなら，そもそも価値はない。言葉や儀礼によるコミットメント，政治的・外交的コミットメント，そしてコミットメントに名誉と名声を付加しようとする行為における目的のすべては，急な通告によってコミットメントを明白に葬り去ることをできなくすることである。意図的に背負っていないコミットメントや，不透明な状況において困惑を生むコミットメントでさえ，安っぽくなかったことにすることはできない。そうするなら，なおも信頼されることが望ましい他のコミットメントの信用失墜という対価を払わなければならない15)。

　もし国家が困難を免れること，つまり，熟慮のうえで背負い込んだ，あるいは意図せずに形作られていったコミットメントから手を引くことを望むなら，相手側の協力により違いが生じうる。共産中国は，1958 年以降，米国が金門島を切り離す政策をとりやすくなるように試みていたようには見えない。彼らは，米国の名誉ある撤退を困難にしたり，撤退が強迫による退却であるとみられたりするに十分な軍事的圧力を維持し，時としてそれを強めていた。彼らは，金門島を巡る米国の困難，紛争を制御しつつ意のままにことを荒立てることができる自身の能力，そして蔣介石と米国の不和を悪化させる機会を楽しんでいたとしか言いようがないのだ。

---

15) 私が知るもっとも説得力のある拒絶は，スペインでのヴォルシアニによるローマ人への返答である。ローマは，同盟関係にあったスペインの都市サグントゥムをハンニバルから防衛するのを拒絶し，その都市が酷く破壊されたすぐ後で，他のスペインの都市であるヴォルシアニと連合しようとしたのだが，ヴォルシアニの長老はこう言った。「ローマの諸君，あなた方は恥を知らないのか。カルタゴよりもローマと友好的になることをわれわれに望むなんて。諸君らがサグントゥムに対して行った仕打ちを顧みるがよい。諸君らが友邦サグントゥムを裏切ったことは，敵であるカルタゴ人による破壊よりも残酷ではないか。同盟を結びたいのであれば，サグントゥムでの出来事を知らぬところでやるがよい。スペイン人にとって，サグントゥムの陥落は，ローマの友好などあてにならないこと，そしてローマ人の言葉を信頼してはならないことへの警鐘であり，嘆かわしい記憶である」と。*The War With Hannibal*, Aubrey de Selincourt, transl. (Baltimore, Penguin books, 1965), p. 43.

敵のコミットメントからの回避

　「サラミ戦術」が子供が思いつくようなものであったのは確かである。その大人版を最初に詳述した者は，誰であろうと，その原則を子供時代に理解していたはずである。水に入ってはいけないと諭された子供が岸に腰掛けて足を水に浸けても，その子はいまだ水に「入った」ことにはならない。その行為を黙認されたその子が立ち上がっても，水への浸かり具合は立ち上がる前と何ら変わらない。その子は考えを巡らせて，それ以上深く浸からずに水の中を歩き始める。さらにその子は，少し時間をかけて考えて少しだけ深く浸かる。行ったり来たりして平均的に当初の深さが保たれていればいいという理屈だ。間もなくわれわれは，いったい躾はどうなってしまったかと訝しがりながらも，目の届かないところで泳いではいけないと声をかけることになる。

　ほとんどのコミットメントは結局のところ細部において曖昧である。時として，意識的にそうなっている。たとえば，金門島攻撃は米国が「台湾ドクトリン」に基づいて対応するきっかけになるかもしれないし，そうでないかもしれない，それは，金門島攻撃が台湾本土に対する強行上陸のプロセスや前兆であると解釈しうるか否かにかかっているとアイゼンハワー大統領とダレス長官は述べた。コミットメントは，詳細を正確に記述するのがまったくもって不可能であるがゆえに，なおさら曖昧である。もっとも慎重に起草された法令や契約でさえも疑義が生じる余地はあるし，権利や特権によってもっとも法的に守られている人々でさえ，高額な訴訟費用がゆえに，示談で収めたり，悪意のない誤りを許したり，些細な法の逸脱を大目に見たりする。ある国境線におけるわれわれのコミットメントにどんなに反していたとしても，酔っ払った少数の相手側の兵士が国境線を越えてわが方領土にうっかり「侵入」したからといって最初から戦争を始めるようなことはない。高速道路において東ドイツの官憲が本当に命令に背いたり，その官憲の車両が本当にわが方の車線に侵入したりする可能性もつねにある。それを越えなければコミットメントが作用しない何らかの敷居は存在するが，そうした敷居そのものでさえたいてい不明確なのだ。

　このことから，低レベルの事象や試み，そして侵食戦術が生まれる。ある者は，言質をとられないようにコミットメントに対する真剣度を測る。相手から抵抗があれば，不法侵害は故意でないことや現場の独断を装って，抵抗の機先を制しつつ引き下がらずにいようとする。またある者は，故意でないことや現

場の独断を装って，車列を阻止したり境界線を越えて飛行したりするが，もし異議申し立てがなければ，行動を継続または拡大して前例をつくり，通行権や不法占有者としての権利を確立し，コミットメントを押しやったり敷居を上げたりするのだ。混乱する場所への介入に「義勇兵」を用いるソ連のやり方は，たいてい，フェンスを乗り越えるというよりその下から忍び込む試みだったのであり，コミットメントを引き合いに出すことはまったくなかったものの，同時にコミットメントを抜け穴だらけで無効であるように思わせたのであった。そして，もし些細な不法侵害と重大な攻撃的行為に明確な質的差異はなく継続的に漸次移行する行為というものがあるのだとしたら，反応を呼び起こすには小さすぎる規模の侵入から始め，コミットされた反応を呼び起こすような突然の劇的変化を絶対に起こさないように，認識できない程度の侵入を増やしていくことができる。たとえば，小さな休戦協定違反は拡大していったとしても，1本の藁でラクダの背骨が折られるようなことは起きない。

　長い間キューバにおいてこのようなゲームを行っていたソ連は，明らかに，その場合にラクダの背骨は限界荷重にしか耐えられないということに気づいていなかった（あるいは，ラクダが重さに慣れてだんだん強くなることを期待していた）。朝鮮戦争は，米国の反応を呼び起こす敷居を越えない低レベルの事象として始まったのかもしれず，当初（陸上部隊投入以前）の米軍の反応は誤った判断によるものだったのかもしれない。サラミ戦術はつねに機能するわけではない。コミットメントにおける不確実性は，しばしば，低レベルあるいはどっちつかずの挑戦を招くが，不確実性はいずれの方向にも作用する。もしコミットしている国の評判が，時として予測に反して必要のない場所で反応するし，障害を極小化するためにいつも協力してくれるわけではないというものであったら，抜け穴を探そうとはしなくなるかもしれない。一方，コミットメントの詳細が曖昧であるがゆえにつねにコミットメントの細部にわたって尊重するという評判を得ることはできないのであれば，時として非合理的になるという評判が後押しされるかもしれない。もし明らかに認知可能な信頼できる仕掛け線を設置することができないなら，長期的に見れば，アトランダムに設置された仕掛け爆弾によって同じ目的がいくぶん満たされるかもしれない。

　地主が強力な武力に訴えて小作人を追い出すことはほとんどない。間断なく累積していく圧力が，遅効的ながらも武力と同様の効果を持つこと，そして暴力的な反応の誘発を回避できることを知っているのだ。水や電気の供給を止めて，トイレが流せなくなり夜にはロウソクを灯さなければならなくなるという

72

ストレスの苦しみを小作人に蓄積させ，自ら出て行くように仕向けるほうが，小作人の家族や持ち物を手荒く扱うよりもはるかにましである。遮断（block-ade）はゆっくり効いて決定を相手に委ねる。ベルリンやキューバへの侵略は，反応を余儀なくさせる激しさを持つ突然起きた識別可能な行為である。一方，供給の打ち切りは初日においてほとんど効かないが，2日目の効果も初日ほどではない。遮断による当初の影響で人が殺傷されることはない。遮断はどちらかと言えば受動的である。遮断によって生じる損害は，遮断する側の執拗さの結果であるのと同時に，遮断される側の頑固さの結果でもあるのだ。そして，完全に崩壊する恐れから遮断する側が怯むかもしれない瞬間を見極めることはできない。

　トルーマン大統領は，1945年の時点で，こうした戦術の価値を評価していた。ドゴールに率いられたフランス軍は，連合軍の計画と米国の方針に反して，北イタリアの一地方を占領し，そこから撤退させるための連合軍のいかなる行為も敵対的行為として扱うと公言した。フランスは，「些細な国境線の調整」としてその地域を併合する意図を有していたのだ。フランス軍を武力で追い払うことにでもなれば，連合軍の一体性がきわめて大きく損なわれることになっていただろうが，その議論は必要なかった。トルーマン大統領は，ドゴールに対して，ヴァッレ・ダオスタから撤退するまでフランス軍への補給を停止すると申し渡したのだ。フランス軍は米国からの補給に完全に依存していたので，このメッセージは結果をもたらした。これは，軍事的反応を誘発することがまったくない「非敵対的」圧力であり，安全に用いることができる（しかも効果的である）。一定の強制圧力を長期にわたってかけ続けるというのは，その勢いを徐々に増していくこともできて，何者かによるコミットメントを回避するための一般的かつ効果的なテクニックである。

抑止と「強要」の違い

　遮断は，相手に何かをさせることを意図する脅迫と，相手が何かを始めないようにしておくことを意図する脅迫との典型的な違いを例示している。この違いは，タイミングとイニシアチブ，どちらが先に動かなければならないのか，そしてどちらのイニシアチブが試されるのかといったことに内在する。敵の前進を抑止するには，わが方が退却に使用した橋を破壊するか，敵が前進したら彼我もろとも自動的に吹っ飛ばすような仕掛け線を双方の間に設置すればおそ

らく十分だろう。だが，何らかの誓約をして脅迫することで敵の撤退を強要するためには，わが方が動くことにコミットしなければならない（そうするためにわが方は，敵と対峙したならば，敵方に向かって風が吹いている状況で，草地に火を放つ必要がある）。進路上に地雷を敷設することで貴方の車を止めおくことはできる。この場合の抑止の脅しは受動的である。衝突するかどうかの決定権は貴方にあるのだ。だが，もしわが方の車が貴方の進路上にいて，わが方が動かない限り衝突すると脅しをかけたなら，貴方にそうした優位性はない。衝突するかどうかの決定権はいまだ貴方にあり，わが方の抑止はいまだ有効だとしてもだ。貴方は，わが方が動かなければ必ず衝突する状況を作為しなければならないのだ。その方がよりやっかいだ。貴方は，わが方が衝突を回避しうる時間内に止まることができる速度よりも大きなスピードを出さなければならない。もし車を止めるよりも車を動かす時間のほうがかかるならば，貴方は，進路を開放して衝突を回避する「最終機会」をわが方に与えることができなくなる。

抑止ではない強要の脅しにおいては，たいてい，相手側がもし行動したら懲罰を与えるのではなく，相手方が行動を起こすまでに懲罰を与える必要がある。たいていの場合，行動にコミットする唯一の道は行動を起こすことだからである。このことは，相手側への圧力を効かせるためには，開始された行動が開始した側にとって耐えられるものでなければならないこと，しかもいかなる段階においてもそうでなければならないことを意味している。抑止のためには，仕掛け線によってその防護対象にまったく釣り合わない爆破をするという脅しをかけることができる。抑止が働けば，事は起こらないからだ。だが，大きな爆弾を抱え，もし誰かが動かなければそれを投げ込むという脅しはそう簡単に作用しない。このような脅しは，実際に爆弾が投げ込まれて損害が発生するまでは，信じがたいからだ[16]。

だとすれば，抑止と強要——それよりも的確な語彙がないので強要と呼称して差し支えないだろう——には違いがある。辞書における「抑止」の定義は，現代の用法に対応しており，恐怖がゆえに回避するまたは思いとどまることで

---

16) 『ジャマイカの激しい風（*A High Wind in Jamaica*）』の映画版の中に見事な描写がある。海賊船長のチャベスが，捕えた者から隠した金の在りかを聞き出そうとして，ナイフを首に押し当てる。その者は口を割らない。しばらくして仲間は笑いながら言う。「首を切ったら喋れなくなる。そいつはそのことをわかっているし，あんたがそれをわかっていることもわかっている」と。結局，チャベスはナイフをおいて他のやり方を試みる。

74

ある。成り行きへの恐怖によって行動を妨げるということだ。われわれが非攻
撃的な国家である——われわれがいつも公言してきた目標は，引き下がらせる
ことではなく封じ込めることであった——がゆえに，より積極的な脅しの類を
表現するためのありきたりの語彙をまったく持ち合わせないという困難性をわ
れわれは抱えてきた。われわれは「防衛」を「軍事」の婉曲表現として使用
し，国防総省，国防予算，国防計画，そして国防制度なるものを有するように
なっているが，もしわれわれが他の語彙を求めるなら，英語という言語は簡単
にそれを提供してくれる。それは「攻撃」である。一方，「抑止」と明確に対
をなす語彙はない。「強制（coercion）」にはそのような意味合いがあるが，残
念ながら「抑止すること」と「強要すること」の双方の意味を含んでいる。
「脅迫（intimidation）」は，かかる好ましい特定の行為に焦点を当てるには不十
分である。「強迫（compulsion）」は適切だが，その形容詞である「強制的（com-
pulsive）」の意味合いはまったく異なる。「強要（compellence）」は，私が提示
しうる最良の語彙である[17]。

　抑止と強要は，いくつかの点で違いがあるが，それらのほとんどが，静的で
あるか動的であるかということに相応している。抑止には，宣言，仕掛け線の
敷設，義務の引き受けといった舞台の設定とともに，待ち受けを必要とする。
行為の顕在化は相手次第なのだ。舞台の設定は，しばしば，非侵略的，非敵対
的，あるいは非挑発的でありうるのだが，抑止されるべき行為は，通常，侵略
的，敵対的，あるいは挑発的である。ゆえに，抑止の脅しは，問題となってい
る行為——抑止されるべき行為——がもしその時にとられたとしたら，その成

17）シンガーは，同様の区別をつけるために「説得（persuasion）」と「諫止（dissua-
sion）」という，当を得た一対の名詞を使用している。「説得」の形容詞型「説得力のある
（persuasive）」は，脅しの目的の性格ではなくその妥当性や信頼性を示唆するものであ
り，問題が生じうる。さらに，「抑止」は，少なくとも英語という言語においては定着し
ている。だがシンガーの説明はこれら2つの語彙より優れており有用性がある。シンガー
は，行動あるいは自制するのが好ましいことかどうか，現に行動あるいは自制しているか
否か，（脅しや提議がなくとも）行動や自制を続ける可能性があるかどうかを区別してい
る（もし現に行われている行動が続けられる可能性がある——確証はないが——ならば，
その行動への誘因を「後押し」すべき理由はいまだ存在する）。シンガーは，脅しや提議
と同じように，「報奨」と「懲罰」も区別している。報奨と懲罰は，脅しや提議の帰結で
ありうるが，脅しや提議を継続したり何らかの新たな脅しや提議を納得がいくように伝達
したりする助けとなるだけの無報酬なものでもありうる。氏の著作 J. David Singer, "In-
ter-Nation Influence: A Formal Model," *American Political Science Review*, 17 (1963),
420-30 を見よ。

り行きのみを変えるのである。対照的に，強要には，通常，敵が反応した場合のみに止められる，または無害化しうる行動（もしくは取り消すことのできない行動へのコミットメント）を開始することが含まれている。最初の一歩となる明確な行為は，強要の脅しをかける側に依拠する。抑止のためには，行動しないことが利益である状況において，塹壕を掘り，地雷を敷設し，待ち受ける。一方，強要のためには，相手側に衝突を避けるための行動をさせるために（比喩的な意味であるが時として文字どおりに）十分に加速する。

　抑止においては，タイミングが不明確になりがちである。「もし貴方がこの線を越えたら，わが方は自衛のために発砲する」とした場合，いつそうするのか。貴方が線を越える——できればそうならないほうが良いが——タイミングはいつでも貴方次第である。わが方が自動的に反応する態勢を整えている，もしくはただちに履行されるべき義務に縛られるなら，貴方が線を越えたその時が脅しが実行される時である。だが，われわれは待つことが——いっそのこと永遠に——できるのであり，それはわれわれの意思である。

　強要は明確でなければならない。われわれは動く。貴方は道を開けなければならない。いつまでに？　期限が必要だ。今日すべきことは今日のうちにせよということだ。もし行為に期限が伴わないのであれば，それは単なる心構え，あるいは何らの帰結ももたらさないセレモニーでしかない。もし強要の進行が，ゼノンのパラドックスに登場する亀のように，無限の忍耐を持っており，衝突からの無限小の離隔距離を越えて境界に到達するのに無限の時間を要するならば，境界から自ら退く誘因を生み出すことはない。強要が効果的であるためには永遠に待つことはできないのだ。それでも少しは待たなければならない。衝突は即座に起こるものではない。強要の脅しは，信頼されるべく実行に移されなければならず，そうであれば，相手方は屈服せざるをえない。あまりにも時間をかけなければ応諾を不可能にし，あまりにも時間をかければ応諾を不必要にする。それゆえ，強要には，抑止における典型的なタイミングとは異なるタイミングがあるのだ。

　「いつ」という問題に加えて，強要には通常，どこで，何を，そしてどれくらいかという問題がある。「何もするな」というのはシンプルであるが，「何かせよ」というのには曖昧性がある。「現地点で止まれ」というのはシンプルであるが，「下がれ」というのは「どれくらいか」という問題を生じさせる。「ひとりにしてくれ」というのはシンプルであるが，「協力してくれ」というのは厳密性に欠けるし際限がない。抑止すべき場所——領土あるいはより規定可能

76

な境界における現状維持——は，たいてい調査して表示することができる。一方，強要の進行は，最終目標に応じて推定されなければならないうえ，しばしばその目標は，惰性や制動力によってだけでなく意図によっても不明確になりうる。抑止の脅しは，たいてい脅しを信頼たりうるようにする手はずを整えることによって相手側に伝わる。仕掛け線は，たいてい不可侵な領土の境界を定める。通常，何を脅かしているのかということと何について脅えているのかということはそもそも関連している。一方，強要の脅しは，なすべきことについての単なる方向性を伝える傾向があり，自らに制限を課したり，何をどれくらい要求しているのかを明確にした脅しを打ち立てて相手側に伝えることはほとんどない。西ベルリンにおける部隊の駐屯によってコミットしているのは何に対する抵抗なのかということには，誤解の余地がない。だが，仮にソ連軍やドイツ民主共和国軍を屈服させるために東ベルリンに侵攻したなら，その大胆な企てに間違えようのない目標や制限を付帯できない限り——容易には実現できないこと——，どこで，どの程度相手が屈服すればよいのかについて，抑止におけるような明確な解釈は存在しないだろう。

　金門島からの脱出はこのことにかかわる適切な事例でもある。いったん島に上陸した蔣介石の部隊には——とくに砲火の下での脱出が不可能と思われる状況においては——，無期限の現状維持に対するコミットメントにふさわしい変わりようのない明確さがあった。一方，共産主義者の攻撃が金門島攻撃の前兆であれば金門島防衛のためにまさに部隊を派遣する（または海空軍による支援）というコミットメントは説得力を欠くものであった。このことは，抑止の脅しが，先に述べたような利点があるものの，必ずしも達成されるわけではないということを想起させる（金門島における曖昧な事象は，実のところ，強要の曖昧性も露呈している。立場を変えて見れば，共産主義者の金門島に対する「やむにやまれぬ」行動は，その範囲が台湾の手前にとどまるであろうとの信頼に足る予測が成り立つ限り，受け入れられるべきだった。われわれはそれを受け入れるつもりであると共産主義者が考えるなら，このような限界線を見える形で具体化する行動を案出するのは彼らの側である）。1956年にブダペスト救援のために——ソ連が戦わずして退くことを期して大規模な交戦は行わずに——米国とNATOが行動していたとしたら，ベルリンの壁とは対象的に，「強要」本来のダイナミックな性質を持つに至ったであろう。つまり，停止地点はさまざまで確定的なものではなかったであろうということだ。「ブダペスト」でさえ停止地点として定義される必要があっただろうし，もしソ連側が当初の段階で引いたなら，ハンガ

リー全域ということになっていた——さらにハンガリーの後はいったい何か，となっていた——かもしれない。その行為は，特定の意図を具現するために計画されたものだったかもしれないが，言葉による保証を背景とした数々の計画を採用することになっていただろう。

　実のところ，いかなる強制的な脅しも相応の保証を必要とする。脅しの目的は選択肢を与えることなのだ。「一歩でも動けば撃つ」というのは，「止まれば撃たない」という暗黙の保証が伴っているときにのみ，抑止の脅しになりうる。無条件に撃つという意図を伝えたとしたら相手に選択の余地はない（相手自身が自らを射程圏外におくように望んでいるがごとく振る舞わないかぎりそうなのであり，この場合，「さらに近づけば撃ち殺す，下がれば撃たない」というのが効果的な脅し方である）。上述した，抑止の脅しにおける意図の曖昧性は概して小さいということは，次のように言い換えることができる。相応の保証——実行をほのめかされた反応と相まって相手側の選択肢を規定するもの——は，強要行動のなかで通常具体化される可能性がある保証よりも明確であると。（核に限らず日常的に恐喝を行う者は，その脅しが強要的である場合，「保証」はやっかいであると考える[18]。）

　さらに言えば，保証は時間が経つにつれ確かなものになり行動で示される。つまり，相手が止まっている限りわが方は撃たないのであり，わが方は保証を実行して相手方の確証を強めるのだ。強要しようとする行動——たとえば，1マイル後退すれば撃たない（さもなければ撃つ）がこれは最後の機会であるといったこと——が付言されている保証は，口頭での保証を自ら遵守するという過去の長期にわたる実績がない限り，前もって行動で示すことがより難しい。

　西側で扱われるのは主として抑止であり強要ではないこと，そして，抑止の脅しでは保証が暗黙のうちに伝えられる傾向があることから，しばしばわれわれは，懲罰の脅しの選択とその回避や報奨付与の選択の両方に信頼性がなけれ

18）脅しの形を完整するうえで，つまり脅される側が選択肢を与えられるべく脅しの成り行きを振る舞いに対して説得力をもって条件付けるうえでの「保証」の決定的な役割は，反乱者の降伏，あるいは恩赦，安全通過，または寛容さ——攻撃者や抵抗者の降伏への誘因を信頼させるに違いないもの——を提示することで顕在化する。図書館や財政当局でさえ，本の返却や書籍課税の支払いを強いるキャンペーンを開始する場合，免除という相反する提案を頼りにする。私は私生活において，神のみわざが期待できない場合には，時として，リア王のように，私の逆鱗に触れるぞという曖昧な脅しを（その恐ろしい結末をわかっている者に対しては）頼みとしてきたが，それは，本書が指摘する「お父さんはもうすでに怒っている」という子供の不確かな印象によって完全に無効化されるのだ。

ばならないということを失念してしまう。保証——単に言葉によるものでなく完全に信頼できるもの——の必要性は、「抑止」の一部をなすものとして、奇襲攻撃や「予防戦争（preventive war）」にかかわる議論において明確に現出する。わが方はどのみち自分たちを攻撃しようとしている——わが方が攻撃された後でなくおそらくその前——と敵が考えたとしても、それは単に、わが方が抑止したいと考えていることをやってやろう、しかもより速やかにやってやろうという敵側の誘因を高めるだけである。キューバ危機、あるいは北ヴェトナムの政府から前向きな行動を引き出すべく行われた懲罰攻撃を行ったときのように、保証は、強要の脅しを規定するうえで決定的に重要な要素となっている。

　ある者は、意図的に立場を明確にせず、防衛準備をあまりしなくてもよいのか、それとも懸念を強めるべきなのかと敵を悩ませておくかもしれない。だが、われわれを満足させるものが何なのかについて相手側が疑念を持ったままであることを望まないなら、意思の伝達、そして双方が望むことと双方が望まないことについて意思疎通するための信頼できる方策を見出す必要がある。だが、相手側が誤った振る舞いをした場合に何をすることになるのかの伝達に重きがおかれ、どのような振る舞いにわが方は満足するのかの伝達が軽視される傾向がある。繰り返しになるが、抑止ということであれば、これは自然なことである。阻むべき誤った振る舞いは、たいてい脅されている側の反応の範囲内におおむね限定されるからだ。だが、強要行動においてそうであるように、やがては止めるべきである何かを始めなければならない場合には、自らの目的を知ること、そしてそれを伝達することは、より困難であると同時により重要なことである。このことがとくに困難な理由は、強要すべく計画された精力的な強制作戦を始めただけでも、状況が混乱し、驚きが生じ、途中段階においてわれわれの目標を再吟味して変えようという機会と誘惑が生じるからだ。抑止においては、それが完全に成功するなら、たいていの場合、ことを始めることとなる事象に集中することができ、間違えたときに次のことが起こる一方、強要においては、それを成功させるためには、成功裏の終結まで続かなければならない行動を必要とする。決着がつくのは最後なのであり、もしもくろみが失敗したら大惨事になるのだ。

　強要の行為は、独自の行程表を持つようになる。そして、それが慎重に選択されなければ、付随する要求と行為が合致しなくなることがありうる。われわれは、ロシア人が来月までに出て行かなければ次の木曜日にキューバを

爆撃すると脅したり，北ヴェトナムにおける6週間にわたる爆撃作戦を実施した後で6カ月間ヴェトコンがおとなしくしていたらそれを止めると脅したりすることは通常できない。過度な対価とリスクを伴わず，あるいは自ら消耗したり相手方が何も失うものがなくなるくらい消耗させたりすることなしに，どれくらいの期間強要の行為を続けられるのか，おそらくそれには限界があるのだ。制限期間内に妥協を引き出すことができないのであれば——それは制限期間内における物理的な，あるいは運用上の実現可能性に依拠する——，強要行為では何も達成できない（その目的がもっぱらの征服行為や懲罰行為の実行でないかぎりそうである）。強要行為は，敵が従うなら停止したり反転したりすることができるものでなければならず，さもなくばいかなる誘因をも生まないのである。

　もし相手を屈従させるのに時間が必然的にかかるなら——望ましい行為，再開してはならない行為の停止，再侵入すべきでない場所からの退避，長期にわたる進貢，あるいは達成するのに時間を要する建設的な行為が維持されるなら——，強要の脅しには，コミットメント，誓約または担保となるもの，あるいは人質が必要であり，さもなくば元に戻ったり繰り返されたりする余地が残るに違いない。危機——キューバ危機やヴェトナム危機といった危機——に際してはとくに，リスクやダメージを限定すべく，速やかに相手を屈従させようという強い誘因が働く。危険に満ちた危機が進行する中で，その時間的要求を満たしうる条件を見出すのは容易ではない。究極的要求——強要の脅しが真に目指している目標——は，圧力が緩められた後で屈従を強いるために用いることのできる誓約や人質によって，間接的に達成されなければならない可能性がある[19]。もちろん，ある種の降伏宣言や服従の容認といった象徴的な屈服の行為を引き出すこと自体によって目標が達成されるのであれば，言葉による屈従で十分かもしれない。「激しい危機」には，それを終わらせるための条件が速やかに満たされえなければならないということがついてまわる。「激しい危機」

---

[19] 御しがたいアラブの部族民の村に対する（退避勧告の後に行った）威圧的な爆撃についてのポータル卿の説明において相手に対する要求が言及されており，その中には，科料と人質——文字どおり人間の人質——があった。科料や人質を差し出さないのなら，爆撃をもたらした不法攻撃や他の不法行為の停止が本来的な要求であった。人質は明らかに，爆撃を頻繁に行うことなしに引き続き強制できる面があるし，科料と相まって，部族の屈従の意思を象徴する面もあったのだ。Portal, "Air Force Cooperation in Policing the Empire," pp. 343-58 を見よ。

とは，リスクや苦痛や対価が短い期間に圧縮されていることや，無期限に維持することはできない行動を含んでいることを意味するからだ。もし，強要の脅しを緩慢なものから激しいものへと変化させるなら，危機が切迫したタイミングに適合させるべく，要求を変えなければならない。

すでに相手が行っている何か——妨害行為，領空通過，遮断，島や領土の占有，電波妨害，破壊行為，あるいは捕虜の拘束など何であれ——の継続を抑止することには，何らかの強要の脅しの性質が備わっていることを認識すべきである。このことはとくに，タイミングと誰がイニシアチブをとるべきかという点について言える。われわれは，静的には相手が何かを・し・な・い状態を続けることを欲し，動的には相手がその振る舞いを・変・え・る・ことを欲する。「いつ」という問題は，相手に止めることを強要する場合に生じるのであり，強要の行為は，抑止の脅しのように待ち続けるのではなく，開始されなければならない可能性がある。「どれくらい」という問題については，その行為が個別的であり十分限定されたものであるのなら生じない。「まったく」生じないというのが明確な答えかもしれない。12 海里内での U-2 の飛行や漁の場合はおそらくそうだろう。一方，破壊活動や攪乱勢力の支援においては，行為が複雑で，十分によく規定されておらず，目にしたり容疑者を特定したりするのが困難なため，「まったく」ということ自体がおそらく不明確であろう。

遮断，妨害行為，そして「サラミ戦術」は，強要の危険と困難を回避する方策として解釈されうる。冷戦における遮断は，遮断される側が逃れようとしない限り，長期的には不利になるが，当面は双方にとって安全な戦術的「現状維持」を成立させる。キューバを「隔離」するに際して艦隊を派遣するという1962 年 10 月のケネディー大統領による公然の行為は，質的にいくぶん異なる「舞台の設定」であった。ソ連政府は，その後 48 時間，突っ込むべきか回避すべきかを貨物船に指示する必要に迫られた。先に論じたように，低レベルの侵入は，相手側を方向転換させて少しばかり譲歩させる方策になりうるし，勢いが増大するという確証や大きなリスクを伴わずに，低ギアでの強要行為を始める方策にもなりうる。相手側は，進路に立ちふさがるわが方の車に向かう速度を制御できないくらい上げ，わが方がそれに気づいて進路を開放すべくエンジンをかけるのが間に合わなくなる危険を冒す代わりに，ゆっくり近づいてフェンダーを小突き，少しばかりのライトを損傷させたり塗装を傷つけたりするのだ。相手側は，もしわが方が譲歩すればその調子でいける，譲歩しなければ損失の少ないうちに手を引くことができる。そして，相手側は，そうした行為を

偶発的な事案に見せかけたり性急なお抱え運転手のせいにしたりできるなら，試みが失敗しても慌てることすらないかもしれない。

防衛と抑止，攻撃と強要

　強要の脅しはたいてい能動的でなければならない一方，抑止の脅しはたいてい受動的であるという見方は，過度に強調されるべきではない。抑止の脅しは，時として前もって信頼を得ることができないのであり，禁じられた行為が行われようとしているときには能動的に脅しをかける必要がある。征服はたとえ成功したとしても高くつき払うに値しない代価を払わなければならないということを抵抗によって示すことを期して行われる——おそらくそれが主な目的——力による防衛（forcible defense）というのが，防衛と抑止の融合点である。「段階的抑止（graduated deterrence）」の考え方と欧州における通常戦争遂行能力についての議論の大部分は，受動的な抑止が当初の段階で破れても，より能動的な抑止がいまだ機能するかもしれないという認識に基づいている。もし抑止されるべき敵の行動が，時とともに進展していくのではなく1回限りだったり引き下がれないものだったりするなら，いかなる抑止の破れもそれきりであり，次の機会は存在しない。だが，もし攻撃行動に時間を要したり，敵が抵抗にあうとは考えていなかったり，相当の代価を払うことを予期していなかったなら，相手が行動を起こした後でも脅しが有効であることを相手に示す希望を持つことはいまだ可能である。相手が抵抗されるのを予期していないときになにがしかの抵抗に遭遇したなら，その考えを改める可能性はあるのだ。
　それでもなお，力による防衛と抑止を意図した防衛行動との間には違いがある。もし目的——そして唯一の希望——が，敵の試みを成功させないようにするために首尾よく抵抗することであれば，それは純粋な防衛と呼べる。一方，侵害した敵に対して苦痛や対価を生じさせることで敵を前に進ませないように仕向けることが目的ならば，それは「強制的」防衛，あるいは「抑止的」防衛と呼べる。言葉はぎこちないが，その区分は妥当である。抵抗によって攻撃を未然に防ぐことはできないが，それでもなお対価が高くつきすぎると脅すことができるなら，そうでなければ無益かもしれない抵抗を価値あるものにすることができる。これは，段階的な実行によって脅しを相手に伝えるという，「能動的（active）」または「動的（dynamic）」な抑止である。敵を阻止する見通しは十分にあるが痛めつける保証はほとんどない力による防御はその対極にあ

り，純粋に防御的であろう。

　防衛行動は，敵を撃退したり行動を抑止したりする望みを真剣に持てなくて
も，征服が「成功した」場合でも対価が高くつくことをその敵や他の者にわか
らせることで再発を抑止する意図をもって実行されることさえあるかもしれな
い。もちろんこれは，ことが起きた後に行われる復仇の正当化である。なされ
た行為をなかったことにはできないが，実際の損失を記録にとどめ，次の機会
への誘因を減じることはできる。時として防衛は，15世紀にスイスが戦いに
負けも勝ちもした方法によって示したことと同じことを知らしめることができ
る。「［スイス］連邦人は，頑固で打ち負かすことのできない剛胆さを持ち合わ
せているという自身への評判を，政治的に重要な地位をもたらす主たる要因と
みなすことができた……数で勝るどんな相手にも撤退せず，いつでも戦う用意
があり，いかなる助命も与えないし受け入れないような敵と交戦するのは容易
なことではない[20]」。その500年後，フィンランド人はこの原則がいまだ有効
であることを示した。局地的な抵抗の価値は局地的な成功のみで測りえないの
だ。「懲罰的抵抗（punitive resistance）」とでも呼べるであろうこの考え方は，
ヴェトナムにおける米国の軍事的コミットメントを正当化する根拠の一部であ
ったはずだ[21]。

　「強要」には，より「攻撃」の趣がある。力による攻撃は，敵が阻止できな
い何らかの直接行動によって，何かを奪ったり，土地を占領したり，敵や領土
の武装解除をしたりすることである。他方，「強要」は，痛めつけると脅す行
為――たいてい，力で目的を達成できないが，屈従させるに十分に痛めつける
ことができる――によって，相手側が撤退，黙諾，あるいは協力するように仕
向けることである。強引性や強制性はいずれも，抵抗に逆らって目標に到達す
る可能性がある一連の軍事行動の中に存在するのであり，対価に見合う価値は
あるだろうが，それでもなお，続行する意図を明らかにすることで屈従させた
り抵抗を思いとどまらせたりするのを期するには高くつきすぎる。第1章で述
べたように，強引な行為は，敵の協力なしに達成できることに限定される。一
方，強要の脅しは，好ましい結果をもたらすことになる敵側における権力行使
を含め，より積極的な行動を引き出すべく試みることができる。

---

20) C.W.C.Oman, *The Art of War in the Middle Ages* (Ithaca, Cornell University Press, 1953), p. 96.

21) Grenn H. Snyder, *Deterrence and Defense* (Princeton, Princeton University Press, 1961), pp. 5-7, 9-16, 24-40.

戦争それ自体が，防衛または攻撃の目的を持つことができるように，抑止ま
たは強要の意図を持つことができる。互いに傷つけあうがいずれの側も力によ
って目的を達成することができない戦争は，一方の側に対しては強要となり，
他方の側に対しては抑止となりうるであろう。だが，いったん交戦が始まった
なら，抑止と強要の違いに，防衛と攻撃のような違いはなくなる可能性があ
る。現状維持を思い起こすに際しては，法的，道徳的，そして歴史的な理由が
あるに違いないが，領有権問題がある場合，いったん状況が流動的になったな
ら，領地を奪ったり，保持したり，回復したりすることにおいて，もともと領
有していた側とそれを覆した側にさほどの違いはないかもしれない（局地的な
戦術の観点からすれば，米軍はたいてい，北朝鮮においては「防御的」で，韓国に
おいては「攻撃的」であった）。戦争の強制的な一面は，両者にとって等しく強
要的でありうる。防者——係争地を領有していた側——の要求が元の境界線に
よって明確に規定されうるのに対して，攻者の要求にはそのような明確な規定
はないであろうことだけが，おそらく両者における唯一の違いなのである。

キューバ危機は，受動的な抑止がいったん破れた場合の流動性をよく表して
いる。米国は，キューバへの兵器の配置に対して言葉による脅しをかけたが，
その脅しの一部は明らかに不明確で信頼性にかけていたし，実行されなかっ
た。その脅しは，それを完全に信頼できるものにする自動性を欠いていたので
ある。何らかの自動性がない脅しは，いずれの側にとっても，敷居がどこにあ
るのか明確になりえないのだ。ロシア人が一線を越えた後で米国が穏当に抵抗
を始めることも，本気であることを示すために抵抗を漸進的に強化すること
も，物理的に容易ではない。大統領は，抵抗を決断する頃までには，もはや抑
止の立場には立っておらず，より複雑な強要の段階に入っていかざるをえなか
ったのだ。ロシアのミサイルもキューバ軍も待ち受けることができた。次の明
確な一手がとられるかどうかは大統領次第だったのである。したがって，口頭
での脅しの説得力にまったく自信が持てないなか，そして，誰もが落胆したこ
とに米国が言ったことは本気であるとわからせる何らかの不可逆的プロセスを
始めることをまったく望まないなか，危険の可能性を秘めた行動が迫りつつあ
ることをロシア人にわからせるということが問題であった。

問題は，脅しを伝達する何らかの行動——ロシア人が従わなければ確実に損
害をこうむることになるが，遅きに失せずに従うなら損害は最小限となるよう
な行動，そして次の動きは明らかにロシア人の出方次第とするほど十分な勢い
やコミットメントを持つ行動——を見出すことだった。よく防御された島に対

するいかなる公然の行動も不意急襲的でダイナミックなものとなっていたことだろう。さまざまな代替案が検討されたが，最終的に案出された行動方針は多くの静的抑止の長所を持つものであった。封鎖は島の周りで実施されたが，それだけでミサイルを撤去させることはできなかった。だが，封鎖によって，多大な外交的な賭けを伴う些細な軍事衝突——米海軍艦船とキューバに向かうソ連の商船との遭遇——の脅しをかけたのだ。いったん海軍が待ち受けの態勢をとると，それを続けるかどうかの判断はロシア人に委ねられた。もしソ連の艦船が引き返せないところまで来てしまえば，封鎖は不可避な交戦の準備行動になっていただろう。近代的な通信手段のおかげで，艦船は引き返せない地点までいかず，ロシア人は，わきに逸れる最終機会を与えられたのであった。物理的には，海軍は遭遇を避けることはできたが，外交的には，臨検の宣言と海軍の派遣は米国側からの遭遇回避が事実上問題外であることを意味していた。一方，ロシア人にとっては，貨物船を引き返させたり臨検を受けさせることでさえ，その外交的対価が法外ではないことが立証された。

　このように当初の抑止の脅しは効かず，強要の脅しが必要になり，幸運にも，抑止の脅しの静的な性質をいくぶん有する強要を見出すことが確認できたのだ[22]。

　強要の脅しの特質として，この他にも，積極行動の必要性が生起する中で，しばしば抑止の脅しとの違いをもたらすものがある。それは，屈従の行動——要求されている行動をとること——こそが，ただ単に抑止の脅しに直面して差し控えられる行動よりも，際立って迎合的であり，圧迫による屈服として認知しうるということである。おそらく屈従は，意図せずになされるものではないだろうし，どのみち自分がしようとしていたことだと正当化するのも難しいものだろう。中国人は，米国の脅しゆえに自分たちが金門島や台湾から目をそら

---

22) ホーリックはこの説明に同意している。「当初の反応としての臨検は，直接的な暴力の適用には程遠いが，単なる抗議や口先の脅しともまったく違う。米海軍は自らを，物理的に，キューバの港湾に向かうソ連の船とキューバの間においた。技術的には，もしフルシチョフが臨検を突破するなら，米国が初弾を放つ必要性はあったのかもしれない。もっとも，ソ連側の突破を防ぐ他の方策がとられたかもしれないが，だが，いったん臨検態勢が効果的に確立された——たいへんな速さで成し遂げられた——後は，仕掛け線を解除するリスクをとるかどうかという次の鍵となる決断を行うべき者はフルシチョフになった」。Arnold Horelick, "Cuban Missile Crises," *World Politics*, 16 (1964), 385. この論文と脚注で前掲したウォルステッター夫妻による Adelphi Paper は，私が知るなかでもっとも優れた，キューバ問題を戦略的に評価した著作物である。

していたと認める必要はなかったし，ロシア人は自分たちが西欧を征服するのを抑止していたのはNATOであったことに同意する必要はなかった。そんなことは誰も確信できない。たしかに，もし差し止められた行動が考慮される前に抑止の脅しがもたらされたのであれば，侵犯しないことの明確な意思決定は決して必要ではなく，ただ禁忌を冒させるような誘惑がなければよいのである。それでもなお中国人は自分たちが都合のよいときに金門島を獲りに行くと言い，ロシア人は自分たちの西欧に対する意図は決して攻撃的ではないと言い続けるのだ。

　だが，ロシア人は，いずれにしてもキューバからミサイルを撤去しようとしていたのだと主張したり，大統領のテレビ演説，海軍による臨検，そしてさらなる暴力の脅しに効力がなかったと主張したりすることはできない[23]。もし北ヴェトナム人がきわめて効果的にヴェトコンに対して行動の停止を呼びかけるなら，それはわかりやすい屈服行為である。もしカストロが水を止めたからグァンタナモ基地を引き払ったとしたら，それはわかりやすい屈服行為であったであろう。他方，もし地震や気候変動によりグァンタナモ基地における断水が生じ，米国がタンカー基地で水を供給するのが経済的にまったくわりに合わないことが判明したとしたら，カストロの賢さに屈したり彼らの無礼なもてなしに対して報復することを恐れたりしたとはみなされることなく，その地を出て行ったかもしれない。同じように，単なる北ヴェトナムへの爆撃という行動が，北ヴェトナム人が米国の望みに沿うべくとったのかもしれないいかなる措置の現状をも変えたのだ。もしヴェトコンに対する支援を減ずる戦術がうまくいくなら，爆撃によって米国は自らの望みを膨らませることができるかもしれないが，同時にその行為の対価をも増大させる。ダレス長官はかつて，金門島に米国の死活的国益はないものの圧力の下で撤退することもできないと言った。中国人による強い圧力は，いつでも強い抵抗の決意を慫慂（しょうよう）していたのだ[24]。

---

23) 積極行動が迎合的であると見られる傾向は，キューバ危機の後で米国のミサイルがトルコから撤去されたのは，たとえ暗黙のことだったとしても，駆け引きの一部であったという完全に晴らすことのできない広く行きわたった疑惑によってよく示されている。

24) もし1950年代後半に地震や火山の噴火によって金門島が徐々に海面から沈下していったなら，米国にいるほとんどすべての者——もちろん大統領や国務長官を含む——は安堵したことだろう。そうなっていれば退避は退却ではなくなり，共産中国の巧みな扱いに対して格別に脆弱であることが明らかになっていた，請われたわけでないコミットメントは葬り去られていただろう。守るべきいずこかの領土に内在する価値とは概してそのよう

第 2 章　コミットメントの技法

　もしその目的が，実際に，屈辱を与え，土壇場に追い込み，そして服従させることであるなら，多くの場合，能動的な強要の脅しに包含される「難題」は活用されるべきものである。キューバ危機においてケネディー大統領は，間違いなく，ソ連によるわかりやすい屈服を欲していた。たとえそれが冒険的行動に米政府がどれくらい耐えうるかを試すことにはリスクがあることをソ連自身にはっきりわからせるためであったとしてもである。ヴェトナムにおいては，問題は正反対であったようにみられる。もっとも早急に望まれたことは北ヴェトナムによるヴェトコンに対する支援を減じることであり，爆撃による強要の圧力が相応の抵抗を生むといういかなる傾向も軽視されたのであろう。だが，それはつねに避けがたいことなのであり，そうなれば，強要の脅しは自滅することになるのだ。

　このような自滅的な性格を有しない強要の行動を案出するには，卓越した力量が必要である。確約することなく非公式に要求を伝達できる場合には時として，要求することの正確なところを，過度に明確にしたりあけすけにしたりすべきでないという主張がある。ジョンソン大統領は，1965 年の初めに爆撃を開始したすぐ後で，その意図を完全には明確にしなかったとして，広くマスコミから批判された。北ヴェトナム人は，自分たちが何を求められているかを正確に知らないのに，どうやって服従することができようか。一方，米政府がいくぶん不明確であった理由——米政府が明確にしないことを選択したのか，明確にするすべを知らなかったのか，あるいは実際は非公式に明確にしていたのか——がいかなるものであったとしても，曖昧な要求は，理解が困難であっても，従うことで生じる困惑を少なくする可能性が高い。もし大統領が何を要求しているのか，西欧のジャーナリストの誰しもが明確に認識するくらい明確にしていたなら，そして要求が満たされた場合にそれがはっきり認識できるくらい十分に具体的だったなら，北ヴェトナム政権によるいかなる服従も必然的に完全に公然のものとなっていたであろうが，それは彼らにとってかなりやっかいなことだっただろう。行動は隠すことができないし，あたかも要求がより非公式的に伝えられたり，北ヴェトナム人によって推測される余地が残っていたりしたかのごとく，その動機を巧みに隠すこともできない。

　他にも有力な可能性が北ヴェトナムの事例によって示されている。強要行動を開始した者自身が，どんな行動を欲しているのか，あるいは欲している結果

　なものなのだ！

がどのようにして導かれるのかについてまったく明確に認識しているわけではないということだ。キューバ・ミサイル危機においては，最終的にロシア人が撤去すべきものを残置するのではないかという議論がいくらかあった可能性はあるものの，米国政府が何を欲していたのかは完全に明らかで，ソ連にそれに従う能力があったのは明らかで，それがどれくらい速やかに行われうるのかはかなり明らかで，さらに服従がどれくらい監視・検証されるであろうかということはほどほどに明らかであった。ヴェトナムの場合は，北ヴェトナム政権のヴェトコンに対する制御や影響力行使の程度についての細部を米国政府は知らなかったと考えられ，さらに北ヴェトナム政権自身が，ヴェトコンを撤退させたり，ヴェトコンに対して行われている物心両面の支援を妨げるうえで，どれくらいの影響力を持っていたのかはっきりわかっていなかったとさえ考えられたのだった。米国政府は，いかなる類の北ヴェトナム人に対する援助——補給援助，訓練施設，傷病者の避難所，情報活動や計画策定のための保護区域，通信中継施設，技術支援，野戦における軍事顧問や指揮官の派遣，政策や教義における支援，プロパガンダ，精神的支援，その他——が必須でもっとも効果的なのか，あるいは，決定的な効果を収めることができ，急な通告で引き上げるのがもっとも容易なのかについて，はっきりわかっていなかった可能性がある。おそらく北ヴェトナム人もわかっていなかった。米国政府は，ヴェトコンを弱らせたり力を喪失させたりするための公然の行動をとったり，あるいは単に支援を切り詰めたり熱意を低下させることで，特定の行動ではなく結果を求め，かつそれを北ヴェトナム人に委ねるというスタンスをとっていたのかもしれない。それを評価するに十分な公の知見があるわけではないが，こうしたヴェトナムにおける実例は，息子の成績向上に対する父親の要求や「金をよこせ，どうやって手に入れた金でもいいから，とにかくよこせ」という恐喝者の要求のように，強要の脅しにおいては，結果に影響を及ぼす行為よりも結果そのものに焦点を当てるべきなのかもしれないという有力な可能性をはっきり示している。もちろん，結果は，行為が通常そうである以上に，解釈上の問題であるところに難しさがある。たとえば，海外援助の受け手が，国内の腐敗が取り除かれなければならないとか，収支を均衡させなければならないとか，公共サービスの質を向上させなければならないなどと言われても，結果は，不確かだし，遅効的だし，因果関係を特定するのが困難である。それに従おうと努力してもできないのかもしれないし，しようとしなくても幸運に恵まれてできてしまうのかもしれない。おそらく，異なる成功への道のりがあって，どちらを

88

通ったのかは判断しがたいのだろう。いずれの場合も，通常，服従には，議論の余地があるのであって，多くの場合，遡及的に認識できるだけなのである。

抑止にもまして，強要では，個人と政府の違いを認識することが必要とされる。個人に無理を強いるためには，その考えを改めさせるべくその者を説得すればおそらく十分である。一方，政府に無理を強いるためには，おそらく，ひとりひとりに彼らの考えを改めさせる必要もないし，それで十分でもない。おそらく必要なのは，政府の心構えそのもの，権力，威信，特定の個人・派閥・政党の交渉力における何らかの変化，あるいは行政や立法の指導体制における何らかの変更であろう。1945年の日本の降伏は，政府内における権力構造や影響力の変化としても，個人の性向の変化としても特徴づけられる。強制される側，あるいは強制の脅しにもっとも敏感な個人は，ただちに権力の座にいなかったか，迎合的でない政策に救いようもないほどコミットしていた可能性がある。官僚的手腕を発揮したり，権力を行使する者に対する政治的圧力をもたらしたり，あるいは政権移行や責任転嫁の過程を経ることが必要だった可能性があるのだ。極端な場合，統治機関は，強制にまったく左右されないことがありうる——集合体としても個人としても，強制の脅しに屈すればすべてを失い，守るべきものがほとんどないことがありうる——のであり，その場合おそらく，反逆，そしてサボタージュや暗殺が実際に行われることが服従の過程には必須であろう。ヒトラーは強制で左右される人間ではなかった。何人かの将軍はそうではなかったが，彼らは組織力と手腕に欠け，転覆の試みを成就できなかった。脅しが誘因となる仕組みや伝達条件とメカニズムを案出するうえで，個人の場合との類似性は有用だが，そのことで政府の決定と政府成員のひとりひとりの決定は同じにはならないことを考慮しなくなってしまうのであれば，かえって逆効果となる。集団的な決定は，個人の価値観や経歴と同様に，政府内の駆け引きや官僚主義，指揮系統と伝達経路，そして派閥構造と圧力団体に依拠するのである。このことは意思決定の速さにも影響する。

強要の脅しにおける「連関」

すでに述べたように，抑止の脅しには，通常，抑止しようとする行動と脅しに対する反応に何らかの連関（connectedness）がある。時として，この連関は，ベルリン防衛のためにベルリンに部隊が配置されるといった，物理的なものである。強要の脅しはしばしば明瞭な連関に欠けるし，そもそも連関させる

べきなのかという疑問すら生じる。もしその目的が，相手が従うまで，妨害したり，封鎖したり，怖気づかせたり，苦痛や損害を与えたりすることなのであれば，言葉にして関連性を持たせればよいのではないか。もしロシア人がパンナム航空によるベルリン空中回廊の使用をやめさせたいと思うなら，ベルリンへ飛ぶ航空便を止めるまでやめないと言って太平洋航路を妨害すればよいのではないか。ロシア人がキューバにミサイルを配置したとき，米国大統領は，ウラジオストックを隔離して，たとえば12海里外の海域でロシアの艦船を停止させたり，スエズ運河やパナマ運河へのアクセスを拒否したりすればよいのではないか。また，もしロシア人が大統領による隔離に対抗したかったのなら，ノルウェーを封鎖すればよかったのではないか[25]。

　このような疑問に対するとりあえずの答えは，連関が正当性を含意するがごとくに，あるいは有効性は正義を必要とするがごとくに，そうしたことが，行われたり「正当化される」ことはないということかもしれない。それが答えの1つであることは確かだ。物事を関連づけておいたり，脅しと要求を同じ土俵にとどめておいたり，合理的に見えることをやりたいという，法的，外交的，そしておそらく決疑論的（casuistic）な傾向があるのだ。結果と求めることとを同じ土俵に乗せるのが合理的なのはなぜなのか。習慣，伝統，または何らかの衝動や強迫によってこうした連関が説明できるかもしれないが，それが賢いことなのかは問われる必要がある。

25）米国の戦術的優位とカリブ海へのアクセスの容易性（戦略兵器の優位も伴っている）がソ連のミサイル撤去をもたらすという成功の要因であるとしばしば言われてきた。もちろんそれは決定的な要因だが，紛争を，たとえば，それぞれの同盟国が互いに封鎖するという対立，ベルリンにおけるそれぞれの立場の反映，国境外の戦略兵器に対する妨害戦争まで広げるのではなく，カリブ海の範囲に限定するという全般的な傾向——ロシア人と米国人が共有する心象，伝統，慣習——も同じく重要である。もしこれが実世界の特定場所の歴史における事象というよりも，抽象化された盤上のゲームであったとしたら，ロシア人に対してなしうる対抗手段と対抗圧力は，「ロシア」側には非常に違うものに見えたかもしれない。ロシア人は（何人かの役に立たない米国人がそうだったように），キューバ内のソ連のミサイルとトルコ内の米国のミサイルとの間に関連性を見出そうとしたが，その関連性は，もし紛争が軍事行動やトルコへの圧力に進展しても，前述の限定が維持され，それ以上のことはないであろうことをロシア人に確証させるに十分な説得力を明らかに持っていなかった。カリブ海での限定は，キューバ——トルコでの限定，あるいは，相互による臨検という観点でのキューバ——英国における限定よりも，一貫性と完全性がある。さらなる事態急転へのリスクは，紛争をキューバでの限定の外へ拡大したくなる衝動を抑制したに違いない。

望まれる屈従に連関する一連の強要を構想するのをよしとする理由は間違いなく存在する。その理由の1つは，脅しそのものを伝達する助けになるということだ。そうすることで，何を求められているのかについて，そしてその要求が満たされるまで続けられ，満たされたら緩められる圧力というものの不確実性は減じられるのだ。多くの場合行動は，言葉よりも雄弁だが，言葉と同じように明確に語ることもできるし紛らわしく語ることもできるのだ。行動が何かを語る場合，メッセージをかえって紛らわしくしてしまうのでなく，メッセージを補強するのであれば助けになる。

2つには，目標が報復と対抗のスパイラルに入ることではなく屈従を引き出すことなのであれば，要求の限界を示すことはその助けになるし，たいていそれは，要求していることとそれ以外のすべての目標——かつて追求していたかもしれないがいまは違う——を区別する一連の行動を案出することでもっともよく具現できる。ソ連がベルリン空中回廊上の航空機を妨害するのなら，極圏飛行には何の問題もないことはわれわれに伝わる。他方，ベルリン回廊を飛行したことに対する懲罰だと言って極圏飛行を妨害しても，ベルリン飛行をやめれば妨害は止まるということ，あるいはソ連が一連の妨害行動をやめる前にそこから他の何らかのことを多少引き出したいと考えるようなことはないことが，さほどの説得力をもってわれわれに伝わることはない。もし強要の行動（あるいはその脅し）と駆け引きしようとしていることにまったく連関がないのなら，脅しとそれに相応する要求を規定するうえでの問題，何が要求されていないかを保証するうえでの問題，あるいは屈従したならやめるのを確約するうえでの問題のほとんどは，よけい悪化するのだ。

同じ疑問が抑止の脅しにも生じる。時として，抑止の脅しも連関を欠くのだ。中国によるインドへの越境攻撃に際して中国本土を脅すのには，最小限の連関がある。ただし，もし脅しのための行動が大規模に過ぎれば，特定の地域を形作ったり囲ったりして，そこから逸脱しないように見えるかもしれない。だが，たいていそれは，挑発と対応行動を物理的に連関させる——自動的に巻き込まれるようにする——ことによって達成される信頼性をいくらか欠いている。成り行き次第で起こりうる行動——屈従を引き出すために開始される行動や，ありうる挑発行為に対して脅しをかける行動ではない——は，連関によって与えられうる信頼性をたいてい必要とする。

連関は，実のところ，強要の脅しと行動を分類するための図式といったものをもたらす。理想的な強要とは，いったん始められた場合に相手が屈従するな

らもたらされる危害は最小限であり，そうでないなら膨大な危害がもたらされ，実現可能な工程表と合致し，いったん始められれば取り返しがつかず，始めた側からは止めることができないが屈従がみられれば自動的に止まり，そしてこのことを相手側が完全に理解しているというものである。悲惨な結末を回避できるのは相手側だけなのであり，屈従によってのみそうすることができる。屈従は悲惨な結末を自動的に排除するのである。よって，危害や破局を回避するための「最終機会」は相手側にあるのであり，自らが屈従することでそうした事態を回避できることを相手側がわかっている限り，いずれの側がそうした事態を恐れているのかは問題にすらならないであろう（もちろん，いかなるものであろうと相手側に要求されることは，脅しをかけられている成り行きよりも魅力的でないということはあってはならないし，脅しをかけられている屈従は，威信，名声，そして自尊心において，脅しを凌ぐような対価を伴うものであってはならない）。

　このような完全性を備えている際立った国際事象を見出すのは困難である。高速道路を走行する車両間において，あるいは官僚的な取引や国内政治において，こうした理想的な屈従に出くわすような状況はあるが，たいていの場合，そうした状況は脅しをかける側の手足を縛る物理的な制約あるいは法制度のもとにある。だが，そうしたことは国際関係においてはたいていありえないことだ。それでもなお，脅しをかける側が引き返せるのが明らかであってもそうしないことを明確にするために，堪えがたい対価を払わなければ物理的に撤回することはできない行動をも考慮対象に含めるならば，いくつかの例を見出すことができる。ベルリンのアウトバーンを走行する軍の車列は，時として，こうした性格に近いものを持っているかもしれない。

　どちらかの側によって——脅しをかける側が適時に決心を変更をしたり相手側が屈従することによって——悲惨な結末が避けられうる強要行動は，思い通りにいく程度が小さい。おそらくこのタイプの強要行動においては，大事になる前に止めることができるがゆえに，それを始める側にとってのリスクはより小さいだろう。双方とも相手側が引き下がることを期し，できるかぎり長く持ちこたえることで，神経や忍耐を試しあうことになるかもしれないが，回避手段は存在するのだ。強要の試みが結局誤りであった——敵を見誤っていた，実現不可能な要求だった，あるいは何をしているのか，そして何をしようとしているのかを伝えることができなかった——と途中で気づいた場合に，逃げ道は役に立つ。だが，相手側がその存在に気づいており，リスクや苦痛がかさむ前

92

に脅しをかける側が引き下がるだろうと考えたり期待したりする場合には，逃げ道は困惑の種となる。

さらに，脅しをかける側が撤回できないとしても，脅される側の屈従によって自動的には止まらないようなタイプの行動もある。屈従は損害をこうむるのを止めるための必要条件であるが十分条件ではないのであって，もし主に損害をこうむるのは相手側であるなら，相手側は，強要行動における当初の要求にいったん従ったとしてもどんな要求がさらに付加されるかについて考慮せざるをえない。脅しをかける側は，強要をやめることを説得力をもって確約しなければならないかもしれないが，自動的に止まるわけではない。いったんキューバからミサイルがなくなってしまえば，われわれは，臨検を解除したり飛行を停止する前に，相手の対空部隊についての考えを変更し，それを取り除きたいと思うかもしれないのだ。

最後に，脅しをかける側のみが止めることができるのだが，相手の屈従があろうとなかろうといつでも止めることができる行動という，ほとんど「連関しない」行動もある。

こうしたすべての場合において，一方または双方によって真実が誤認されることがあり，双方の側が，実際は相手側が悲惨な結末を回避できるだろうと考えたり，相手側が衝突を回避できる最終機会を有しているという誤った確信のもとで，行動を起こさないかもしれない危険があるのだ。こうした異なる強要のメカニズム——もちろん現実の事例ではそれはもっと曖昧で複雑なものであるが——は，通常，脅しと要求の間にある連関——物理的，領土的，法的，象徴的，電子的，あるいは心理的な連関——がいかなるものであるかに依拠する。

強要と瀬戸際政策

相手に対して（おそらく自分自身に対しても）苦痛と損害を蓄積することで時とともに着実に圧力が生じていく強要行動と，損害よりもリスクを負わせる行動との間には重要な違いがある。グァンタナモ基地への水の供給を止めたとしても，一本調子の限定的な窮乏しかもたらさない。一方，ベルリン空中回廊に飛行機を飛ばしても飛行機同士が衝突しない限りなんの害もない。衝突は起きないのかもしれないが，しかしその可能性はあるのであって，もしそうなれば，それがもたらす結果は，突然で，劇的で，取り返しのつかないものとな

り，たとえ小さな可能性でも深刻なものになるに十分な危険を孕むのである。

　リスク——たいていの場合，共有されたリスク——を創出することは，「瀬戸際政策」と呼称するにもっともふさわしい強要の技法である。それは，リスク・テイキングの競い合いであり，意図しない災難が生起するリスクをもたらすプロセスに入ることで手に負えなくなるかもしれない活動を始めることを含む。災難は意図せぬことであるが，リスクは意図的なものである。誰かに対して強要の圧力をかけるのに有益な方策として，確実に災難をもたらす行動を起こすことはできないものの，許容できる限度内のリスクを継続的に累積するための十分短い時間内に相手側の屈従を引き出すことが可能であれば，相互に災難をこうむりうる穏当なリスクの創出に着手することは可能である。「ボート揺らし」は適例である。「漕げ，さもなくばボートをひっくり返してわれわれは2人とも水没するぞ」と言われても信じることはない。相手に漕がせるべく実際にボートを転覆させることはできないのだ。だが，転覆するかもしれないくらいボートを揺らし始めたなら，ボートを転覆させたいわけではなくとも自分で完全に制御できなくなるがゆえに，相手の心をより強く動かすことになる。リスクを進んでとらなければならないし，さらにまた，相手が漕ぎ続けてつねに目的地へ向かっていない限り，さらなる神経戦に打ち勝たなければならない。だが，そうした行為自体が強要に力をもたらすことになる。なぜなら，深刻な結果を招く強制力を持つリスク——そうした結果がもたらされるのを食い止めるのに有利な行動を意図的にとることができない——を生起させたり，そうするかもしれないと相手側に信じさせることすらできるかもしれないからだ。このような現象が次章のテーマである。

第3章

リスクの扱い

　もし，（まったく信じがたい脅しを除く）すべての脅しに信憑性があるとしたら，われわれは，強制力を持つ法に依拠する世界にみられる特徴をいくつも備えた奇妙な世界――おそらく安全な世界――に住むことになるかもしれない。各国は先を急いで脅しをかけるだろうが，違法性を伴うであろう暴力が確実に予期されるとともに，それが違法行為によって得られるものを十分に凌ぐくらい恐ろしいものだったとしたら，天罰とでも表現できるであろうものによって強制される法体系の中で世界は凍りついてしまうかもしれない。もし，ベルリン回廊において何らかの侵犯が起きれば世界中を水浸しにするという脅しをかけることができ，すべての人々がそれを信じるとともに，いかなる罪が大洪水をもたらすことになるのかを正確に理解していたとしたら，そうしたすべてのことが人間によってなされるのか，それとも人知を超えた力によってなされるのかはおそらく問題にならないだろう。もし，何が暴力を呼び起こし何が暴力を呼び起こさないのかについて曖昧なところがまったくなく，誰も偶発的に境界を越えてしまうことがなく，そして，われわれとソ連（そして他の誰しも）が相容れない脅しを同時にかけるのを避けることができたとしたら，各国はみな，相手側によって設定されたルールの中で生存しなければならないだろう。そしてもし，領土の境界，仕掛け線，軍による防衛線，自動警報装置，その他のそうした仕組みにすべての脅しが依拠するとともに，それらすべてがあらゆる点でまったく誤りがなく信頼できたとしたら，時代遅れな西部開拓のランドラッシュ時にそうであったように，しまいには，誰も隣近所の電気フェンスを越えるようなことをまったくしない限り，世界は現状に縛り付けられて分割されたままとなり，正気な者ならだれも越えないだろう完璧に記述され描写される国境と敷居とで埋め尽くされることになるだろう。

　だが，不確実性は存在する。すべての者がいつも正気なわけではない。すべての国境や敷居は，正確に規定された完全に信頼できるものではないし，つながっていないと思われるくらい，試されたり，抜け穴に入り込まれたり，好機

95

に付け入られるような大きな誘惑があることで知られている。暴力，とくに戦争は，混乱に満ちた不確実な活動であり，きわめて予測困難であり，不完全な政府を組織する過ちを犯しがちな人間が下す決定に依存しており，不正確なコミュニケーションと警報システム，そしていまだ実証されていない人間や装備にも依存している。その上，コミットメントがコミットメントを呼び，評判が評判を呼ぶ，激しやすい活動である。

　最後に述べたことはとくに本質的なことである。危機に際しての今日の振る舞いは，明日どのように振る舞うかの予測に影響を及ぼすからである。政府は，自身のコミットメントが変更される機会が訪れるまで，行うべきことにどれくらいコミットしているのか決して知ることはない。国家は，人間と同じように，決意の披瀝，神経の試練，そして理解や誤解の吟味を継続的に行っているのだ。

　外交的な紛争のさなかに，弱さの兆候がどれくらい一般の注目を浴びるのかを実際に知ることはないし，いかなる後退行為によって，自分自身，傍観者，そして敵対者によって臆病だと見なされるようになるのかを実際に知ることもない。したがって，引き下がるのがどちらであろうと，いま引き下がった側は，今後再び屈することはないと誰かを説得することはできないという，非対称な状況を作為することになるような，あるいは屈することは無償の行いであるとどちらの側も感じるような状況に至ることになるかもしれない。

　このことが，軍事的な「偶発事案」ではなくそれ自体が予測不能であるコミットメントという外交プロセスによって，大規模戦争においてつきもののリスクが生じる理由である。予測不能性というものは，単に，海上において駆逐艦の艦長が夜中にソ連（または米国）の貨物船に出くわすときにとるかもしれない行動から生じるのではなく，ある特定の事象を大胆であると識別するか融和的であると識別するか，あるいは特定の事象がいかにして一連の外交に包含あるいは除外されるようになるのかといった，心理的なプロセスによって生じるのである。1万5000の兵士が残されたままキューバからミサイルを取り除くことがソ連にとって「敗北」なのか，それとも米国にとって「敗北」なのかは，兵士という軍事的なことよりも，それがどう解釈されるのかに依拠するのであり，生じた結果の解釈を予測するのは容易ではないのだ。

　結果として生じる国際関係は，しばしば，リスク・テイク競争の性格を持っているが，それは力を試すというより神経を試すことである。とくに主要国間——東西間——の関係においては，もっとも多くの力をある地域に持ち込むこ

96

とができるのは誰なのかではなく，ある特定の問題において，最終的により多くの力を持ち込む意思があるのは誰なのか，あるいはより多くの力を持ち込もうとしていると見せつけることができるのは誰なのかによって，問題のかたがつくのである。

第二次大戦が終結して以来，わずかな例はあるものの，戦争か平和という明確な選択肢はほとんどなかった。実際に生起した朝鮮戦争であろうと，実際には起きなかったベルリン，金門島，あるいはレバノンでの戦争であろうと，戦争について実際になされた判断は，規模，敵，使用される兵器，さらにはそこに持ち込まれる問題やそれによって生じうる結果についてでさえ不確実な戦争に参加するかどうかの判断だった。赤化するより死んだほうがましであるかどうかはとうてい議論に値することではない。そんなことは，核時代において，われわれの前に浮上した，あるいは浮上しようとしているとみられる選択肢などではないのだ。リスクの程度，つまり，いかなるリスクがとるに値するリスクなのか，行動方針に伴うリスクをどのように評価するのか，ということがわれわれの前に浮上する問題なのである。国家が直面する危険とは，自殺のようにわかりやすいものではなく，ロシアン・ルーレットに似ている。不確実性という事実——危険な事象がまったく予測不能であること——は，物事を見えにくくするだけでなく，その性格をも変えてしまう。不確実性は，リスクの扱いという終始一貫した次元を軍事関係に付加するのである。

米ソを大規模戦争に突入せしめることを予見しうる道筋など存在しない。しかしそれは，大規模戦争が生起しえないということを意味するものではない。もし起きるとしたら，それはまったく予見できないプロセス，完全に予測できない反応，熟慮しつくされていない決定，完全に制御できない事象といったことの結果であることを意味するだけなのだ。戦争に不確実性はつきものであり，とくにその結末についてはそうである。だが，このような不確実性を除いたとしても，今日の科学技術，地勢，政治の状況において大規模戦争がどのように生起するのかを知るのは困難である。誤りや不注意，敵の反応や意図の読み違い，相手がとる行動を知らずにとる行動，不規則な出来事や誤った警報，そして不測事態をヘッジするために行う断固たる行動といったことは，一方あるいは双方の側において起こりうるに違いないプロセスである[1]。

---

1) このようなプロセスの好例としては，暗闇や朝もやにおける局地的な事案，過熱した指揮官，パニックに陥った部隊，誤った損害見積もり，世論，そしておそらく町中で起きる主戦論者による小さな「触媒的行動」——すべてが，回避できないものではないかもし

このことは，米国には大規模戦争を戦ってまでも守るべきものが何もないということを意味するのではなく，米国が守ろうとするものは，それを手に入れようとしてソ連が大規模戦争を戦うようなものではないことを意味している。そして，ソ連には大規模戦争を戦ってまでも守るべきものがあることに疑いの余地はないが，ソ連が守ろうとするものは，それを手に入れようとして米国が大規模戦争を戦うようなものではないのである。双方とも，妥協できない立場や，いずれかにとっての損失が大規模核戦争を戦うことを双方が選択せざるをえないくらい大きなものになるという結末しか見通せないような立場におかれることはありうる。だが，いずれの側もそのような立場におかれることを欲しないし，いま現在，双方がそうした立場を故意にとるような問題は，西側と東側との間には存在しない。

　キューバ危機はこうしたことを描き出している。ほとんどすべての者が何らかの全面核戦争の危機があると感じているようだった。その危険が大きかろうが小さかろうが，無視していた者がいたようには思えない。米ソいずれかが大規模戦争を戦いたいと思っている，あるいは全面戦争でなければ解決できない何らかの問題があるとは，私の知る限り誰も考えていなかった。もし危険があったとしたら，それは，それぞれの側が，一連の措置，行動，反応，そして対抗策をとり，脅しとそれに対するコミットメントが積み重なり，土壇場感がかもしだされ，必要であれば実行に移すという意思が誇示され，ついには，戦争はすでに始まっている，どのみち避けられないのであるから早く始めるべき，あるいはいまや事態収拾のためには全面戦争が好ましいぐらい問題が大きくなっているとどちらかが信じるにいたっていたかもしれないことだったように思われる。

　こうしたプロセスは，予知も予測もできないものになっていたに違いない。もし戦争が不必要な状況を戦争が不可避な状況に変えてしまうような明確に認識しうる何らかの重大な最終段階があるとすれば，その段階に踏み入ることなく代替手段が見出されたはずであるから，平和から戦争への移行は，どんな場合であっても，誤認識，誤計算，誤解釈，あるいは不測の結果を伴う，行動といった，制御不能となる不確実性の領域を越えることになっていたであろう。

　れない戦争へのコミットに政府を近づけさせていく——というプロセスがある。詳しくは，Arthur B. Tourtellot, *Lexington and Concord* (New York, W. W. Norton and Company, 1963) を見よ。「世界に響きわたった銃弾」は，煙が立ち上るさまをみてコンコードが焼けていると誤認したために生じたものかもしれないのだったら悔やまれる。

第3章　リスクの扱い

　米海軍によるキューバの海上封鎖から直接全面戦争に進展する可能性はなか
った。予見できないかなるシナリオも，米ソ両国が全面戦争に直接進展するこ
とを認識するがゆえにとらなかったであろう行動によって進んでいっただろう
からだ。だが，直接戦争につながることはなくとも，さらなるリスクを醸成す
る行動をソ連がとることは予期できた。ソ連は，完全に引き下がったのではな
く，何らかの戦争リスクを招いたかもしれないのだ。キューバ危機は，リス
ク・テイク競争だったのであり，そこには，もし大規模戦争に発展することが
予想されたり大規模紛争が不可避になったりするなら何の意味もない一方で，
危険をまったく伴わなくとも何の意味もなかったであろう行動が包含されてい
たのだ。どちらの側も，危険を承知の上で可能性を必然にまで押し上げてしま
うような行動を相手側が意図的にとると考える必要はなかった。
　こうした危機が抑止されて頻繁に生起しなくなるのは，危機がまぎれもなく
危険だからである。このような危機においては，周到に計画された戦争の危険
がどのようなものであろうと，意図しない戦争の危険は高まるように思われ
る。それゆえに，「危機」と呼ばれるのだ。危機の本質は予測不能性にある。
いかに活発であっても，安全であるとみなされる限り，危機ではないのだ。そ
して，惨禍や大規模な損害，あるいは何らかの大変動を伴う場合でも，完全に
予見できるのなら「危機」ではない。それは生起しても早々に終結するのであ
り，どっちつかずの状態はそこにはない。当事者が事態を完全に制御できない
というのが危機の本質である。危機を生じさせたり減じたりする行動や決定
は，すべてリスクと不確実性の領域において行われることなのだ。
　抑止というものは，このような不確実性との関係で理解されなければならな
い。われわれはしばしば，「抑止の脅し」というものが，敵による何らかの侵
害に対して冷静かつ意図的に破滅を招く戦争を仕掛けるという信憑性のある脅
しであるかのごとく語る。ある同盟国にソ連が侵略した場合に米国はソ連に戦
争を仕掛けることをいとわないのか，という疑問を呈する者も，そうした疑問
に対して米国の決意を擁護する者も，一度きりの決心という文脈で議論しがち
なのだ。たとえば，ギリシャ，トルコ，または西ドイツをソ連が攻撃した場
合，はたして米国はソ連に対して報復攻撃を行うのか，という疑問が生じる。
ある者は意に介さず行わないと答え，ある者は誇らしく行うと答える。彼らに
は，オール・オア・ナッシングの中間にある選択肢はなさそうだ。しかし，真
の疑問はこうだ。戦争の危険に満ちた何かや，大規模戦争につながりうる何か
──行動と反応，計算と誤算，警報と誤警報，そしてコミットメントと挑戦が

入り混じったものだとしても——を米国が行う可能性はあるのだろうか。

　これが，たいていの場合，抑止の脅しがかなりの信憑性を持つ理由である。挑戦を受けたら自殺じみたことをするというようなコミットメントをいとわないことに依存する必要はないのである。全面戦争を行うという最終かつ極限の決定が信じがたいし合理的でもないときに，何らかの戦争のリスクをもたらすような反応をするのはもっともらしいし合理的でさえある。国家は，戦争を招くと信憑性をもって脅しをかけることはできずとも，へたをすれば戦争に陥ってしまうと脅すことはできる。実のところ国家は，絶対的な信憑性をもって全面戦争の脅しをかけることもできないし，絶対的な確実性をもって大規模戦争を未然に防ぐこともできない可能性があるのだ。キューバ危機に際してロシア人は，米国との大規模な核戦争を意図的に持ち出すくらい取り乱していたのだろうが，ソ連のミサイルの脅しは信頼できるようなものではなかったのだし，ソ連が全面戦争の対価を払うことで合理的に拒絶することもできたかもしれないキューバ危機から抜け出すこと以外，米国が望むことなどなかったのだ。それでも，全面戦争の瀬戸際に追い込まれ，それを越えてしまうかもしれない——ソ連も米国も十分用心したにもかかわらず単にそうなってしまうかもしれない——振る舞いによるソ連の暗黙の脅しには何らかの実体が伴っていた。もしそのときわれわれが戦争の瀬戸際付近にいたのだとしたら，その戦争とは，いずれの側も望まなかったが双方とも防ぎえなかったかもしれない戦争だったのだ。

　何人かの著述家によって表明された考え，すなわちこのような抑止は「信憑性のある第一撃能力」に依拠するという考えや，相手の攻撃を鈍らせることができる明らかな能力を持たない限り国家滅亡につながる攻撃を除くいかなるものに対しても説得力のある全面戦争の脅しをかけることはできないという考えは，意図的な決定によってのみ戦争は決する——あるいは決することが予期される——という明快な概念に依拠しているように思われる。だが戦争が，プロセス——双方とも深入りすればするほど，ますます期待が膨らみ，戦争がはじまったときにのろまな二番手にならないことにますます気をとられるような動的なプロセス——によって決する傾向があるのだとしたら，脅しの主体は「信憑性のある第一撃」ではなく戦争そのものである。ソ連は，たしかに米国に戦争の脅しをかけることができるし，戦争に突入するプロセスに米国とともに入るぞと脅すことで，われわれが結局始めることになる戦争の脅しをかけることさえできるのだ。また，「優勢」や「劣勢」にかかわるいくつかの議論は，弱

第3章 リスクの扱い

者である一方は絶対的に戦争を恐れることを示唆しているとともに，強者である他方は弱者が屈すると自信をもって予期していることを是認しているように見られる。危機に際して，あまり強大でない軍事力しか持たない国家はそれほど恐れられず，そうでない側はよりリスキーな道を選ぶかもしれないという見方に相当な分があるのは間違いない。軍事力以外が対等なら，戦略的に「優勢」な国がいくらか有利であると予期されるのだ。だがこれは，双方が相手を値踏みし，どちらか一方が優勢な相手に屈して，ブラフをかけただけであることを認めるという見方からは程遠いものだ。いずれの側も望まない戦争の危険によって，一方を恐れさせるいかなる状況も双方を恐れさせることになるのであり，いずれの側も危機の間中，進むべき道を注意深く選択しなければならなくなる。よろめいて瀬戸際から足を踏み外すのを回避する方法を相手側が知っているかどうかを確信することは決してできないのである。

瀬戸際政策——リスクの扱い

もし「瀬戸際政策」に何らかの意味があるとすれば，それは戦争という共有されたリスクを扱うということである。誰かが故意にではなく他の誰かを道連れにして瀬戸際を越えてしまうかもしれないという危険を利用するということだ。もし互いに紐で結ばれている 2 人の登山者のどちらか一方が崖から転落する素振りをして，もう一方を脅迫するとしても，そこに何らかの不確実性や非合理性の懸念がなければ，その脅迫は奏功しない。もし崖縁が明確に表示され，しっかりした足場が設定され，足元に小石がころがっておらず，不意をつく突風も吹かなかったとしたら，そしてどちらの登山者も完全に正気でめまいを起こすようなことは決してないとしたら，崖に近づいたとしても，いかなるリスクも相手に及ぼすことはできない。崖に近づく行為には何らの危険もないのだ。故意に飛び降りることはできる一方で，そうしようとしていることを相手側に信じさせることはできないのである。一方の登山者を脅迫したり抑止しようとするいかなる試みも，滑ったりよろめいたりすることに依拠する。足元の緩み，突風，あるいはめまい体質があれば，登山者が崖に近づくときに何らかの危険が生じ，崖の近くに立つことによってはからずも崖から転落するという脅しを信じさせることができるのだ。

不確実性がなければ，戦争するという抑止の脅しは，仕掛け線という形をとるだろう。コミットするということは，仕掛け線を設定することである。それ

101

は，はっきりと識別でき，うっかり引っかかってしまうことがなく，戦争というからくりに確実に連結するような仕掛け線である。そして，もし効果があるなら，それは心理的な防壁のごとく機能する。仕掛け線は，堪えがたい場所に設定されていない限り，乗り越えられてしまうことはないし，互いの意図に不確実なところがなく，双方にとって戦争に値する問題が何もない限り，堪えがたい場所に設定されることはない。いずれの側も，相手側が線を切ることはないと確信して，危ない橋も渡ることができる。プロセスが，意図的にとられる一連の個別的な行動からなっていて，結果についていかなる不確実性もないようなものである限り，軍事的なコミットメントや動向におけるプロセスが戦争につながることはないだろう。差し迫った戦争——起こりうる戦争——は継続的に生起するおそれがあるだろうが，脅しは機能するだろう。脅しが機能するのは一方が強く出過ぎない場合であろうが，もし強く出ている側がどこまで強く出ることができるかを認識していればそれ以上強く出ることはないのだ。

　その結果現れる世界——不確実性のない世界——においては，主動性よりも受動性のほうが好まれる。そこでは強要より抑止のほうが容易なのだ。カクテルパーティーにおいて慎重にゆっくりと動く関節炎患者の一団がいたなら，カウンター近くにいる彼らをそこから払いのけたり，彼らのお気に入りの椅子を取り上げたりすることは誰もできない。一方，彼らにとって身体に触れられることは，襲撃されるのと同じくらい苦痛である。よって，出入り口に立つことによって，苦痛を伴ってまで人を押し分けて進みたくはない病弱な招待客の出入りを妨げることはできる。

　実のところ，不確実性がなければ，すべての軍事的な脅しや動きは厳格なルールの下での外交のようなものになるであろう。そしてそれは，いくぶん修正を加えたチェス・ゲームとして描写できる。チェスは，勝ち，負け，または引き分けでゲームが決着する。これに「惨禍」と呼称する第4の決着法を加えてみよう。もし「惨禍」で決着すれば，いずれの側にも単純にゲームに負けるよりも悪いことが起こるような重い罰ゲームが課される。そして，何が「惨禍」をもたらすのかをルールで規定する。一方のプレイヤーのナイトと他方のプレイヤーのクィーンがセンターラインを越えた時点で，ゲームは，両プレイヤーとも「惨禍」で，即座に決着する。つまり，白ナイトがセンターラインを越えて黒側にすでに侵入している場合に黒クィーンがセンターラインを越えて白側に侵入した時点，白クィーンがすでにセンターを越えている場合に黒ナイトがセンターを越えた時点，そして白と黒がこれらと逆の場合に，両プレイヤーと

第3章　リスクの扱い

も「惨禍」で決着すると規定するのである。

　この新しいルールがゲームの進め方にどのように作用するだろうか。もしゲームが首尾よく進められ，両プレイヤーともそれぞれが得られるべき最高得点を目指してプレイするのなら，2つの見方を提示できよう。1つには，ゲームは絶対に「惨禍」では終わらないだろうということだ。自らの動きが「惨禍」を招くと認識しているプレイヤーの1人が意図的に駒を動かすことでのみゲームは「惨禍」で決着しうるのだが，そのプレイヤーはそんな駒の動かし方はしないだろう。2つには，「惨禍」の可能性はプレイヤーの戦術を反映するということだ。白は，自らのナイトを先に侵入させることで，黒クィーンを黒側に効果的にとどめおくことができる。あるいは，自らのクィーンを先に侵入させることで黒の両ナイトを黒側にとどめおくこともできる。相手側の特定の動きを封じる，あるいは抑止する能力は，このゲームでは重要な要素となる。「惨禍」の脅しは，「惨禍」が決して起こらないくらい効果的なのだ。

　実のところ，相手側のナイトがすでにセンターを越えている場合にクィーンを相手側に侵入させることはできないというルールと，相手側のクィーンがすでにセンターを越えている場合にナイトを相手側に侵入させることはできないというルールから生じる結果に違いはない。意図的な行動に課される法外な罰則とありきたりなルールは同じことなのである。

　このようなチェス・ゲームと仕掛け線外交に共通し，その独特な安全策を説明するものは，不確実性の不在である。そこには，戦争（このチェス・ゲームでは「惨禍」）への道を逸れたり，相手をして戦争への最後の一歩を踏み出させるような政治状況から逃れたりするための最終機会をつねにどちらか一方が有しているという瞬間，つまり最終的な段階が存在するのである。熟練のチェス・プレイヤーは，目的に手段を整合させなければならないための対価をそれなりに許容しつつ，自らのナイトを，相手側に侵入させておくか，相手がクィーンを侵入させる前に十分センターラインに近づけておくだろう。不確実性の存在しないところでの熟練の外交とは，欲することを引っ込めたり自制したりすることで災難を回避する「最終機会」を持つがゆえに困惑する側が，相手側になるような手はずを整えることなのだ。

　しかしながら，チェス盤の外では，惨禍を回避するための最終機会はいつも明確なわけではない。自分自身のいかなる動きが惨禍を招くのかをいつもわかっているわけではないし，相手側がすでにとっている動き，あるいはそうしようと始めた動きや，自身の行動が相手からいかに解釈されるのかを，いつも感

103

知できるわけでもない。一方の側は，ある瞬間において，相手側がいかなる状況を戦争よりも容認できないと考えているのかを必ずしもいつも明確に理解しているわけではないのだ。もしこの人為的なチェス・ゲームに不確実性が付け加えられていたとしたら，「惨禍」が回避されるかどうかは定かではない。「惨禍」のリスクは，状況の中で扱うことができる要素としてより重要になってくるのであり，脅迫に活用されうるのだ。

　このことを認識できるように，もう１つのルール変更をしてみよう。異なる色のクィーンとナイトが互いのセンターラインを越えても，「惨禍」が自動的に起きるようにはせず，「惨禍」が起きるかどうかはサイコロによって決まるようにするのである。もし１の目がでれば「惨禍」で決着し，他の目であればゲームは続行する。そして，次の一手の後でクィーンとナイトがセンターラインを越えたままだったらまたサイコロを振るというのを続ける。

　これはきわめて異質なゲームである。その違いは，単にクィーンやナイトの動きによって「惨禍」で決着するかもしれないしそうでないかもしれないということから生じるのではない。相手は「惨禍」のリスクをあまり生起させたくないのではないかと考えたり，自身は引き下がらないと相手に思わせることができると考えたりするなら，あるいは一時の「惨禍」のリスクがまったく許されないわけでないのなら，相手のクィーンを撤退させようと意図的にナイトを相手側に侵入させることもできる。実のところ，ナイトを侵入させた上でそれが明らかに戻れなくなるようにすべく自らの駒を使って退路を妨害すれば，自らのクィーンを撤退させることで許容時間内にリスクを減じることができるのは自分だけであると相手に確信させることができるのだ。

　もし黒クィーンが撤退できない──退路が埋まっていて適時に撤退できない──なら，黒クィーンに撤退を強いるという白ナイトの戦術は効果がなく，むやみにリスキーなだけである。だがそれは，場合によっては，他の目的（またしてもリスキーな目的）を助長しうる。すなわち，「交渉」を強いるという目的である。いったんセンターラインを越えたクィーンが直ぐには戻れないなら，ナイトはセンターラインを越えることで「惨禍」の脅しをかけることができる。そして白は，黒の降伏か，手詰まりか，ビショップの撤退か，あるいはポーンの差出しを提案できる。ここから抜け出す道は広く開けているが，チェス・ゲームとして始められたことはいまや交渉ゲームに変わってしまっている。双方とも，ゲームを終了させるか少なくとも災いの元である白ナイトをなんとかせねばならないという，同じような圧力にさらされているのだ。その結

104

果が必ずしも白に有利になるわけではないことは指摘しておかなければならない。圧力をかけたのは白だとしても，いずれの側も同じリスクにさらされているのだ。この例のようにゲームを組み立てるなら，たとえ黒が次の一手を打つまで白は引き下がれなかったり，さしあたり両者ともに折り合いをつける動機を持っていたりしても，白の強みは，より早く引き下がれることにある（白は引き下がれるが黒はできないという状況は，実際よりも白に有利であるようにみえるかもしれない。引き下がれるということは，両方のプレイヤーを「惨禍」から等しく救うことができるということである。もし交渉が決裂したなら，唯一引き返すことができる白ナイトはそうしなければならない。もし黒がいかなる交渉入りも拒否できるなら——交渉の席を離れたり補聴器をはずしたりできるなら——，白に残された唯一の目標は，自らが事態を激化させる前にナイトを引き下がらせることだけになる）。もし「惨禍」がゲームに負けるよりも劇的に悪いことではなく，いくぶん悪いことをもたらすだけならば，負けつつある側のほうが，「惨禍」の脅しをかける強い動機や，相手の脅しに屈しない可能性があり，その結果，おそらく交渉での立場がより優位になるだろう。こうしたすべてのことは，チェスにおいてナイトがクィーンよりも多かれ少なかれ強いかどうかということとは何ら関係がないことはとくに銘記すべきである。この分析において，クィーンとナイトが入れ替わっても問題はないのだ。もし1コ分隊と1コ師団の衝突が無制限戦争につながるのなら，あるいは，デモ隊と武装警官の衝突が不必要な暴動につながるのなら，それぞれの潜在力は効果的な脅しをかけられるという観点からは等価なのである。

　このように，不確実性は脅迫という戦術をゲームに持ち込む。プレイヤーは，惨禍が起きる穏当な可能性を，相手と共有することによって抑止あるいは強要の手段として出現させることができるが，惨禍へ確実につながる意図的な最終行動をとることも，そうするという説得力のある脅しをかけることもできない[2]。

---

　2) 理論上の論点を明確にするために，不確実性と予測不能性が必ずしもサイコロのような本来的にランダムなメカニズムから生じるわけではないことを認めることには価値があるかもしれない。違いを生むのは，予測不能性であって「偶然」ではない。それは，プレイヤーの不器用さ，ゲームのルールや得点の方法についての不確実性，視界不良や隠密行動，目にみえない形で前もってある行為にコミットする必要性，第三者の介入，あるいは誤審といったものからも同様に生じる。サイコロは単に人為的な例において予測不能性を導入するための使い勝手のいい方法なのである。

実際に大規模戦争へ行き着くかもしれない道筋は，これと同じような予測不能性を持つだろう。いずれの側もとりうる行動——制限戦争を戦うという行動はたいていそうしたものだろう——は，事態が激化する可能性を確実に高める。侵入，封鎖，第三者の土地の占拠，国境での衝突，小規模戦争の拡大，あるいは挑戦的だったり順次リスクの度合いを高めていかなければならなかったりする反応を引き起こすような衝突などもそうであろう。状況を制御できなくなることはないということを確実に知ることができれば，圧力をかけたり脅迫したりするためのこうした行動や脅しの多くは，雑音以外の何物でもなく，リスクを押し付けることも，リスク・テイクをいとわないことを示すこともできないだろう。そして，もしそれが確実に大規模戦争につながるのであれば，そうした行動や脅しが行われることはないだろう（もし戦争を望むのなら直接開始するだろう）。そうした行動や脅しは，完全に制御できない事情によって事態が激化するという本物のリスク——認識しうる危険——であるがゆえに，意味があって使いものになるのだ[3]。

全面核戦争は，ベルリン解放につながらないし，ベルリン周辺での局地的な軍事行動はソ連軍によって打ち破られてしまうだろうということが，しばしば，そして正しく言われてきた。だが，それに関して言うべきことはそれだけではない。たとえきわめて優勢な敵に対してであっても，局地戦力はこうした不確実なエスカレーションのプロセスの端緒を開くことができるのだ。脅しに効力を持たせるために局地戦に勝利する必要はない。危険かつ挑発的な局地戦争に負けそうになればリスク——その行動が導く確実ではないが起こりうる成り行き——が生じ，それは相手から得ることができる明らかな利得を上回る。白ナイトと黒クィーンの潜在力は，「惨禍」という共通のリスクを生じさせる観点からは等価なのである[4]。

3）私が思いつく現実の国際関係で実際に生起した純粋な事例は，ベルリン回廊での飛行や偵察機の領空侵犯といった「騒がしい飛行」である。唯一の危険は偶発的な衝突である。パイロットは明らかに衝突を避けたい（もし衝突したのなら，パイロットが衝突するためにまっすぐ飛んだ可能性がある）。航空機を正しく操作できなかったり，距離の判定を誤ったり，相手の航空機の動きの予測を失敗したりして，パイロットが事故を避けられないかもしれないことが危険なのだ。パイロットは，認識できるリスクを生じさせるために，十分あるいは無謀なほど接近し，自らの任務を遂行できずに衝突してしまうかもしれない——おそらくそうならないだろうが可能性はある——が，それはパイロットも含めすべての者を落胆させることなのだ。

4）暴力の脅しによる抑止や強要の試みのすべては何らかのリスクをもたらすかもしれな

第3章 リスクの扱い

リスクを生み出す制限戦争

　侵攻継続の抑止，あるいは脅迫という強要の手段としての制限戦争は，多くの場合，こうした考え方に沿って，より大規模な戦争のリスクを増大させる行為として解釈される必要があるようだ。制限戦争が生起すれば，大規模戦争の危険はほぼ確実に高まる。すでに始まっている制限戦争の範囲や強度が大きくなる場合もそうである。そうであるなら，制限戦争拡大における脅しには2つの属性がある。1つは，犠牲者，出費，領土の喪失，あるいは面目の喪失など何らかの直接的な対価を相手に払わせるという脅しであり，もう1つは，より規模の大きな戦争という高められたリスクに，自分もろとも相手もさらすという脅しである。

　大規模戦争がどうやって生起するか——失敗，発端，あるいは誤認がどこで起こるのか——は予測できない。大国間同士の制限戦争をリスキーなものにするのが何であろうとも，リスクはいずれの側が完全に取り払おうとしてもできない生来のものである。制限戦争に突入するということは，ボートを揺らし始めることであり，完全に制御できないプロセスを始動させることである（修正チェス・ゲームにおける隠喩的表現では，相手のナイトやクィーンがすでに侵入しているときに自らのクィーンやナイトにセンターラインを越えさせること，つまりプレイヤーが制御可能なこと以外の要因によって事態が激化するか否かが決まるような状況を作為することである）。おそらく制限戦争は，意図されたものであろ

いが，暴力の脅しはそれが完全なコミットメントや次章で論ずる仕掛け線の類やその試みであったならリスキーになるということは，抑止の脅しに必須の特質ではない，ということはおそらく指摘するに値する。暴力の脅しにリスクをもたらすことができるのは，予期のとおりにそれが作用しないかもしれないということである。それは失敗する可能性があるからリスキーなのだ。理論的には何らのリスクももたらさないこともありうる。たとえ意図したごとく作用する（あるいは作用しそうだった）としても，リスク——実行されようとしているリスク——を伴うということは，本章で論じた脅しの理論構造の一部をなすのである。車が行きかう道路はつねにリスキーであるというのは1つのリスクである。車が正常で慎重な運転をしていても事故は本来いつでも起こりうる。リスクは人生につきものなのだ。一方，特定の形態で占拠されている道路がリスキーであるのは別のリスクである。脅迫目的で，まぎれもないリスクがもたらされたり，作られたり，強められたりするのである。こうしたリスクは，屈従によって除かれるまでの特定期間効力を持つに違いないから，脅迫が奏功しても，完全に回避できない可能性があるリスクである。リスクは脅迫のための対価の一部なのだ。

107

うとなかろうと，より規模の大きい戦争が生起するリスクを増大させるのだから，そのリスクは認識されなければならない。このリスクが増大するのは制限戦争の帰結であるが，帰結であるなら目的にもなりうる。

制限戦争をそのように解釈するならば，戦争の拡大や，拡大の脅しについてもこれに相応する解釈をすることができよう。この議論によれば，制限戦争への新たな兵器，ことによると核兵器の導入は，目下の軍事的・政治的な優位性だけでなく，それによってもたらされる大規模な戦争という意図的なリスクによって判断されるべきことである。かくして仕掛け線についての新しい解釈に至る。この議論によれば，欧州における制限戦争のための戦力，キューバにかかわる海上封鎖，そして金門島防衛のための軍隊におけるアナロジーは，仕掛け線——それが機能する状態にあれば確実に全面戦争を勃発させ，そうでなければまったくそうならない——ではなく，位置を秘匿して不規則に埋設された地雷原のようなものだ。誰かがそこに進入した場合，地雷は爆発するかもしれないし，しないかもしれない。このアナロジーにおいて強調されるべききわめて重要な特徴は，地雷が爆発するかどうかは，少なくともある程度，戦争当事者のいずれの側も制御できないということだ。

この議論は，制限戦争において境界を越えるかどうかだけでなく，どうやって越えるかという問題に関連している。何らかの新たな問題を生起させたり敵の報復を呼びこむ劇的な賭けに出たりすることなく静かに越えることで境界を緩やかに侵すことが可能で，かつ現在の束縛が耐えがたいものであると感じている者がいて，ルールの緩和という戦術的優位を欲しているとしたら，その者にとってはそれが最高のやり方である。だが，戦術的優位が大したものでないのなら，制限戦争を拡大する目的はおそらく，いったん少しばかり侵害されてしまった制限に新たなものを見出す可能性を問うために，敵を高まったリスクに向き合わせるということになろう。その際，特定の敷居を越えたことで新たな制限の安定性を最大化させるようなやり方ではなく，交戦が危険で相手が停戦を呼びかけざるをえないくらい劇的かつ目立つやり方で敷居を越えるのがよかろう。このように，全面戦争に発展するリスクを意図的に増大させることは，とくに戦争の進展に最大の不満を持つ側にとって，おそらく制限戦争の文脈に合致する戦術であろう。核兵器の導入はこうした文脈で評価される必要があることに疑いはない。

NATO の戦力所要と兵器にかかわる議論の多くは，さまざまな戦力と核ド

第3章　リスクの扱い

クトリンによる戦場での成り行きに関連するものだった。だが，戦場における
尺度は，あくまでも1つの尺度でしかなく，核兵器が持ち込まれれば二義的な
ものとなる。欧州の戦力はソ連の侵略に抵抗できるように設計され攻撃を封じ
込める能力のみによって判定されなければならないという考え方は，制限戦争
が戦術的な作戦であるという概念に依拠しているのであって，それは誤りだ。

　この考え方においては，制限戦争における主な帰趨や場合によっては交戦の
主な目的がより大規模な戦争のリスクを増大させることになるということが見
逃されている。制限戦争は，意図しようがしまいが，大規模戦争のリスクを増
大させるのだ。

　このことは，われわれに対する全面攻撃以外のすべてを抑止する際の基本で
ある。そして，制限戦争の戦略における基本でもある。突然生起する大規模戦
争──偶発的戦争──は，おそらく現実の危険であり，両軍の戦略コマンドは
この危険にとり憑かれていることだろう。この危険は，危機，とくに軍事行動
を伴う危機において増大する。その理由の1つはこの危険に対するまったくの
先入観である。そしてその危険は，警報や事案がより頻繁になること，そして
警報を解釈する側がよりすばやい対応態勢をとることで増大するのである。

　このことは，西欧における局地戦争に備える目的の大部分を占めることでも
ある。ソ連側が予期するリスクには大規模戦争が生起する危険が含まれている
に違いない。もし彼らが，抵抗の規模と期間を低く見積もって攻撃に出たとし
たら，人生にリスクはつきものだという思い，そして当初の目標を追求するこ
とにリスクを賭ける価値はないという思いを抱きつつ，来る日も来る日も，抵
抗の決意に直面することになるのだ。

　このことと，全面戦争の脅しを喧伝することで欧州正面への限定攻撃を抑止
するという概念とは，かすかな──本当にかすかな──関連しかない。戦争の
危険というものは，米国が欧州での制限攻撃に対応する中で全面戦争に打って
出ると冷静に決心するかどうかのみに依拠しているわけではないからである。
米国による大規模な反応の信憑性はしばしば軽視されている。たとえ欧州喪失
の危機に瀕しても，米国はソ連による欧州攻撃という既成事実に対して全面戦
争と同じような「自殺的」な何かで反応することはないだろうと時として言わ
れている。だがこれは，何が全面戦争に信憑性をもたらすのかということにつ
いての単純な考えだ。ロシア人──おそらく極東における中国人も──をおお
いに信じさせることができるものは，われわれが意図しようとしまいと全面戦
争の引き金は引かれるということである。

109

全面戦争は，西欧正面での侵略に対する米国による冷静な懲罰的報復の決定
──物心両面におけるメリット・デメリットについての慎重な検討の後でなさ
れる決定──に依拠するものではない。全面戦争は，すでに戦争は始まってい
るとの誤った認識や，わが方がすぐに始めなければソ連が始めるとの誤まっ
た，あるいは正しい認識において生起する可能性がある。全面戦争は，不屈の
精神力に依拠するのではなく，わが方が出遅れたために敵が起こす戦争の最悪
の成り行きへの予測から生起しうるのだ。
　そして，ソ連の欧州攻撃を抑止している戦争への恐れには，彼らが始める全
面戦争の恐れが含まれている。彼らは，たとえ先に動ける自信があったとして
も，軍を実質的に制御できなくなり全面戦争を余儀なくされるかもしれない行
為が賢明かどうかを考えなければならないだろう。

　もし核兵器が持ち込まれれば，知覚しうる全面戦争の危険は極端に増大する
ことになる。双方ともこの増大した危険を意識することになるだろう。このこ
とは，いくぶんかは純然たる予測の問題であるが，いったん核兵器が持ち込ま
れたらすべての者がますます精神的に張り詰めた状態になるのはもっともなこ
とだ。まさしくこうした危険──認識されればされるほど戦争勃発につながる
決定がなされる可能性が増えるような自己増殖する危険──を核兵器が知らせ
て視覚化したことが唯一の理由だったとしても，国家指導者は自分達が全面戦
争に近づいていることを知ることになろう。この議論は，核兵器の使用を正当
化したり反対したりするものではなく，こうした核の使用の成り行きが戦場に
おける戦術的成果と同じくらい重要──はるかに重要なこともありうる──で
あることを認識するためのものである。
　制限戦争の脅しには勝てる見込みがほとんどない場合でさえもおそらく効力
があるということをこうした解釈が示唆しているということには，何らの価値
もない。
　敵（もちろんわが方も）を脅迫することができるのは，自身の行動の成り行
きを予測したり，ものごとを制御したりする上での自らの完全な無能さであ
り，敵の同じような無能さである。もしわれわれが完全に成り行きを制御で
き，何が戦争──彼我のどちらかが始める戦争──を引き起こし何が引き起こ
さないのかを知っていたとしたら，全面戦争を選択することをいとわない究極
的な意思に依拠しないどんな脅しもかけることはできない。
　これは「われわれの側」がつねに神経戦に勝つという議論ではない（同じ分

110

析は「彼らの側」にも当てはまる）。この議論は，局地的抵抗において敗れるという極端な場合と，無益で身の毛もよだつ，そしておそらく受け入れがたく信憑性もない全面熱核戦争の脅しという極端な場合との間には，リスキーな振る舞いという戦略，つまりまさにわれわれもソ連も制御できる範囲に完全に収まらないことがありうるがゆえに信憑性があるリスクを意図的に作為して敵と共有するという戦略があることを思い起こさせるためのものである。

核兵器とリスクの増大

　核兵器を持ち出すことで2つの問題がここに生じる。1つは，現実的な全面戦争の危険という問題であり，もう1つは，われわれの戦略においてこうした危険が果たす役割という問題である。危険そのものに関しては，欧州において全面戦争の引き金が引かれることなく，核戦争が持続できる規模や期間がどれくらいなのかについて考えてみる必要がある。戦術核戦争が「自然な経過をたどる」のを予期することが現実的でないくらい，こうした危険は大きいようにみえる。核兵器によって，交渉環境，リスク評価，そして直近の目標がまったく変化するか，何らかの終結，休戦，安定作用，撤退，または中断がもたらされるが，そうでなければ，局地戦争がはるかに大きな戦争にはまり込んでしまう可能性は非常に高い。もし別の可能性があるなら，とことんまで突き進むためにどんなこともいとわない局地的な核戦争の計画についてそれほど真剣に気に病む必要はない。局地的な核戦争は，戦術核があらかじめ計画されたごとく推移せずに，桁違いに小さくなるか大きくなるかのいずれかの可能性が高いのである。

　より重要なことは，われわれはいかにして全面戦争という感知される危険が突然増大するのを制御し，活用し，それに反応するかということである。戦場における核兵器の帰趨が些細なことになるくらい，このリスクを正しく適切に管理することは重要である。時々刻々と進展する戦争の戦術的な帰趨は，戦略における最高指導者の注意を引く価値すらないかもしれない。

　全面戦争のリスクを高めるために意図的に核兵器を使用すべきかという疑問を呈することはできる。だが，進んでそうすることをいとわない限り，核兵器を保有する相手に対して核兵器を持ち出すべきではない。戦場における作戦計画に焦点を合わせるということが，主に注意を払うべきこと（結局注意を払うことになるであろうこと）を無視することと同じことであるくらい，リスクの

111

高まりの大部分は核兵器の帰趨が占めているのである。いったん核兵器が持ち込まれた戦争は，もはやそれまでの戦争と同じではありえない。そもそもの戦争を律していた戦術上の目的や考慮事項はもはや支配的でない。いまや核の誇示や駆け引きという戦争になっているのだ。

　核の撃ち合いにおいては，戦争が制御できなくなることを恐れる相手に脅しをかけ合う両者間に，戦術的な重要目標に対する「戦術」兵器の使用という名目的なものであっても，真剣な交渉プロセスが存在するだろう。1〜2日の間に地上で何が起こるかが両者の主要な関心たりえないくらい，局地戦争の寿命は短い。それぞれの側が戦略戦力をどうしているのかということが主たる重大な関心事なのであり，リスクと危険の感覚をもたらすのは背後にある戦略戦力だ。欧州において現に起きていることと同じくらい国家指導者が腐心することになるのは，戦略戦力の配置である。そして，それぞれの情報活動における主要な関心を占めることになるのは，相手の戦略戦力の分刻みの動きである[5]。

　それゆえ，局地的な制限核戦争は「戦術的」戦争ではない。核兵器の使用は，それがいかに少規模で選択的なものであったとしても，「戦術目的」たりえない。その帰趨は戦術的ではないからだ。戦争は，核によって，最上級の戦略レベルにおけるリスクと脅し以上のものになってしまっているのだ。つまり，核の駆け引きという戦争である。

　NATOの作戦計画にかかわる推測がいくつかある。第1に，核兵器は，主として戦場で何ができるかという文脈で評価されるべきでない，つまり，核兵器持ち込みの決定，使用法，使用の対象，使用の規模，使用のタイミング，そして使用意思の伝達は，局地戦の戦術的帰趨に及ぼす影響の観点から（あるいは主にその観点から）決められるべきではないということである。より重要なのは，全面戦争の見通しにどう影響するのか，そして核の局地使用にかかわる

5）これが，核にかかわる権限の戦域指揮官への委譲にかかわる議論——1964年選挙において提示された議論——を無効にする根拠である。それは，核兵器の必要性が切迫しているとき，米国本土の指揮機関と戦域のそれとの間の意思疎通はうまくいかないという議論だった。だが，切迫時，とくに欧州正面において，全面戦争の危険はもちろん容易に感知される一方で，相互連絡なしに前に進めば，戦略空軍コマンド，国防情報局，北米防空コマンド，各地に所在する部隊，民間防衛当局，そしてもちろん外交当局との必須の意思疎通が行われないのは確実である。それは，いかなる類の核戦争を始めるのかという選択肢を排除することになろう。そして米国人を面食らわすことになるだろうし，ロシア人に警報を与えるだけかもしれない。

第3章　リスクの扱い

予測についてのいかなる慣習や様式が生み出されるのかということである。いったん核の敷居が越えられたなら，それは，挑発と挑戦の戦争，神経戦，そして脅しと瀬戸際政策をはるかに越える戦争である。全面戦争の危険とそれに対する認識は，核爆発の心理的・軍事的な帰趨によって桁違いに高められるからだ。

　第2に，局地戦争に勝利できるかどうかが，NATO軍の唯一の，あるいは主たる価値やありうる成果であると，当然のごとく考えるべきではないということである。とくに，もし核が持ち込まれたなら，戦争は決して本来の経過を辿らない可能性がある。核が持ち込まれない場合でさえ，阻止に任ずる部隊の主な機能は，危険，つまり全面戦争の可能性に対する心からの感覚を呼び覚まして，それを長らえさせることである。その危険は，ロシア人には現れるがわが方は避けてくれるようなものではない。双方が共有する危険なのだ。部隊が有する戦術上の軍事的潜在能力と少なくとも同程度の注意を引くに値するのは，かかる抑止と脅迫にかかわる機能なのである。

　第3に，通常の戦術上の基準ではかなり「不十分」にみえるかもしれない部隊が目的に貢献できるということである。状況が一定期間混乱し続ける恐れを生じさせるならとくにそうである。重要なことは，ソ連がすばやくけりをつけて迅速かつ完全な勝利を得る可能性を排除することである。

　第4に，核武装するNATO軍の配置と装備——核兵器をどの国と部隊が装備するのかという問題を含む——は，核兵器と局地戦の目的，機能，そして性格に影響されるということである。もし，敷居を越える決定が行われる場合に核使用にかかわるよく制御された熟練の駆け引きが必要とされるなら，そして核の主たる目的が戦場の部隊の助けとなることではないのなら，核兵器とその使用権限を戦域指揮官に分散する必要性は大きく減ぜられる。戦略は中央による厳重な制御を必要とするのであり，部隊への小規模核の分散を正当化するためにしばしば用いられる戦場での近接戦闘支援の類はおそらく必要ないであろう。核はおおかたいくつかの核専門部隊に保持させておくことができるのだ。

　第5に，核兵器の重大な帰趨と核兵器を持ち込む目的が，高まる全面戦争のリスクを創出して相手に伝えることであるなら，計画はこうした目的を反映したものでなければならないということである。核兵器に訴える場合，単なる局地的な戦術目的に資する目標の破壊でなく，神経戦，あるいは示威や駆け引きの戦いのための計画を立てなければならない。目標の破壊というのはおそらく，それによってソ連指導部にもたらされるメッセージに付随するものでしか

113

ないだろう。目標は，戦術的な重要度ではなく，戦争の性格やわれわれの意図をソ連指導部がどう感じるかを念頭において選定されるべきである。たとえば，ソ連の周辺や領域内の目標は，それがソ連の周辺や領域内にあるから重要なのであり，欧州戦場において戦術上貢献しているからではない。都市の中に存在する目標が重要なのは，都市が破壊されるからであり，局地的な補給・通信のための施設であるからではない。1つか，1ダースか，あるいは数百か数千かという兵器の数の違いは，破壊する目標の数の違いにあるのではなく，リスク，意図，慣例，そして戦争の実施や終結をほのめかす「提案」についてのソ連（そして米国）の認識の違いにあるのだ。

　新たに追加された兵器による過剰な目標破壊は，局地における軍事的「ボーナス」ではない。それは，おそらくメッセージをかき乱す雑音であり，反応されるべき「提案」であり，全面戦争を促進するために加えられた触媒でもある。これは，大規模に行われる戦術的な核使用ではなく，選択的な核使用や脅しのための核使用の議論である（自ら望むリスク・レベルにもっていくために大規模な核の戦術的使用が行われる場合にのみそうした議論になる）。核兵器使用の奏功が，破壊された目標ではなく，リスク・レベルの扱いをどれくらいうまくできたかによって測られることになる。制御不能になりつつあるが後戻りできない段階をいまだ戦争が越えていないということをソ連に納得させなければならないのだ。

　第6に，戦争のリスクを拡大するという政策をソ連自身が追求するであろうことを予期しなければならないということである。わが方の一方的な核の威嚇に対してソ連が沈黙することは期待できない。ソ連による核の「対案」を解釈しそれに反応するための備えがなければならないのだ。終結の方法を見出すのは，そうしたやり取りをどのように始めるかを選択するのと同じくらい重要になる（先に始めるのがわが方であることを完全に所与のこととすべきではない）。

　最後に，ここで強調されているのは，核兵器の使用は並外れた危険をもたらすであろうということである。これは，核の使用を支持する議論ではなく，核使用の主要な特質は危険にあることを認識せんがための議論なのだ。

　言い換えれば，核は目標を破壊するだけでなく，何かを伝えるだろうということである。シグナルを正しく伝えることは政策における重要事項であろう。このことは，たとえば，交戦が核使用に発展するかどうかわからないという幻想をソ連に抱かせないようにするために，戦術的に必要とされるとみられるよりも早い段階における慎重で抑制された核使用があることを示唆している。そ

第3章　リスクの扱い

の際の唯一の問題はどうして核なのかということだ。交戦で負けつつあり死に
物狂いになる最後の瞬間まで，最終手段として核を持ち込むのを差し控えるの
は必ずしも賢明なことではない。大敗北を喫するのを防ぐために何としても核
使用が必要となるときには，メッセージが伝わるのを期待しつつ適正な制御を
維持して無差別的ではない核の使用を慎重に行う機会をおそらく逸している。
一方，近い将来における核使用の軍事的な必要が生じる可能性が高いことを戦
術的な状況が示唆しているときにはいつでも，意図的に核を持ち出すのはおそ
らく賢明であり，外交と適切に連携した無差別でない慎重な核の持ち出しの機
会が残っている。その段階を越えて機会を待てば，おそらく単なる戦術的核使
用の可能性を高めるだけであり，それは，抑止という戦略的必要性でなく，戦
場における戦術的必要性によって決定される，おそらくは無差別の，そして確
実に現場に委譲された核使用をもたらすであろう。

　自制された核使用や瀬戸際政策のために核使用のシグナリングを行ったり脅
しをかけたりすることは，その極端な形態から，時として「船首前方への威嚇
射撃」と呼ばれてきた。大胆な示威行動がかえって大胆ではないことを示すこ
とになってしまうくらい小規模なものにとどめることの危険——チャーチルら
はこの危険に警鐘を鳴らした——はつねに存在する。われわれを怯えさせるこ
となしにロシア人を死ぬほど怯えさせるような安上がりで安全な核使用の方法
は存在しない。だが，いかなる核使用も戦争にかかわる予測のパターンを変化
させる。核使用の禁忌という伝統を崩壊させることになるし，将来の核使用に
かかわるすべての者の予測を変えることになるのだ。核兵器はより大きな効力
を持つ野戦砲の類でしかないと見なされるべきであると論じてきた者でさえ，
怒りに任せてそれが初めて使用されたときには確実に息を呑むことになろう。
使用された核がきわめて少数だったとしても破壊は生じるのであり，敵目標で
ない何かも破壊されるのだ。小数の核兵器の使用は，それが核の使用者が有能
であることを示すものであろうとそうでなかろうと，予測に影響を及ぼす環境
条件を変化させることになる。そしてその予測とは，東西間の限定的な交戦の
結末を左右するものを越える何かなのである。

　核兵器に何らかの「安全」の作法が持ち込まれることで，このような伝統が
風化したり「先行使用」が危険と見なされなくなり，徐々に世界は核兵器に慣
れていったり核爆発の劇的効果が消散していくということが時として論じられ
ているのはまったくもって正しい。水中核爆雷，小型の空対空核爆弾，そして
防御地域における核使用は，比較的，無制限なエスカレーションの危険から免

115

れ，TNT 弾薬並みの民間人殺傷力しかなく，賢明のようにみえ，実際に核を使用するための新たな伝統——全面戦争をちらつかせることなく核兵器を使用できるという伝統を含む——を築くことになると思われるかもしれない。こうした考え方を援用するなら，深刻な紛争において核兵器が何としても必要になるまで待つ必要は明らかになく，目的に適合する時と場所において慎重に制御されたやり方で意図的に核の使用を開始すべきである。それは賢明でも実用的でもないかもしれないが，もし核兵器の呪いを取り除くことを意図しているなら，それを実現する手段なのかもしれない。

　この考え方に対する異論の中には，核の「正当化」を主張する者によってさえおそらく見逃されていることがある。それは，その主張に毀損が包含されていることであり，真珠湾以来もっとも劇的な軍事的事象を毀損することになる可能性がある。ジョンソン大統領が 19 年間続いた核不使用の伝統（その後年月はさらに積み上げられていった）に言及したことを想起すれば，この伝統を破ることはおそらくもっとも衝撃的な事象であり，意図的になされたならなおさらそうだ。それは，軍事史における重大な分岐点を象徴し，戦争計画や軍事的予測をただちに覆し，緊張と不安をもたらし，そしておそらく，意思決定者さえもが息を呑むことになるだろう。長崎以降初めてとなる戦闘における核爆発は，おそらく，複雑で苦悩に満ちた決定の証であり，新たな不確実性の時代への船出となるだろう。躊躇なき核兵器使用を提唱している者でさえ，この論争において行き当たる強い心理的抑制がゆえに，このことを認識するに違いない。

　最初の核爆発は，価値のない軍事目標の上で無益に行われるべきではない。それは，最上級の真剣さというメッセージを伝えることができるのであり，異常に危険な場面での独特なコミュニケーション手段なのである。前もって信号の質を落としたり，通貨を切り下げたり，いつの日にか完全に破壊されてしまうかもしれないかのごとく外交が伝統をじわじわと風化させたり，卓越した地位を確立してきた兵器の価値を落としめたり，単に威力のある野戦砲という位置付けで核兵器を爆発させたりすることは，おそらく最終手段という膨大な資産を毀損することであろう。決闘の申し入れにいつでも手袋を投げつけることで知られる者がいたとしても，おそらく甲冑小手を叩きつけることはできない。そのうちに慣れてしまうような活動を通じて核兵器を通俗化するという道を無理なく選ぶことはできるが，核兵器に戦術的優位性があるというだけの理由でその場しのぎの核使用に突き進むのは，核が安っぽくあつかわれるべきか

116

第3章　リスクの扱い

そうでないかにかかわらず，きわめて近視眼的であろう。

体面，神経，そして予期

　冷戦の政略は，バートランド・ラッセルらによって，「チキン」というゲームになぞらえられてきた。2人の10代のライダーが高速道路上で——たいてい深夜に仲間や女友達が見ているなかで——互いをめがけて走り，どちらが先に相手を避けるかを試すゲームだ。先に避けたほうが「チキン」と呼ばれることになる。

　道路を共用，あるいは独り占めしたいと思っている者や，交差点をいち早く通過したい，あるいはいつまでも待ちたくない者が通りや道路上でやっていることなど，チキン対決ほど軽薄ではない気の利いた比喩もある。

　「チキン」は，南カルフォルニアで10代の不良が改造車に乗って行うゲームというだけでなく，敵対する者同士の争いに共通する形態である。それは，ベルリンの飛行回廊においてだけでなく，子供を学校に入れたい黒人とそうさせたくない白人との間でも，会議において相手のほうが気おくれして発言権を譲るのをそれぞれが望みつつ声を上げるライバルの間でも，そして，性別，年齢，時を選ばないドライバーの間でも繰り広げられている。子供は車が発明される以前から，そして車に乗ることができる年齢以前からそれをやっている。私が出くわしたもっとも古い事例は，車が登場するずっと以前に行われた馬車走行における出来事である。

　　この道は，流水でできた谷沿いに走っており，冬期における洪水で道路の一部が壊れたりくぼんでいたりする。メネラーオスは，誰も彼の馬車に近づきすぎることはないであろうことを期して，道の中央を走っていた。だが，並走するアンティロコスは，自分の馬をその走行進路外に向けさせ，メネラーオスを少し脇に追いやった。メネラーオスは驚いて叫んだ。

　　「なんという無謀な運転だ，アンティロコス。しっかり手綱を引いておけ。この場所は狭いが直ぐにもう少し余裕のある所にでる。わしの車に衝突させてわしらもろとも殺すつもりか！」

　　だがアンティロコスは，何も聞こえなかったかのように，ただ馬に鞭をやり続けてさらに速度を出した。彼らは走り続け……その後［メネラーオスが］遅れをとった。メネラーオスは，狭いところで互いに衝突し車を横転さ

117

せ潰れかけたおんぼろ車の中に倒れこむのを恐れて，自ら馬の速度を下げたのだった。

このチキンゲームは3000年前にトロイ門の外で起きたことである。アンティロコスは勝ったけれども，「手腕ではなくトリックで勝った」と，ホーマーは，少々手厳しく述べている[6]。

この10代のライダーになぞらえた形態のゲームでさえ検討に値する。もっとも特筆すべきことは，不確実性や予測不能性がなければこのゲームは成立しないということである。もし2台の車が，続けて走るのではなく，1回の前進距離がちょうど50フィートになるように交互に車を走らせるようにしたら，次の前進が確実に衝突を招くような地点に到達するだろう。これはもはや神経ゲームではない。急にぴたりと止まる車の前を通ってベビーカーを押しながら交差点を横切る女性は，ドライバーが自分を見ているのを認識している限り，特段危険な目にはあっていない。たとえドライバーが道を譲るのを快く思っていない場合でも，その女性はドライバーを従わせる方策を持っているのであり，神経にさわることは何もないのだ。他方，より啓発的なこの類の走行ゲームの形態には，皆が急いでいるときに交差点を走り抜けて優位な位置を占めようとするというものや，わざと速度を上げて歩行者に道を渡らないほうがいいぞと合図するというものがある。これらでは，アンティロコスの馬車のように，ことが制御できなくなるかもしれず，悲劇を回避する「最終機会」を持っている誰かが適時に引き下がることになるという確信を誰も持てない。

こうしたさまざまなチキンゲーム——何らかの真の予測不能性を包含する正真正銘のそれ——には，ゲームに値しないいくつかの性質がある。その1つは，2人のプレイヤーが楽しむ社交ゲームと違い，チキンゲームは，ゲームをやらないために2人のプレイヤーを必要とするということである。チキンゲームへの公の誘いに対してむしろやりたくないと応えたなら，もうゲームをやったことになるのだ。

2つには，紛争においては，たいてい，その瞬間の問題ではなく，当事者が将来どのように振る舞うかについてのそれぞれの見通しが争点になっているということだ。おそらく，屈服はこれからもその者を屈服させることができるという前兆になるだろうし，度々あるいは続けざまに屈服することは屈服がその

---

6) Homer, *The Iliad*, W. H. D. Rouse, transl. (Mentor Books, 1950), p. 273.

者に期待される行動様式であるとの認識が生まれるだろう。繰り返し屈服して
ある限界まで至ったときに「もう十分だ」という言葉が発せられた後で，次に
強く出たならばおそらく双方とも敗者になるのは確実だろう。もし，無謀で，
要求が不当で，信頼性に欠けるという評判を得ることができるなら──改造
車，タクシー，そして「免許教習中」のプレートを掲げた車は明らかにそうし
た評判に浴するであろう──，おそらく他者の譲歩を引き出すことができるだ
ろう（道幅の狭い欧州の通りを走る幅広の米国製車のドライバーは，こうした静的
な予測が示唆するほど不利ではない。小型車は自らの進路を狭めて大型車に道を譲
るのである）。こうした極端な例の中庸として，適正な道路幅を分け合うよう
に要求するがそれ以上けんか腰で張り合わないという評判を得ることもでき
る。しかし残念ながら，高速道路バージョンより型にはめられていないゲーム
では，真ん中，公正，または予期される分割線がいったいどこにあるのか，あ
るいは，相手の要求を認知すべきかどうかでさえ，知ることはたいてい困難で
ある[7]。

───────────────

7) 分析上は，「チキン」競争の動機には少なくとも3つの異なる形態がある。第1は，評
判，期待，前例以外に賭すものがない純粋な「試金石」である。つまり，和解か頑迷か，
豪放か降伏かということが，和解を求める者，頑迷で豪放な者，降伏しがちな者が誰なの
か，あるいは，いかなる序列が維持されるべきなのかを確定するだけの場合だ。第2は，
実際には見分けることが難しいのだが，（賭博や神明裁判のように）指導者，敬意，人
気，皆が認める実体のある貴重なもの，あるいは紛争における特定問題の成り行きといっ
た何かを意識的に危険にさらすときに起きる（143頁の脚注に言及されているダビデとゴ
リアテの抗争は，この何かを危険にさらす事例である）。第3は，「慣習的」とは違って
「真の」と称されるであろうもので，路面いっぱいに塞いでの走行や軍事的試みと同様
に，放棄や撤退が紛争に関連する何かを生み出す場合である。それは，慣習によって付加
されたものでも将来の出来事への期待だけから生まれる結果でもなく，利得や損失が直接
的な競争の仕組みの一部となっている何かを危険にさらすプロセス──もしその何かが第
三者を巻き込んだものならば──は，当事者が制御できるものではないだろうし，第2と
第3のケースにおいては，将来の期待から切り離すことができるものでもないだろう（た
だし，一時の道路走行のように当事者が誰かわからない場合は除く）。よってもっとも現
実的な例はこの3つの混合型になるだろう（リスクではなく忍耐を試す場合にも同じ区分
をすることができる。サンフランシスコの富豪が，どちらか一方が止めるまで金貨をサン
フランシスコ湾に次々と投げ入れるという「抗争」によって論争を収めたと報じられたこ
とがある。「ポトラッチ（訳注：北太平洋沿岸のネイティブアメリカンの儀式で，公的な
地位を誇示するために自分の富を分配する行為）」は，原始的形態であっても現代的形態
であっても，地位と評判をかけた競争なのだ。第4と第5の事例もおそらく知っておくべ
きだろう。それらは，大きな興奮を得るために行われるもので，おそらく10代に限った
ものではなく，「合同の神明裁判」──二者（または二者以上）間における名目上の競争

もう1つの重要な特質は，2人のプレイヤーはお互い対立するものの，ゲームはいくぶん協力的であるということだ。プレイヤーが道路の中央を対向走行するという型にはめられたバージョンにおいてさえ，いずれかのプレイヤーが急に向きを変える場合，その向きは中央側ではなく道端側になるという認識が少なくとも存在することは好都合である。そして，プレイヤーは互いに合図を送りあって適当な位置関係になるよう試みるかもしれない。それぞれが少し向きを変えることができるのであれば，相手が少し端に寄れば自分もそうするであろうことを示すのである。速度が出すぎていてそうした駆け引きができないなら，おそらく双方がなんとかほぼ同じタイミングで向きを変えることでなんとかやり過ごすことができ，どちらがチキンかはわからずじまいになる可能性がある。

　プレイヤーはプレイを辞退するという協力をしてもよいが，これは少しばかり難しい。2人のライバル同士がけんかでかたをつけるよう友人に焚きつけられたなら，肩をすくめて巧みにかわすこともできるかもしれないが，それは，辞退することがどちらかの一方的な義務であると見られない場合に限るのだ。プレイを禁じているルールがあれば，どちら側もそれは理解できる。よって，もしことが始まる前に警察が割って入れば，誰もゲームを始めることはなく，だれがチキンかはわからずじまいとなる。多くの当事者，おそらく全員が，すばらしい夜だったと考えることだろう。争う意思の強さが頂点にあったことに疑いがなかった場合はとくにそうだ。

　実のところ，国際法や国際慣例，あるいは認知された倫理規定のもっとも大きな利点の1つは，本当は戦いたくないのに駆け引きにかかわる評判を気にして戦わなければならないと感じているような危険な対立関係において，国家をして交戦を断念せざるをえなくさせるであろうことである。眼鏡がないと物が見えない少年は，けんかしたくても眼鏡をかけたままけんかはできないのだが，けんかなんかしたくないと思っていたとしても，明らかに勇気がないと見られることはない（もしけんかせねばならないと感じつつもそうしたくないと思っているなら，相手も眼鏡をかけていれば同じくらい好都合である。少なくともどちらか一方が名誉を汚さずに問題から手を引くことを双方が期待しうるのである）。胆力試しのゲームを抑制する法律，慣習，あるいは伝統には，優美な撤退の機会を与えてくれるという価値がある。胆力がないから引き下がったのではないこ

であるが，彼らに敵対関係はなく，相手に関係なく自らの名誉を一方的に試したり擁護したりする——である。

とが明らかなら，争いを避けることで長らく失うことになるものは何もないのである。

こうした胆力試しは敵意と協力の両方を包含しているのであるから，この２つの要素がどの程度強調されるべきかということは重要な問題である。このゲームを，適度に混ざり合った共通の利益を持つ敵対者同士によって競われるものとして描写すべきなのか，それとも，裏切りの誘惑をいくらか持つパートナーによって競われるものとすべきなのか。

このような問いは，単なるゲームにおいてだけではなく，現実の危機においても生じる。ベルリン危機——あるいはキューバ危機，金門島危機，ハンガリー危機，トンキン湾危機——は，主に，相手を打ち負かすことがそれぞれの側の主たる動機でなければならないような二者間の争いなのか。それとも，忍耐，協力的撤退，そして賢明な交渉といった優れた政治手腕が際立つべき，共有された危険——両者が戦争の瀬戸際に追い込まれた事例——なのか。

それは強調の問題であって選択の問題ではないのだが，敵意という動機と協力という動機のいずれかを強調するに際しては，その２つの動機の差は明らかにされるべきである。それは，胆力が勝っていることを証明したい敵対者同士が意図的に挑戦に打って出るチキンゲームと，事の次第や傍観者の行為によって相手とともに強いられてしまうチキンゲームという差異である。相手より優位に立ったり相手の同盟者をうんざりさせて見放すように仕向けたいと思っている敵対者から繰り返し挑戦を受ける，あるいはそれが予期されるなら，多少の損失を受け入れるか，かなり攻撃的な反応をとるかが選択肢となる。他方，事の次第がゆえに敵対者とともに胆力試しの圧力を繰り返し受けているなら，互いのリスクを極限するための方策と相互理解を進展させるべき有力な論拠がある。

国際関係の現実の世界では，それがどちらの類型の紛争なのかを特定するのは困難である。1962年10月のキューバ危機は，予期できたあからさまな挑戦であったが，その後の外交や報道においては，フルシチョフ首相とケネディー大統領の双方が，瀬戸際に追い込まれ，撤退するための政治的手腕を必要としていたと言及されることが多かった[8]。他方，1956年のブダペストでの蜂起

---

8) 「瀬戸際政策」の同調者はほとんどおらず，「チキン」の同調者はさらに少ないのだが，私が前著で「偶然に委ねられた脅し（threat that leaves something to chance）」と称したことにほとんどの者が不安を覚える理由は理解できる。だが，意図的に制御を喪失したり「危機」を創出するという面を何かしら包含する脅しにおいて，前向きに言及されて

は，予期できたことのほぼ対極にあり，東側も西側も胆力を試すような状況を意図的に作為したのではなかったし，ソ連の反応は西側による介入の決意をあからさまに試そうとしているようにもみえなかった。だが，その後の米国や同盟国の行動についての予測は，事の次第によって胆力試しを強いられているのを米国が認めなかったことに左右された。これは，米国が局外にあり続けたこと，そしてその立場を公に選択したことにさえ正当な理由があった事例であるように思われる。

ベルリンの壁は曖昧な事例である。東ドイツ人の西側への脱出は，ソ連が連合国に対して意図的に挑戦して起きたわけではなく，駆り立てられて起きた出来事として例証できる。だが，成し遂げられたことにもそのやり方にも，まったく大胆な何かがあった。ベルリンの壁は，もっとましな判断があったにもかかわらずチキンゲームに駆り立てられた者が，それでもなお，すべてがうまく運べば利益を得る可能性があることを示している。一方，1960年のU-2撃墜事案は，ソ連の決意に対する米国の挑戦，米国の決意に対するソ連の挑戦，あるいは双方を困惑させることになった独立事案といった，豊富な解釈が存在するという点で興味深い。

望みもしない胆力試しを避けようとする二者間の協力の好例が，中国に対する米ソの反応——1962年後半に起きたインドでの危機——であった。そこで

しかるべきことが少なくとも1つはある。それは，この類の脅しは，より非人格的であり，当事者の「外側」にあるということだ。そのような脅しは，敵対者同士の胆力の試し合いではなく，取り巻く情況の一部分となるのだ。われわれの敵は，われわれの決意や決定のみを頼みとして脅しをかけるよりも，たとえわれわれが作り出したことであってもリスキーな状況から抜け出すほうが容易である——名声や自尊心において失うものが少ない——ことに気づくだろう。さらに，引き下がるに際して，われわれのことを無責任だと非難したり，悲惨な結末から双方を救い出したという賞賛を得ることもできるのだ。フルシチョフはキューバ危機の後で，ケネディーから引き下がったのではなく戦争の瀬戸際から引き返したのだと主張することができた。脅しをかけている相手から逃れるのが弱さを表すことになるようなリスキーな状況——とくに皆が脅されているような状況——から抜け出すのは賢明である。もし戦争がケネディー大統領の冷静な決意に基づく計算づくの決定によって起こる可能性があったとしたら，フルシチョフは決意を固めた米大統領から引き下がることになっていたのだろうが，そうした状況につきものであると思われたリスクがゆえに，個人的な挑戦という要素はいくぶん薄められていた。同じように，抗議集会やデモ行進には意図しない暴動をもたらす恐れがあるところ，当局は，意図的な暴力の脅しにあからさまに屈するよりも事故や事件の危険を甘受するほうがたやすいと考えて，法と秩序を放棄するかもしれない。

は，そのまま何もしないことの合理的理由とさえ見なしうる手近な口実がそれぞれの側にあったことがおそらく双方の助けになったのであった。評判や将来の振る舞いに対する予期のためだけに不毛な競争に入らざるをえないことを望まない誰しもにとって，好都合な口実はおおいに助けとなる。

　迅速な破壊をもたらす今日の兵器をもって行う瀬戸際政策がかくのごとく普通のことなのは逆説的であるかに見えるかもしれない。明らかな独立事象である小さな戦争や比較的安全な形の妨害行為が，大戦争の瀬戸際で苦悶するよりも魅力的でないことはないはずだ。だが，軍事的なものであろうとなかろうとほとんどの競争が胆力の競い合いになってしまう理由は単純で，瀬戸際政策というものが避けられないものであるし強い効力を持っているからである。制御できなくなるリスク以外の損失や危険のほうが重要であるような東西間の戦争を構想することは，いかなる規模の戦争であろうと困難であろう。先に述べたように，制限戦争はボートの上でのけんかのようなものである。相手を傷つけようと強く殴れば転覆する危険がいくらか生じる。もっとまともに殴ろうとして立ち上がることもできて，それで相手が屈服するかもしれないが，実は相手が心配したほど強くは殴れないかもしれない。

　チキンゲームが危険，低俗，あるいは不毛であると考えた場合に，どうすればそれをやらずに済むのか。米ソ両国が，双方ともやりたくないと思うのであれば，どうすればあたかもそれぞれの評判が危険にさらされ続けているかのごとくすべての挑戦に反応しなければならないと感じなくなるのか。そして，どうすればリスキーな衝突において誰が最初に引き下がるかをはっきりさせるために競い合うことをやめられるのか。

　第1に，先に述べたように，この類のゲームを行わないためには少なくとも2人必要である（少なくとも2人というのは，2人以上の場合もありうるし，傍観者の影響も大きいからである）。第2に，心機一転して，どのように危険に対応しているかによって敵対者を判定するのをやめたり，自らの意図や価値観をどのように危険に対応するかによって敵対者に示すのをやめたりできる手立ては，短期的には存在しない。信頼関係を進展させる必要があるし，何らかの慣習や伝統を発展させなければならないが，それには時間がかかる。安定的な予期は，意図して突然出現するのではなく，成功体験から生まれなければならないのだ。

　相手の挑戦に応じるだけで二度と相手に挑みはしないとそれぞれが決心するなら好都合だろう。だが，それで事足りることはない。挑発したのがどちらな

のかを判断する基準は両者間で異なるのだ。一連の行動のどの時点から意図的な侮辱行為になってくるのかは見解の問題である。東側や西側が挑戦を受けたのは，相手を試そうとして一方が作為したのか，それとも相手を犠牲にして何かを得ようとしたからなのか，完全に明白なわけではない。もしすべての挑戦の発端が明確であり，敵対者同士の計算された意図によってのみ生じるのであれば，暫定的に中断することできっぱりかたがつくだろう。だが，すべての危機をそのように明確に解釈できるわけではない。それに，相手に緊張から解放されて安全になれるのだということを説得するのに十分な期間，身を引いたり反応しなかったりすることには，多くの問題がかかわっている。

　こうした問題には，仲間によって焚きつけられてしまうリスクだけではなく，どれくらいまで進んでしかるべきなのかを相手が本当に読み誤ってしまうというリスクもある。もし一方の側が決定的に重要ではない一連の問題において相手に屈したとしたら，死活的問題に及んだ場合に死活的問題に及んだことを相手にわからせるのはおそらく難しいだろう。米国がキューバで屈した後でプエルトリコでも屈したとしたら，キーウエスト（訳注：米本土最南端に位置するフロリダ州の都市）を巡ってならば戦争することをソ連にわからせるのはおそらく困難となろう。わが方の究極の決意に対する相手の確信を損なうような振る舞いは，相手のためにならないのだ。もし路肩に乗り上げる前に屈するのを本当にやめるつもりならば，夜毎6インチずつ端によるよりも道路の真ん中を行くほうが長期的にはおそらくより安全なのである。おそらくそうすることで双方とも衝突しないで済むのだ。

　「面子」など守るに足りないものだということや，政府が恥を忍んだり面子を失ったりできないのは未熟さの証であるということがしばしば論じられている。誤ったプライドというものが，しばしば政府当局者をして道理に合わないリスクをとらせることになったり，たとえば自国に無礼を働く小国をいじめるといった自らの品位を貶めるようなことをしたりする誘因になるというのは疑いようのない事実である。だが，もっと深刻な「面子」の類もある。それは，当該国家がどう振る舞うと予期しうるかについての他国の考えという，現代用語において国家（国家指導者）の「イメージ」として知られる類のものである。それは，国家の「価値」，「地位」，あるいは「名誉」とは無関係のものであり，その行動にかかわる評判である。この類の「面子」が戦いに値するものかどうかという疑問が提起されるなら，「面子」は戦いに値する数少ないことの1つだというのがその答えだ。自ら深刻な戦争のリスクをとるに値する場所

第3章 リスクの扱い

など本来この地球上にほとんどない——少しずつ侵食される場合はとくにそうである——のだが，その場所を防衛したりそのためにリスクをとったりするということは，おそらく，地球上の他の場所やその後におけるコミットメントを維持することなのだ。「面子」とは，国家のコミットメントという相互依存関係でしかないのであって，行動にかかわる評判であり，その振る舞いについて他国が抱く予期である。われわれが韓国で3万の兵を失ったのは，韓国民のために韓国を守るためではなく，米国と国連の面子を守るためであって，兵の損耗がそれに値したことに疑いはない。米国の振る舞いについてソ連が抱く予期は，国際問題に関して，われわれが有するもっとも価値のある財産なのだ。

それでもなお，「面子」の価値は絶対ではない。面子を守ること——自らの振る舞いについて相手が抱く予期を維持すること——が何らかの対価やリスクに値しうるということは，あらゆる場合においてその際の対価やリスクに値することを意味するわけではない。具体的に言えば，衝突に値しない企てで衝突が避けられなくなっても，それに「面子」を付け加えることは許されるべきでないということだ。いかなる脅しとも同じように，面子というコミットメントが失敗したときの対価は高くつく。同じく重要なのは，紛争から敵対者の威信と評判を切り離すようにもっていくことである。もしわれわれに引き下がる余裕がないのなら，敵対者にはその余裕があることを期し，必要であれば，手を貸してやらねばならない。

しかしながら，戦争のリスクを取るに足る紛争に利益をもつ国家はないと考えるのは愚かなことだ。ある国の指導者はそうしなければならないがゆえにチキンゲームをするのだし，またある国の指導者はその有効性がゆえにチキンゲームをする。「虎穴に入らずんば虎子を得ず」なのである。もし当事者が望むならおそらくゲームを止めることはできるだろうが，いっぺんには止められないし，粘り強さと何らかの幸運，そして時間がかかるという認識がなければ止めることはできない。そしてもちろん，車が衝突しないという保証は何もない。

125

第4章

慣用表現としての軍事行動

　われわれの知るほとんどの戦争は，一方の側の抑制が相手側の抑制にいくぶん依拠する，抑制——条件付での抑制——された戦争であった。第二次大戦において，連合国側は「無条件降伏」を目指すことを公言したがそれには制限のない目標といった響きがあったし，戦争を遂行した国家のエネルギーはとどまるところを知らなかった。だが，まさに「降伏」という概念が戦争に駆け引きと調停をもたらすのである。「無制限降伏」と「無制限根絶」を比べてみよう。

　イタリア，ドイツ，あるいは日本がいったん武器をおいたなら虐殺は起きないだろうというのが，米国の降伏要求の言外にあった了解事項であり予期されたことであった。私は，第二次大戦は抑制されていたと評価するに際して，すでに相手が降伏し管理下にあった日本やドイツにおいて米英が見せた一方的な抑制を思い描いているわけではない。私が思い描いているのは，条件付の抑制，つまり相手が戦いをやめるのであればわれわれもやめるという駆け引きないしは提案である。イタリアと日本，そしてドイツでさえも，苦痛の代償，財産，そして戦後の安定を要求することは可能だったのだし，彼らはそのことを認識していた。いったん形勢が不利になってからは彼らに勝ち目はなかったであろうが，われわれが勝利を収めるにあたって，より大きな痛みと対価をわれわれに負わせることはできたのだ。戦争の対価は双方にとって大きかったのであり，条件が折り合うのなら一緒に戦争をやめることができたのである。

　条件が折り合うのは可能であった。そして，いくつかの条件は暗黙のものであったことは銘記されるべきである。ドイツ人は，屈服が生き残りを意味する——少なくとも西側占領地においては，奴隷にされたり，ガス室に送られたり，占領軍による無制限の略奪や強姦にさらされたりはしない——ことをわかっていたのだ。

　原爆を製造し投下するのが可能になれば，それを実行するのをただ待てばいいと米国が思っていたなら，降伏交渉を行う余地もなく，日本は本当に息の根をとめられていたと論ずる者もいるかもしれない。だがそれは，原理において

127

も事実においても誤りであろう。米国は戦争を早期に終結させたかったのであり，日本で大量殺戮をやりたいと思っていたわけではないのだから，日本の戦時内閣が歴史上初めて自国民を盾として使うようなことにはならなかったであろう。日本は，米政府が日本を事実上根絶せざるをえなくなれば，そうした暴力は米国の信条に向けたも同然であると認識していたからこそ，体制崩壊の代償として自国民を殺戮させるようあえてけしかけていたのである。さらに，日本は中国に軍を駐留させており，その秩序ある撤収は整然とした降伏に依拠していた。

　米国は，日本政府が太平洋の島々に所在する兵士に対して，すでに敗戦を戦い続けたり，地元のゲリラとして抵抗し続けるのではなく，降伏を命じることができるのを望んでいた。米国は，日本に安定的な体制をもたらす機会を持つことと，米国の政治目標と民主主義の原則に沿った軍事占領を行うことを望んでいた。米国は，ソ連には最小限の信頼と占領の権利しか与えずに，米国が決定的な役割を果たすということが認められた降伏条件が，主として米国との交渉によって，早期に日本に受け入れられることを望んでいた。米国は，大規模な軍事組織を解体し，戦争終結によってもたらされる安堵感を享受することを望んでいた。悠々とした原爆投下作戦によって日本を瓦礫と化す一方で，日本の究極的な崩壊に備えて占領軍を駐留させるのは高くつくし好ましいことではなかった（日本が折り合ってこない限り結局侵攻せねばならなかったであろうことは公的見解だった。その考え方を支持するかしないかは別にして，そのことが秩序ある降伏を望ましいとするその当時における強力な根拠となっていた）。言い換えれば，日本政府はそのとき，持ちこたえることも屈服することもできる相当な力——協力する能力もしない能力も——をいまだ有していたのであり，それゆえ相当な駆け引き手段を持っていたのである。もし合意に至らなかったなら日本が失うものは米国が失うものよりはるかに大きかったということが，数千万の人々を殺せる究極の能力は米国人にとっての慰めになるようなものではないことを曖昧にしてしまうはずはない。米国が何のために駆け引きしていたのかという観点からは，日本政府の取引姿勢は嫌悪されるべきものではなかった。

　ケチケメートが戦争終結段階にかかわる研究において指摘したように，「敗者側の権力構造の存続は，残存部隊の秩序ある撤収のための必要条件である」というのは，その権力構造が「敵」そのものを象徴していると考えている民主的な勝者にとってのジレンマとなる[1]。明白に制限された目標をもって戦われ

る戦争においては，相手側の権力構造の存続はより安易に尊重される。1847年に米国部隊がメキシコ市郊外で勝利しつつあったとき，米国のスコット将軍は「その場にとどまり，市内に部隊を進めないことに納得した」。勝利の果実を守りたいと将軍が切望するなか，将軍と国務省にいる同僚は「進軍によって官吏が首都から全面的に消散することになり，交渉相手が誰もいなくなることを容易に確信した」のである。彼らが長くとどまりすぎている間に敵が態勢を建て直したという事実は，この原則を無意味にするものではなく，戦争を正しく終結させるには戦争を効果的に始めるのと同じくらいの力量が少なくとも必要であるということをわれわれに思い起こさせるだけなのだ[2]。

1871年に普仏戦争が終結したとき，ドイツ人もフランス人も消耗しきっていた。ドイツ人は欲していたフランス領をすべて手中に収めており，フランス人がそれを駆逐する望みはほとんどなかった。だが，決定的な勝利がないままに（時としてあったが），両者は終戦に向かっていった。それでもなおフランス人はドイツ人に代償を求めたし，逆もまた然りだった。彼らには，戦争を終結させること，損切りするか利益確定させること，そして暴力に終止符を打つことに共通の利益があった。フランス人はドイツ人を追い出したかった一方，ドイツ人は撤退時の安全を欲していた。交渉の窓口を開いておくこと，使者や大使を尊重して相手の言い分を聞くこと，そして戦争終結のための信頼できる取決めを案出することに双方の利益があったのである。

こうした戦争における抑制のすべてが戦争終結交渉時だけに見られたわけではない。使者の白旗，非武装都市，救急車と病院，傷病者，捕虜，そして遺体はたいてい尊重されてきた。戦闘そのものにおいても兵士は，双方による暴力を控えさせるため，敵部隊が投降するのを許しただけでなく，そうさせようとさえした。この抑制の特性，つまり互恵性や制約性は，実体がない場合においてさえもみられる。収容廠舎がない場所にはたいてい誰もいないことが予測できた。また，復仇という概念にでさえ抑制——何らかの掟破りや行き過ぎによってダメージを受けることで破られる抑制であることは明らか——が潜んでいるが，復仇の本質は，差し控えられてきた行動であって，相手が取決めを破らなければ引き続き差し控えられうるということなのだ。

両世界大戦の際立った特質は武力行使に制限がなかったことであり，抑制——調停，駆け引き，条件付合意，そして互恵主義——は，主として，整然と

---

1) Paul Kecskemeti, *Strategic Surrender* (New York, Atheneum, 1964), p. 24.

2) Otis A. Singletary, *The Mexican War*, pp. 156-57. (傍点は引用者)

した戦争終結過程において見られた。暴力の主要な境界は時間的なものだったのであり，両者がいまだ相手に対して苦痛と損失を付与できるにもかかわらず，ある時点で戦争は止まったのだ。降伏や休戦によって共通の利益に焦点が当たり損耗に制限がもたらされた一方で，降伏や休戦までは実質的に武力行使に制限はなかったのである[3]。

　朝鮮戦争と比較してみよう。朝鮮戦争は，両者が抑制——意識的な抑制——する中で戦われた。米側におけるもっとも著しい抑制は領土と兵器にかかわることだった。米国は，鴨緑江を越えて（あるいは中国内のいかなる場所にも）爆撃をしなかったし，核兵器も使用しなかった。一方敵は，海上の艦船（海岸砲台を除く），在日基地を攻撃しなかったし，韓国内のすべてを爆撃目標とせず，とくに釜山という重要地域に対する爆撃を行わなかった[4]。そして，誰を「敵」とみなしたかによって，国としての関与に著しい抑制がみられた。戦争の当初段階において中国人はいなかったし，何人かの国籍不明のパイロットや技術者というありうる例外を除いてソ連は，潜水艦，航空機，あるいは部隊を参戦させなかったのだ。

　朝鮮戦争は，東西対立における双方の側を代理する組織的な軍隊によって戦われた相当な規模の公然の制限戦争であった。それを「抑制された」と呼ぶには，当然のことながら，かなり広い発想で見る必要がある。火力密度や参戦勢力は，両世界大戦における戦役に匹敵していたし，彼我ともに狂暴性を抑えることなくとことんやりあったのであり，兵は命を賭して戦い，第二次大戦のどの戦線でもそうだったように戦場の作法が見られることはほとんどなく，賭していたものは大きく，「最終決戦」という感覚が強かったのだ。抑制によってある特殊な制限の形態が戦争にもたらされたが，そうした制限の範囲内において，戦争は「全面的」であった。

　それは奇妙な光景であるし，そうしたことが生起したのは，まさにそれが実際に起きたからというほかない。朝鮮半島における武力行使の制限は，背景に

---

3) 捕虜の扱いやその他の戦場での交渉を除いた主な例外には，ガスの相互不使用，戦争初期における戦略爆撃目標選定における何らかの抑制，そして侵略に対する人質としての被占領国人民の活用回避があった。

4) ハルペリンによれば，中国は北朝鮮の基地から出撃するのであれば韓国を爆撃することをいとわなかったが，北朝鮮の基地は国連軍の航空攻撃によって実質的に使用不能になった。このような自らが課す制限の性質は相互作用をとくに促進する。Morton H. Halperin, *Limited War in the Nuclear Age* (New York, John Wiley and Sons, 1963) p. 54.

ある恐ろしい脅しに言及することでのみ理解しうる。東西双方が核兵器を保持していたことはわかっていたし，その大きさや数についての見積もりがいかなるものであろうとも，人々はそれを恐れていた。ソ連は，人海を予備兵力として保持していたし，欧州での戦争に突入することをまったく恐れないくらい核攻撃に対してさえもそれほど脆弱であるとは考えられていなかった。こういったことから朝鮮戦争では，差し控えられた暴力という重大事だけには戦いの狂暴性が及ばなかったのだ。

　朝鮮戦争の経験は，制限戦争の遂行とその計画に影響を及ぼし，そしてこれからも及ぼすことになる典型例や前例になっている。この戦争によって，激烈な戦争における抑制という現象が映し出されただけでなく，抑制に対する姿勢が確定されたことは間違いない。

　他に競合する例がないために，朝鮮戦争は，われわれにとって典型的な例として活用されてきた。それは，強度だけでなく本来的な性質においても「全面戦争」と区別されてきた。少なくともマクナマラ長官が主要な敵対者間の大規模戦争も制限できると公式に認知するまではそうだった。実際に生起したのだから，核時代においても，そのような長期にわたる，きっちり制限された，完全に軍事的な活発な作戦が行われる可能性は少なくとも存在する。だがそれは，1つの可能性，1つのパターン，そして交戦関係における多様な類型の下位概念の1つなのであり，「制限戦争」のモデルとしては，ピリグリム（訳注：米国に渡った新教徒たち）が最初に見た動物が北米の野生動物として映ったのと同程度のリアリティーしかないのである。

暗黙の駆け引きと通常戦力の限界

　核兵器は朝鮮戦争で使用されなかったし，毒ガスは第二次大戦で使用されなかった。毒ガスについてのいかなる「理解」も，相互使用の脅しだけがなしうる，自発的かつ互恵的なものだった（1925年のジュネーヴ議定書は戦争における化学剤使用を非合法化し第二次大戦に参戦したすべての欧州諸国によって署名されたが，それ自体によって毒ガスの不使用は説明できない。議定書は，違反すれば相互利益を失うという認識において，双方とも守ることを選択するなら遵守されるという合意を提供しただけなのだ）。公式的な意思疎通なしで（さらに言えば意思疎通があった場合でさえ），これに代わる毒ガスに関する何らかの合意に到達することができたかどうかを考えてみるのも面白い。「い

くらかのガス（some gas）」というのは，量，場所，そしていかなる状況下なのかについての複雑な疑問を生じさせる。「ガスなし（no gas）」というのは単純で曖昧性がない。軍人に対してのみ使用されるガス，防御側によってのみ使用されるガス，発射体によって運搬される場合に限ったガス，あるいは警告なしで使用されるガスなど，さまざまな制約が考えられるのである。そのいくつかには意味があったかもしれないが，その多くと戦争の結果との間には関連性があまりなかったのかもしれない。だが，「ガスなし」は単純明快であり，それによって合意形成における焦点が狭められる。相手がいかなる代替ルールを提案してくるかを憶測できるタイミングと，協力の最初の試みが失敗して何らかの制限を黙諾する機会をまったくふいにしてしまうかもしれないタイミングだけに焦点を絞ればほぼよくなるのだ。

「核なし（no nuclears）」というのは単純で曖昧性がない。「いくらかの核（some nuclears）」というのはより複雑であろう。10 個の核なのか。11 個，12 個，あるいは 100 個ではだめなのか。戦場に展開する部隊の核だけなのか。集落とどれくらい近いところに核が投下される可能性があるのか。核は絶望的な状況のためだけのものなのか。どれくらい絶望的な状況なのか。核は戦場の敵に対するためだけのものなのか。いったん敵に用いられたなら橋梁に対して用いてはいけないのか。鴨緑江の橋にしか用いることができないのか。またとない重要な目標に対していったん「原則的に」使用可能となれば，さらに進んで，前の目標とほぼ同じくらい説得力のある第 2，第 3 の目標を容易に見つけることができるのではないか。

オール・オア・ナッシングの区別には，程度の差というものが存在せず，処女性のような単純さがある。最初に前例のないことをやるために伝統を破ったり予想を裏切ったりするには，より大きな独創力，自問自答，議論，そして意思力が必要である。その後で同じことを行うのはよりたやすい。そして，もうすでに行われてしまったのだから次もありうると敵が予期するなら，どうして 2 度目，3 度目をやってはいけないのか。

国境は比類なき存在である。河川もそうだ。満州と北朝鮮の境界のように，河川が国境となっている場合，二倍明確に区別できる。たとえば爆撃のような軍事作戦が川岸近くまで及んだ場合，その爆撃地点のほんのいくつかが河まで達していただけだとしても，おそらく相手側は，軍事活動の地域を河川によって区画され，あるいは制限されたものと評するのだ。爆撃地点をすべて地図上にプロットして爆撃パターンの解明を試みれば，プロットされた地点のすべて

が川の一方側だけにあることがわかる。そうでなくて任意の不規則な線を引いてプロット地点がすべて南側に入るように爆撃するなら，敵は，その線が引かれていない自分の地図と見比べて，そのパターンに困惑するだけだ。いったん鴨緑江を越えて爆撃すれば，敵は次の日に鴨緑江越えの爆撃がもっとあると予期する。一方，数カ月間にわたって鴨緑江のわが方側への爆撃をやめていれば，敵は，相手がいつ心変わりするかもしれないものの明日も鴨緑江の北側に爆撃はない公算があると考えることになる。

　緯度線——1年間の日数を基にした古代の数体系を反映している地図上の恣意的な線であり球面幾何学を応用して西側の類型に適合させたもの——でさえ，外交交渉や戦争におけるよく識別できる停止場所の境界になっている。それは単なる地図上の線に過ぎないが，皆の地図に引かれているのであって，恣意的な線が必要な場合には，緯度線を使うことができるのだ。

　海岸線に曖昧性はない。水は湿っていて地面は乾いている。陸地には，あらゆる大きさと形態の船が入港するし，あらゆる建物や車両が存在する。だが，近海にとどまって浮かんでいる艦船の類と固い地面上にある物体の類の区別は誰しもつく。地上にある野戦砲の一部は適当な攻撃目標かもしれないが，海上にある艦上の砲塔は「別物」である。20マイル先の海上にある艦船上に線引きしたり，何らかの規定排水量で区別したり，海軍艦船と輸送船を区別するのでさえ困難であろう。だが，もし海岸に線を引くのなら，何がなされたのかは明白である。また，見方によれば「艦船なし」に曖昧性はないが，「いくらかの艦船」はそういうことにはならない。同じように，見方によれば「中国人なし」に曖昧性はないが，「いくらかの中国人」はそういうことにはならない。中国人は参戦したときに大挙してやってきた。中国人は投入兵力を，戦争初期の段階では2個師団に限定したのかもしれないが，3個目の師団を投入すれば有利なのに2個師団でやめるなどと誰が予期できただろうか。2個師団の存在が特定されても3個目の師団は潜んでいないであろうなどと誰が考えるだろうか。2個師団をもって参戦すると決定した後で3個目の師団を追加参戦させるのに，新たな重大な決定を必要とするなどと誰が考えるだろうか。2個師団の存在が確認されたことを甘受して，核使用を差し控え核兵器を鴨緑江のわが方にとどめおき続けたのに，3個目の師団投入をもって満州爆撃や核兵器に訴える契機にする者などいるだろうか。

　核兵器に関して何がそれほど違うのか。爆発の威力か。TNT爆弾における重量制限を1トン，10トン，あるいは50トン（もしそれを運搬する航空機があ

ったなら）と定めたら双方がそれを守るなどと皆が期待できるのか。そして，なぜ1キロトンの核爆弾が1回の攻撃で投下される同重量の高性能爆弾とそれほど違うのか。

　違いはある。すべての者がその違いを知っている。その違いは，戦術的なものではなく，「慣習的」，伝統的，象徴的なものであり，人が何を異なるものとして扱うか，あるいはどこに線引きをするかという問題なのだ。核爆発とTNT爆発とで異なる扱いをする物理的・軍事的な根拠はないが，38度線の北側に1マイルと南側に1マイルが「異なるもの」であるのと同じように，誰も否定しえない象徴的な違いがある。兵站上，鴨緑江の北側の飛行場と南側の飛行場の違いはごくわずかである。それに，そこから出撃する航空機，あるいはそこを攻撃する可能性のある航空機については，橋梁を渡ったりフェリーに乗ったりする必要がないのであるから，いかなる戦術的な見積もりにおいても鴨緑江の存在は顧慮に値しないだろう。だが，象徴的な観点からは相違がある。それは程度の差ではなく性質の違いである。それら飛行場は，異なる領域階層に属するのであり，誰もその違いは無視できない。ジョンソン大統領は，「間違えてはならない。通常核兵器などというものは存在しない」と述べたが[5]，それはまったく正しかった。核兵器を異なるものとしているのは慣習——それらを異なるものとして見ようという，理解，伝統，コンセンサス，共通の意思——なのである。

　米国は朝鮮戦争への関与を慎重かつ段階的に拡大していった。まずは軍事支援要員が関与し，ついで空爆を行った後，陸上部隊を投入したのである。地上部隊の数は特定の航空攻撃に匹敵するものであったかもしれないが，まったく同じようなものには見えなかった。地上部隊の投入は航空攻撃とは異なる部類の介入だったのであって，さらなる部隊の投入の予兆となったのである。航空介入は，われわれに地上介入をコミットさせたわけではなし，地上介入を不可避にしたわけでもないのだ。

　鴨緑江はルビコン川のようなものだった。仮にそれを渡っていたとしたら何かが伝わったことだろう。鴨緑江は停止するにもっともな地点だったのであり，それを渡っていたら新たな始まりとなっていたことであろう。異なる種類の軍事活動，核兵器と高性能爆弾，空爆と地上介入，海上の艦船と沿岸部にある施設，そして北朝鮮の軍服をまとった兵士と中国の軍服をまとった兵士との

---

5) *New York Times,* September 8, 1964, p. 18.

間には，質的な差異がある。それらは，不連続，質的境界，あるいは自然な線
引きの区画であって，必ずしも戦術や兵站上の意味と関連するわけでない。そ
れにもかかわらずそれらは，戦争における計算よりも心理学や習慣といった観
点から，線引きのための「明白」な根拠なのである。

　戦争の拡大や介入の変化における有限の段階たる「敷居」という事象が
われわれの前に存在する。それは，慣習的な停止場所や分離線であり，法に似
た性質を持ち，前例や類似性に依拠する。そして，自らを識別せしめる何らか
の性質を持つとともに，いくぶん恣意的である。大体がただ「そこにある」だ
けで，われわれがそれを創造したり発明したりするわけではなく識別するだけ
である。こうした特質は戦争や外交関係に特有のものではない。それは，ビジ
ネスにおける競争，人種間の交渉，ギャングの抗争，子供の躾，そしてすべて
の類の折衝における競争にも現れる。いかなる種類の制限的な紛争にも，彼我
によって識別されうる弁別的な抑制，顕著な停止地点，何が境界内で何が境界
外なのかを示唆する慣習と前例，新たなイニシアチブと単なる同じ活動の延長
とを区別する方策が明らかに必要である[6]。そして，このことにはいくつかの
納得のいく理由がある。

　第1に，この種の紛争は，戦争であろうと単なる機動展開であろうと，脅し
と要求，提案と対案，再保証の付与と交換または譲歩，意図のシグナリングと
許容の限界の伝達，名声の獲得と教訓の付与という駆け引きの過程だというこ
とである。そして制限戦争においては，戦争の結果と戦争遂行様式そのものと
いう2つのことが駆け引きの対象となる。企業が値下げではなく広告で競争す
ることにつき「交渉する」可能性があることや，ライバルの立候補者同士が相
手の私生活ではなく政策を攻撃するということを暗黙のうちに合意する可能性
があるのと同じように，街のチンピラ一味はナイフや銃ではなく拳や石ころで
けんかして外に助けを求めないことに「合意する」可能性があるし，軍指揮官
は捕虜の受け入れに合意し，国家は投入兵力や破壊目標の制限の受け入れに合

---

6) こうした事象は「線路の反対側」という米国の伝統的な表現にも現れている。米国内
　の町における鉄道線路は，異なる社会階層間が交流する上での物理的な障壁となっている
　わけではなかったが，実際には人々が気づき他の者も気づくと確実に期待しうるような慣
　習的な障壁になっていた。これと同じように，米国の大都市における人種分布は，黒人と
　白人がそれぞれ顕著な陸上の目印によって分けられた地域に集中するという驚くべき傾向
　をみせる。そして通常，その目印がもつ唯一の意味は，顕著であるということだけなの
　だ。

意する可能性がある。

　ストライキ，価格戦争，レストランでのギャングによる悪臭弾の使用は，駆け引きの一部であって，それ自体のために行われる独立的な行為ではない。それは脅しと圧力をかけるための方策なのであり，朝鮮戦争もまた，国家としての政治的地位を巡る「交渉」なのであった。だが，ほとんどの駆け引きの過程において見られるように，振る舞いのルール，つまり相手の振る舞いに応じて行ったりやめたりすることについての暗黙の駆け引きも存在したのであった[7]。

　このような駆け引きの多くは暗黙のものである。伝達は言葉よりもむしろ行動によってなされるのであり，相互作用，報復，あるいはすべての抑制をやめるといった脅しによる場合を除き，その理解を強制することはできない。駆け引きは暗黙のうちになされる傾向があるゆえに，それが細部にわたる余地はほ

7）「交渉」や「駆け引き」は，公式なものでさえ，基本的に言葉による活動であり，たとえ顔を突き合わせていても当事者間に直接的な言葉による接触がなければ交渉は成立しないという考えが広くあるように思われる。この定義によれば，1965年春において，米政府とヴェトコンあるいは北ヴェトナム人との間に明白な「交渉」はなかったことになるし，U-2撃墜事案に際しても1960年にパリで予定されたフルシチョフとアイゼンハワーとの首脳会談が中止されたのであるから「交渉」はなかったことになる。同じ定義によれば，ストライキは労働者交渉の一部ではなく交渉の目的ということになる。すねたり，席を蹴ったり，机に足を蹴りつけたり，ストライキ破りのバイクをひっくり返したり，カリブ海に海兵隊を集中したり，北ヴェトナムの目標を空爆したりすることは，この定義によれば，単に交渉しないことではなく交渉を拒否すること，つまり交渉がその妥当な代替手段になっているということなのだ。法律的，あるいは戦術的な観点からすれば，これはたいてい優れた定義である。作法には何らかの価値があるし，全国労働関係法が係争者に「誠実な駆け引き」，つまり席についてかみ合った話をすることを要請しているとき，この高度に制限的な駆け引きの定義は，駆け引きという行為における文明的で保守的なあるルールを課すという目的に適うのである。だが分析上，駆け引きの本質とは，企図の伝達，企図の認識，何を受け入れ何を拒否するかにかかわる期待の取り扱い，脅しや提案そして再保証の付与，決意の誇示や能力の証明，できうることに対する制約の伝達，妥協や共に望ましいやり取りの探索，理解と合意を強制するための制裁の実施，説得や啓発のための本来の努力，そして，敵対関係，友好関係，相互尊重，作法ルールの創造である。実際の対話，とくに公式対話というのは，これらの一部——たいていの場合ほんの一部——でしかなく，対話は取るに足りないがゆえに，行動や示威がたいていもっとも重要なのである。戦争，ストライキ，癇癪，そしてテールゲーティング（訳注：先行車にぴったりつけて威嚇的運転をすること）は，対話と同じくらい「駆け引き」になりうるのである。ただし，それがいかなる深刻な強制，説得，あるいは企図伝達のプロセスからも切り離されてしまう場合は，時としてそうならない。だがその場合，公式の外交対話も，意味のある交渉としては終わりを告げるのである。

136

とんどないのだ。十分な時間をかけて法曹が朝鮮半島に線を引けば，それは地形，国家の政治区画，あるいは著名な地物に関連する，または関連しないほとんどすべての場所や形状が交渉の対象になりうるだろう。だが，駆け引きの大部分は暗黙のうちになされ，明確に述べられた一連の提案と対案など存在しえず，それぞれの側は，細部にわたる声明というよりむしろ行動パターンによって「提案」を示さなければならない。このような提案は，シンプルでなければならないし，認識可能なパターンが形成されなければならないし，著名な地物に依拠しなければならないのであるし，双方の興味を引くと認識される識別であればどのようなものであろうと活用されなければならない。国境線や河川，海岸線，戦線そのもの，さらに緯度や経度による区別，空と陸の区別，核分裂と化学燃焼の区別，戦闘支援と経済支援の区別，国家間の区別というものは，簡明性，認識の容易性，そして顕著性という「明白な」属性を有する傾向がある[8]。

　恣意的な性質でさえも助けとなる可能性がある。神が大地と水に違いをもたらし，古くからの地質的な変遷が河川を形成し，数百年にわたる伝統が地球を緯度・経度という慣習的な座標により区分せしめ，人は飛べないことが空と陸の活動の違いを際立たせるとともに，かかる境界を認めることで，人は，外見上は恣意的な類のものを，「自然」な何かや，単にその場限りで形作られたものではなく伝統や先例という説得力のある属性を持つ何かとして受け入れているのである。そして，鴨緑江の北側や南側に線引きすることも「提案」されてしかるべきだったのだろうが，たとえそうだったとしても，鴨緑江そのものが

---

8) これら暗黙の駆け引きにおける重要な見解は以下のような問題によってもたらされる。2人が，どこに線引きしたり制限を設けたりするかについて，事前の意思疎通なしに合意せねばならないとする。この場合，引くべき線や制限をそれぞれ別個に提案することで合意せねばならないが，両者が同一の提案を行った場合にのみ合意に達することができる。同じ地図を別個に眺めながら，領土の区分けを提案したり，毒ガス，核兵器，あるいは他の戦闘にかかわる事項についてのさまざまな制限を考えてどこに線引きが可能であるか提案する。特定の線や制限は候補として劣っていることが明らかになる。相手に同じ選択をするだろうと思わせることができるほど説得力のある案ではない案のほうを選ぶ理由はないのだ。いくつかの選択肢は優れており，それらは同時に選択されるべき候補案として自らを際立たせる，独自性，卓越性，何らかの「明白な」特性を兼ね備えているのだ。試してみてもよい。何らの事前了解もないが同じ選択をしようと試みている両者に，たとえば核兵器における何らかの制限をそれぞれ選ばせてみるのだ。結果はたいてい示唆的だ。この問題をさらに探求するには，Thomas C. Schelling, *The Strategy of Conflict* (Cambridge, Harvard University Press, 1960), pp. 53-80 を参照せよ。

唯一「是認」されたに違いないのだ。

　それ以外にも何らかの性質が必要とされる。制限は両者が効果的に管理できる類のものでなければならない。パイロットは，河川や海岸を，恣意的に引かれた地図上の線よりも容易に認識できる。また，隷下部隊に対しては，特定目標への攻撃に制限をかけるよりも，毒ガスや核兵器など特定兵器の使用を禁ずるほうが容易である。目標制限は無視されたり白熱した交戦における計算違いによって破られたりするかもしれないのだ。このような制限は，それが越えられたのが一目瞭然であるならば，もっとも印象的でもっとも有効に立ちはだかる可能性が高い。こうした大方の考えによって，目にする特定の制限は，程度の問題ではなく質的な区別，有限性，不連続性，簡明性，自然性，そして明白性を持つことになるという考え方がより強まる。

　ここでは伝統と前例が重要である（実のところ，伝統と前例それ自体がまさにこの特性を有している）。それによって，いかなる特定の制限も，より予測可能，より認識可能，より自然で明白，そしてより過去に人がそれを認識し慣れてきたものとなるのだ。核兵器と高性能爆弾との間にある一線は，朝鮮戦争において見られただけではなくより強められたのだし，緯度線を「分割線」として考える傾向は，朝鮮半島において現れただけでなくその経験によって補強されたのであった。

　第二次大戦におけるジュネーヴ合意は，捕虜，非戦闘員，そして病院などの取り扱いを律するもので，名目的には交渉による正式合意であったが，細部にわたってまとめ上げられたのではなく戦争中に受け入れられて認められたのであり，基本的に暗黙の了解として認識されるべきものである。ドイツや英国を含め，多くの国が赤十字国際委員会のまとめ上げた行動基準に正式署名した。それは，捕虜の取り扱い，非武装都市の宣言要領，そして病院の屋根の表示法にかかわる多くのことを規定していた。行動基準の詳細は，最終的にそれを採択した国による何らかの関与によって前もって案出されていた。激しい戦争の最中にあったこと，いくつかの国における戦争遂行は「戦争犯罪人」の手中にあったこと，そして戦争遂行には一般市民に対する復仇やその他綺麗な戦争という概念への著しい矛盾が包含されていたことに鑑みれば，敵同士として戦う国によって行動基準が守られたのは驚くべきことである。多くの第二次大戦参戦国には道徳上の義務が著しく欠けていたし，ジュネーヴ合意上における「合意」破りを非難されることは，関連するほとんどの国にとって比較的取るに足らない宣伝上の問題だったであろう。したがって，戦争のある面において節度

を守ることに自己利益があったのは明らかであり，ジュネーヴ合意の遵守は自発的なものであったと考えるべきである。ほとんどの場合，互恵主義の利益に浴する範囲内でジュネーヴ合意に従ったに違いなかったのだから，それは自発的かつ条件付だったのである。だが，暗黙のうちに都合よく解釈を変えるにしろ，率直に提案の交換を行うにしろ，ジュネーヴ合意が再調整されることがなかったのはなぜなのか。

　何らかの合意が必要とされるとき，外交関係が事実上断絶しているとき，いずれの側も他を信用せず合意の強要も期待していないとき，そして新たな理解について交渉するための時間も場もないときには，利用できるいかなる合意も受諾するか拒絶するかしかないという特質を持っているのだろうというのがその答えに違いない。相手が従うなら自分もそうするということを，両者が暗黙のうちに，あるいはいずれかの側の一方的な宣言によって，受け入れることができる。競合するいくつかの協定があって，そのすべてが捕虜の扱いを律するよう求めているがそれぞれ細部において違いがあるとしたら，１つに取り纏めるのはより困難だったであろう。だが実際には，利用可能な文書が１つであり，すでに細かく検討された一貫した一連の手続きが１つしかなく，一方，細部事項について再交渉する時間はなかったがゆえに，原案として採用されてしかるべき候補は１つしかなかった。さもなければ，いかなる合意にも達することができなかった可能性が非常に高かったのである。

　このような解釈は，米国は署名国でないにもかかわらずジュネーヴ合意に従ったという事実に裏打ちされている。米国は，協定に署名していなかったため，法的義務を誰に対しても負っていなかった。だが，外交的な機微が許されないときに，米国が敵と「相互理解」に到達したいと望んでいたとしたら，協定を任意に受け入れるかなしで済ませるかという選択肢しかなかったのは明らかである。概して，これこそがいかなる紛争においても調停者の提案の背後にあるもっとも重要な権威である。紛争の当事者では満足のいく交渉ができない状況に至り，双方が調停者を呼び入れるか調停者をあてがわれたなら，調停者が何を言おうともそこには強力な提案の力が存在するのだ。調停者は唯一現存する提案をもって解決するための最後の機会を提供するのである。もし合意がおおいに望まれていて更なる交渉など問題外であるなら，いかなる代替案も消えていく中で，調停者の提案が受け入れられる可能性がある。

　純粋な恣意性が助けになるのは間違いない。ジュネーヴ規約は，38度線，朝鮮半島の海岸線，あるいは鴨緑江と同じようにすでに存在していたのであ

り，提案される必要はなく，受け入れられる必要があっただけなのだ。

　強制力のない合意を巡る暗黙の交渉は，時として，何らかの拘束力をもたらすことを目的とする合意のためのはっきりした言葉のやり取りによる交渉よりも，はるかに有効であるということは，注目に値する。公然の交渉が難しい理由の1つは，考慮すべき可能性，妥協の着地点，調和させるべき利益，当事者が調制できる正確な言葉の選択方法，そして選択の自由が多すぎるということである。結婚や不動産取引においては，「標準書式による契約」を交わすことが助けになる。交渉における双方の自由度を制限するからである。暗黙の駆け引きはしばしば，同じように制限的であり，できないことはいかなることであれ，できないと言わずとも共通理解の中に組み込まれていく。くっきりした輪郭だけが感知されうるのだ。双方の側が，選ぶべき代替案がほとんどないなか，当初の試みで成功することがいかなる共通理解にとってもまさに必須であろうことを認識しつつ，もっともらしく見え予測可能な分割線や行動様式を，それぞれ独自に，しかも同時に特定しなければならない。たとえば，交渉による休戦ラインが交渉によらないそれよりも簡明であることは稀である。一方，河川，海岸線，緯度線，尾根，そして境界権（ancient boundaries）は，たいてい不明瞭ではなく，その背後には示唆の力があり，詳細な変更につき交渉できないのであれば役立つに違いないのである。このことが何らかの戦争前の状態が戦争終結のための重要な基準となる理由である。基準は必要なのであり，双方が感知できるとともに相手が感知することをそれぞれが認識しているものだけが基準として有効である。戦争における敵対者間の対話はたいてい，行動という制限された言語と，共通認識および前例という辞書によって行われるのだ。

慣用表現としての復仇

　1964年8月2日，北ヴェトナムの港から出航した3隻の魚雷艇が北ヴェトナム沖30マイル付近において米駆逐艦を攻撃した。米駆逐艦は，交戦して1隻に損害を与えた後，同海域にとどまった。2日後，1隻の姉妹船を伴った同駆逐艦は再び攻撃を受けたが，近くの空母から発進した海軍機の支援を受け，艦艇——前回の攻撃よりも大型——を功撃し，再び追い払った。12時間後，2隻の空母——タイコンデロガおよびコンステレーション——から発進した64機の航空機が北ヴェトナムの5つの港湾にある海軍施設を攻撃し，港にあった

50 隻の哨戒魚雷艇の約半数を破壊または大破するとともに，燃料貯蔵施設を炎上させたと報じられた。攻撃が進行している間，ジョンソン大統領は，北ヴェトナムによる攻撃が発生したこと，そして断固たる反撃が行われるべきことをテレビで明言した。大統領は，「反撃は今夜私が言っているごとく行われている」と述べる一方，「われわれは戦争拡大を望まない」こと，そしてその立場を友好国と「敵国に対しても」完全にわからせるよう国務長官に指示したことを付け加えた。

　上院軍事外交合同委員会においては，1 名から異議があったものの，11 名の共和党議員と 22 名の民主党議員が，大統領の決定は「適切な認識の下でなされ合理的に実行された」，そして，この状況下で米国は「それより小さく出ることはできなかったし大きく出るべきでもなかった」として，満足の意を示した。共和党も民主党も，軍人も文民も，そして欧州の人々でさえも皆が，米国による行動の範囲と性格が状況にきっちり適合していたと感じており，通常ではありえない意見の一致をみせていた。ここでいう皆には，北ヴェトナム人と中国人というありうる例外は除かれているが，彼らでさえもそう考えていたかもしれない。そして実のところ，彼らの判断がもっとも重要であった。彼らはもっとも重大な関わりを持つ批評者だったのだ。次にどうなるかは彼ら次第であった。文明的な抑制，そして決意と主動性の双方にかかわる米国の評判がどのように世界中をかけ巡るかがかかっていたが，もっとも重要な観衆——利益をもたらされるべく適切に計画された行動の対象——は，敵だったのである。

　米国の軍事行動がいつになく適切であったと広く見なされていたのだとしたら，それはもうほとんど審美眼的判定であった。そして，「巧妙な即答」といった言葉が戦争や外交にも適用できるとしたら，この軍事行動は表情に富む巧妙な即答の一片であった。それは，言葉ではなく主に行動の形をとっていたのだが，行動の歯切れは良かった。ジョンソン大統領による演説の文言は，攻撃における目標選定，手段，そしてタイミングのような正確性や明確性に遠く及ぶものではなかったが，口頭でのメッセージは航空機によって運ばれたメッセージを補強したのであり，その言葉が米国民と同じく共産主義者という観衆も念頭において発せられたことは間違いない。だが，その夜の外交の主役は，パイロットであって，スピーチライターではなかった。

　戦争はつねに駆け引きのプロセスであり，脅しと提案，対案と脅しに対する脅し，申し出と保証，そして譲歩と示威というものが言葉ではなく行動の形をとったり，あるいは言葉を伴った行動の形をとったりする。駆け引きがもっと

も活発に現れ，もっとも意識的に行われるのは，われわれが「制限戦争」と呼ぶようになった戦争においてである。制限戦争における決定的な目標は，戦場にあるのと同じくらい敵の心の中にある。敵が予期する状況は，敵部隊の状況と同じくらい重要である。そして，差し控えられた暴力の脅しは，戦場での軍のコミットメントよりも重要である。

　戦争の結果でさえ解釈の問題である。それは，戦利品の分配にかかっているのと同じくらい，敵対者がどう振る舞うかにかかっているのであり，評判，予期，破られる前例と新たな前例，そしてその行動によって以前よりも政治問題が不安定になるか安定するかといったことを包含している。地上（あるいは制限戦争が生起しているあらゆる場所）で何が起きるのかは，もちろん重要だが，その本来的な価値と同じくらい，それが象徴することのほうが重要である可能性がある。そして，あらゆる駆け引きのプロセスとも同じように，抑制された戦争は，敵対者同士における協力をある程度包含しているのである。

　捕虜の取り扱いに深い敬意を払ってきた軍人自身こそがこのことをもっとも良く理解している。法の遵守はさておいたとしても，捕虜を生かしておくことには合理的理由がある。捕虜は敵に捕獲された者と交換できるし，捕虜の健康や慰安は，敵に捕獲されたわが方の捕虜の扱いを条件付けるものとなる[9]。また，遺体の収容というのは，戦争において相反しない利益や，少なくともトロイ攻囲の歴史にまでさかのぼることができる認知された共通利益についての劇的な例でさえあると言える[10]。

---

9) このような類の交渉力は，捕虜捕獲の誘因にさえなりうる。ペロポネソス戦争勃発時，テーベの先遣隊がプラテーエに夜間侵入したが，そのほとんどが殺されるか捕獲された。翌朝，軍主力が到着したとき，攻撃を予期していなかった多数のペロポネソス人が市郊外にいるのを見つけた。それゆえにテーベ人は，「彼ら自身の仲間が捕虜になっている場合に交換を可能とするべく何人か捕虜を捕えるために」，当初ペロポネソスの城壁に向かって機動することを企てた。その原理は有効だったのだが，ペロポネソス人は，すでにテーベ人捕虜を捕獲している旨を，そしてもしテーベ人が城壁の外にいるペロポネソス人をひとりでも傷つけるなら捕虜を殺す旨を，軍使をもって伝え，テーベ人を出し抜いた。そして，捕虜返還を条件にテーベ人の完全撤退を取決めさえしたが，結局，この了解を守らず捕虜を殺してしまった。一方，カンネーの戦いの後，ハンニバルは捕虜を金で交換したものの，拒否された。ハンニバルにとって，このことによる「軍の規律にとって必須の前例」の維持への痛手が，経済に対する痛手より大きかったのは明らかだった。ローマ人が提起した軍紀にかかわる論点は，駆け引きの対象がそれ自身利益を持った仲間そのものであるような駆け引きはとくに複雑であることを想起させる。Livy, *The War with Hannibal*, pp. 158-65; *Thucydides, The Peloponnesian War*, pp. 97-101.

第4章　慣用表現としての軍事行動

　抑制された戦争がそうした協力的な状況をもたらすのは，意思疎通すべきことが多すぎるからだ。米政府は，北ヴェトナムの海軍施設を襲撃したかっただけでなく，なぜ米国がそれを行っているのか，そして米国が行っていないことは何なのかを北ヴェトナムに知らしめたかったのである。この行動から北ヴェトナムが理解したこと——その解釈，導き出した教訓，次に予期したこと，そしてその行動から知ることができるパターンとロジック——は，ヴェトナムの些細な海軍力を排除するよりも重要であった。作戦が細心の注意をもって計画されたことに疑いはないが，この細心の注意は，2000万ドル相当の北ヴェトナムの資産を破壊したり若干の人的損耗を付与したり，その他攻撃の結果生じたことを生起させるために払われたのではなかった。それは，北ヴェトナムと中国が受け取るであろうメッセージの伝達が高い忠実度をもって行われるために注意が払われたのだ。そしてそのメッセージを正しく読み取ることは北ヴェトナムにとっての利益でもあった。この行動によって，とくにそれに反応する中で，特定の事柄が誤った方向に向かう可能性もあったが，それは双方にとって悲しむべきことだったであろう。

　哨戒魚雷艇に対する攻撃をそれほどまでに「適切」だと思わせるものは何だったのか。観念的な軍事上の評価はわれわれに多くのことを語ってはくれな

10）もう1つの印象的な例は，戦争としての決闘であり，それはペリシテ人がやって来るはるか前のカナンの地においてありふれたものであったことをヤディンが見出している。ヤディンは，「決闘を鼓舞したものは，一部の兵士の個人的な豪語やうぬぼれではなく，全面戦闘による大流血なしに軍事的決着をつけたいという指揮官の願望だったのは明らか」と述べている。ヤディンは，ダビデとゴリアテというおなじみの逸話を分析した。「ペリシテの宿営地から出でたる闘士は，イスラエル軍に向かって傲慢な叫び声をあげ，自分と決闘する兵士を差し出すよう要求した。この物語を詳細に検討すれば，ゴリアテは単に豪語や挑発をしているわけではないことがわかる。その言葉の裏には特定の意図があるのだ。ゴリアテは，ペリシテ軍ではまったくの常識だがイスラエル軍にはいまだ馴染みのない戦争方法をイスラエル軍に提案しているのであり……実際，自分とイスラエル軍の代表者との決闘を両軍の戦闘に代えるべきことを示唆しているのだ。ここではゴリアテが宣言を継続し続けることが重要視されているのであり，ゴリアテは争いの条件を提示しているのである。つまり『戦いに勝って我を殺したならわれわれは貴方の奴隷になる。しかし我が圧倒して貴方が差し向けた者が殺されたなら貴方はわれわれの奴隷として仕えなければならない』ということだ」。そしてヤディンは「だからこそ，両軍による先立つ合意に従って行われる戦争の形態——決闘——があるのだ。それぞれの運命が争いの結果によって決められるとの条件を両者は受け入れているのである」と結んでいる。結局ゴリアテの軍は，約束を履行せずに逃走した。Yigael Yadin, *The Art of Warfare in Biblical Lands*（2 vols. New York, McGraw-Hill, 1963), 2, 267-69 を参照せよ。

い。穏当な代価（航空機2機とその搭乗員）によって，北ヴェトナム軍に穏当な損耗を与えたに過ぎないのだ。北ヴェトナムの空軍，陸軍，そして補給線に対して同等の損耗が与えられていたとしても，同じ意味はもたらされなかったであろうし，同じように適切であるとは見られなかったであろう。適切であると思わせたのは軍事的な脅しとして奏功したからではない。それは，その企てが相当に適切なものであったと広く人の心に訴えた復仇という行為——鋭い反撃（riposte），警告，示威——として奏功したからであった。他の軍事的資産に対して同等の損耗を与えたなら軍事的には同じ意味があったかもしれないが，それが象徴する意義は異なるものとなっていただろう。

米国が攻撃を受けてから1週間様子見をしていたら，こうした連関はいくらか失われていただろう。また米国が，哨戒魚雷艇への攻撃に効果がないことが判明した後の次の攻撃は航空機で行うとの考えから，北ヴェトナムの飛行場に対する航空攻撃を行っていたとしたら，行為と復仇の密接な連関は減ぜられていたであろう。さらに米国が，海軍施設，港湾施設，補給庫に対する攻撃を連日繰り返していたとしたら，一連の作戦は要領を得たものではなくなり，「正義」の感覚は薄められ，「付随攻撃」は旗幟鮮明なものでなくなっていたであろう。そして，何が駆逐艦攻撃に対する復仇だったのか，あるいは何が機に乗じた軍事行動であったのかを見定めるのがより困難になっていただろう。

米国の反応を描写するのに適した表現は，明瞭な反応というものだ。それは，歯切れがよく，規則性を包含していた。もし誰かがトンキン湾で駆逐艦が攻撃されたときに米国が何をしたか尋ねたとしたら，その答えについて意見の不一致はない。時間，攻撃目標，そして使用された兵器をはっきり述べることができる。あらかじめ練られていたそれら北ヴェトナムの港湾に対する攻撃計画を米国がたまたまその日に行っただけだと考える者はいないし，軍事行動と駆逐艦攻撃との厳密かつ直接的な連関に疑いを持つ者もいない。

農場で犬が鶏を殺したとき，鶏の死骸を犬の首に巻き付ける意義を私は理解する。もし犬の悪行を罰するという唯一の目的が犬に辛苦を与えることで達成されなければならないのなら，鶏の死骸を犬の首に巻いたり——リビングの敷物を汚してしまうかもしれないが——，あるいは鶏を殺すたびにリビングで犬を叩いたりすることに意味はあるだろう。罰の目的や重さだけでなく表象や連関という観点からも罪と調和させることによって，多くのことを犬に伝えることができるのであり，おそらく飼い主の正義感にも訴えるのだ。

犬に説明することはできない。犬の首に鶏の死骸を巻きつけ，そうしたのは

郵便配達人に嚙みついたからだと言い聞かせることはできないのだ。だが，哨戒魚雷艇を攻撃しているのはわが方の艦船を攻撃したからだと北ヴェトナム人に言い聞かせることはできる。あるいはまた，われわれは，駆逐艦攻撃に対する復仇として，ラオスへの補給線を爆撃し，いくつかの工場を吹き飛ばし，飛行場を攻撃し，南ヴェトナムでの戦争を拡大しているのだと言うこともたやすいことだったであろう。そうだとすれば，相手が聞いているという十分な確信のもとでこの連関についてきっちり言葉に表すことができるのに，犬に対してしなければならないように，行動で伝えなければならないのはなぜなのか。

　これは興味深い問いである。政府は，言葉と同じように行動でも伝えるために，その行動パターンを確立しなければならないと感じているようだ。実際，言葉よりも行動で，あるいは言葉を伴う行動で意思疎通するとともに，双方とも相手が何を言っているのかを十分認識できる能力を持っているにもかかわらず行動が意思疎通のパターンを形作るというのは，おそらくもっとも顕著な制限戦争の特質である。そこには意思疎通の行動科学――人の持つ調和，正義，そして妥当性の感覚，挑発への反応という象徴的な関係性，一貫性のある一連の行動によって形成されるパターン――における何かが存在するのであり，それは，対立国間の純粋な軍事的関係，対価と損耗の経済，そして一連の行動を理由付けるために用いられる言葉を越えたものなのだ。それは外交においていつも見られる。もしロシアがわが方外交官の移動を制限したり文化訪問を締め出したりしたなら，最初にわれわれが考えることは，見返りに制限を厳しくしたり訪問をキャンセルすることであり，漁業や商業において報復することではない。この相互作用には，慣習的様式が存在し，同じ通貨でかたをつけたり，同じ言語で反応したり，罪にふさわしい罰を与えたり，関係性のうえに一貫したパターンを強いたりする性向があるのだ。

　それがなぜなのかを理解するのは重要なことである。そうであることを認識するのと同じくらい重要なのだ。それが，示唆力，純然たる模倣，まったくの想像力の欠如，一貫性やパターンに対する的はずれな直観を包含していようと，そうではなく，ある合理的な理由――たとえ単に漠然と理解されて直観的な反応をもたらすものだとしても――を包含していようとも，その現象は認識されるに値する。フルシチョフは，1960 年に U-2 の飛行に対する不満を口にしたとき，パキスタンとノルウェーという U-2 が離陸した基地が存在する近隣諸国に向けてソ連のロケットが発射されるかもしれないことをほのめかした。そのような示唆をしたのは，フルシチョフにとって U-2 が脅威であり，

離陸基地を攻撃することでその脅威を取り除くためだったのか。おそらく違う。鶏の死骸の逸話とのアナロジーからは，少なくとも，特定の飛行場を破壊することは，この飛行の再発を防ぐという物理的な意味において説得力がありそうだ。フルシチョフは，口にした不満に格別に適合する反撃を行うという脅しをかけることで，連関を作為していたのだ。フルシチョフは，パキスタン人へのビザ発給の停止，パキスタンの艦船に対する海上攻撃，パキスタンの都市への爆弾投下，パキスタンの鉄道に対する破壊工作，あるいはパキスタンによる敵国に対する軍事支援について言及することもできたであろう。だがそうはしなかった。フルシチョフは——本気だったかどうかは別にして——，U-2が離陸した飛行場を破壊すると述べた，あるいはそれを強くほのめかしたのであった。

　このことは，駆逐艦への攻撃に対する米国の反応がそうだったように，そこに内在する原則に対して疑問を呈する気におそらくならないであろうくらい，とても自然なことである。こうした反応のいくつかは，外交の相互性という際立った原則，あるいは軍事行動のそれでさえも形成しているのはその「明白性」であるということに気づかないくらい，「明白」である。そしてこれが，互いに敵対する国家間においても，法的な機微を適合させる必要がない者同士にも起こるということはとくに興味深い。

　フルシチョフがU-2飛行の後で米国陸軍の陣地を破壊したり，米国が駆逐艦攻撃を受けた後でラオス共産主義者の施設を攻撃したりするいわれはなく，それは不適切で，恣意的なものだったであろうと言ったところで，だからどうしたと言われるだけだ。行動における一貫性と規則性を具現させる強制力となっているのは何なのか。とくに，駆逐艦の撃破を試みたばかりの相手や，偵察機を領空侵犯させた相手に対してのそれは何なのか。お互いにうまくやろうとしている国家，お互いに敬意を払っている国家，共通の礼儀作法にしたがっている国家，そしてそれぞれの行動を統御する法体系を確立しようと試みている国家においては，ルールは容易に理解される。だが，誰かがU-2を貴方のミサイル基地の上空を飛行させているのに，どうしてかの国のバレリーナ数人を拉致してならないというのか。

　パターンで行動する——同じ慣習的な様式で反応する，罪と罰をその性格と重さの双方において適合させる——という傾向が明らかにされていても，それが自然な流れだということが必ずしも最上の軍事的，外交的な賢明さの具現化を意味するとは限らないという事実はなおも評価されてしかるべきである。そ

れは知的怠惰の結果生じるものであると，おそらく何らかの妥当性をもって論じることはできよう。敵の行動に対して反応する方法はおそらく100通りは存在し，何かしら選択がなされなければならないが，ゲームが同じ球場で競われるのを可能にする何らかの伝統や直感によってその範囲が狭められるなら，選択は容易である。作法というルールは，このような目的に寄与するのであって，選択の幅を狭めて人生を楽にするのだ。また，官僚制には，こじつけ，法的根拠付け，そして超然とした手際のよさが付きものであり，そうしたことが，あたかも一貫性が関連性と同じであったり，当意即妙が戦略の最上の形であったりするがごとく，国家指導者を一貫したパターンで直感的に行動させるのだと，何らかの正当性をもって主張することもおそらくできよう。非友好国が，ずっと互いに論争したり，非難しあったり，自国を正当化したりしがちであることによって，軍事行動も含めたすべての外交を法秩序尊重主義的な敵対行為であると考える傾向が促される可能性がある[11]。

11）罪と罰を重さだけではなく内容と性質においても適合させようとする力は，6歳くらいの子供にも見られ，10〜12歳くらいになると顕著になってくると言われている。ピアジェは，子供がとる態度を描写する中で，「本質的なポイントは，悪いことをした子供がとった自身の行動の結果を認識できるように，子供自身がしたことと何かしら類似していることをするということであり，また，可能ならば，悪い行いによって生じた有形の因果関係によって子供を罰することである」と述べている。ピアジェはこれを「交換的罰則」の原則と称し，子供が社会規約や，神性や天性の権威によって人々の上に課されるルールではなく人々の間の関係を律するルールの概念を身につけていくものであることを明らかにした。より小さな子供は，ルールを外から押し付けられる何かとして考える傾向があり，その子らに訴えるのは「贖罪の罰」であって，「罪な行動の中味と罰の性格には何の関連性もない」のである。年長の子供と小さな子供の間にあるこの違いついて，「罰の選択がこの違いをもたらす最初の要因であり」，小さい子は罰の厳しさだけを気にするが，年長の子は「相応する苦痛によって罪を償わさせなければならないのではなく，どのように団結のきずなを損ねたのかを，悪をした者の責任自体に見合った処置という手段によってわからせなければならないと考えるようになる」のだとピアジェは言う。

　もちろん，「団結のきずな」というのは，アラブとイスラエル，あるいは米国と北ヴェトナムとの間の契約的な関係を表すにはいくぶん大げさである。だが，国家間における抑制や復仇が依拠するものは何らかの相互性の外にはほとんどないのであり，挑発と反応を結びつけるのは，ある「ルール」が破られてしまったとしても，ルールがなおも存在し，復仇という行為の中で事実上強制力があり，それぞれによる反応という脅しによってのみ強要しうるということを示す方策なのである。罰における「贖罪的」様態がより典型的なものであるのかを見極めるために，関係性がより権威主義的で相互主義的ではない植民地における復仇について検討してみるのも興味深いことだろう。罰の贖罪的様態と交換的様態の間の違いにおいて鍵となるのは，行いと罰を独立的事象として判断するか，それを基

147

だが，話はそれだけで終わらないのは間違いない。当初の行動に反応を連関させたり事柄にパターンを組み込んだりすることは，限界や境界を設定する上での助けとなる。それによって限界や境界を受け入れる意思が示されるのだ。またそれによって，敵を驚かせたり過度に混乱させたりする可能性がある不意性や奇異性が回避されるし，意思疎通，外交的接触，そして誤解よりも理解を望む感覚が維持される。それは，相手にわが方の動機を理解させる助けになるし，自身の行動の帰結として予期されることを判断するための基礎を相手に提供する。またそれは，相手にわからせたいと望むなら，悪い振る舞いが罰せられ良い振る舞いは罰せられないことを相手にわからせる助けとなる。連関しない行動，つまりランダムに選択された行動というものは，原因と効果という順序をとっていないように見える可能性があるのだ。もし相手側が，わが方は問題を避け認識することから目を逸らしたり認識していないふりをしたりしていると考えているかもしれない場合には，行動と反応に直接的な連関があることで，まったくの偶然の可能性が排除されるとともに，因果関係があるように思わせる助けとなる。

それでもなお，なぜ，同じ連想を言葉によってもたらすことはできないのか，もっと大きな行動の自由度を望むなら言葉がそれを与えてくれるのではないかと問うことはできよう。その答えの一部は，おそらく，言葉は安っぽく，それが敵対者から発せられるならそもそも信頼できず，そして時として親密すぎる表現形態であるということであろう。行動は，より非人格的であり，言葉によるメッセージのように「拒絶される」ことはありえず，言葉のやり取りのような親密性を包含しない。行動はまた，何かを証明する。重大な行動は，たいてい何らかの対価やリスクを招くとともに，それ自身の信憑性を証明する何かをもたらすのである。行動にはその由来についての曖昧性がない。言葉によるメッセージは，政府の異なる部署から異なるニュアンスで発せられ，さまざまな情報源からの「リーク」によって補完され，後に発せられる言葉によるメッセージと矛盾することがある一方，行動は，ほぼ取り消すことができず，行動が起こされたという事実の裏には当局による認可があることを示している。ジョンソン大統領は，北ヴェトナムに対する航空攻撃を行っている間（1965年4月7日），「もしもいまわれわれが銃と航空機で語ることが必要だと

本的に駆け引き関係にある連続する関係性における1つの事象として見るかにあるのは明らかである。Jean Piaget, *The Moral Judgment of the Child* (New York, Collier Books, 1962), pp. 199–232, とくに pp. 206, 217, 227, 232 を参照せよ。

第 4 章　慣用表現としての軍事行動

感じていることにつき言葉で相手を納得させることができるのだったら，私は
それを望むだろうに」と述べた[12]。

　納得のいく理由があるに違いないという事実は，必ずしも行動という一貫性
のある「外交」の方式がつねに最良であることを意味するものではない。国家
には，ルールを振り払い，その振る舞いが予測可能であるとのいかなる確証も
否定し，敵対者にショックを与え，敵対者の不意をつき，信憑性がないことを
示して相手に同一手段で反応させるようけしかけ，敵意を表明することで外交
接触の価値を毀損し，そしてあたかも以前に起きた何らかの出来事に対する合
理的な反応であったかのように装ってあまり関連のない企てに乗り出すための
口実を得たいとさえ望む時がある。されど，これは外交である。通商外交だろ
うと，軍事外交だろうと，その他の外交においてであろうと，傲慢になり，ル
ールを破り，予期しないことを行い，ショックを与え，惑わしたり油断につけ
こんだり，腹立たしさを示したりする時はあるのだ。そして，原則的には伝統
に従い予期しない事態を避けたいと思っていても，伝統がもたらす選択肢が制
約的に過ぎるゆえ，作法や伝統を放棄し，解釈違いの危険を冒し，新たなゲー
ムのルールどころかルール無視のやり放題でさえ主張しなければならない時も
あるのだ。そういう時でさえ，ルールと伝統に意義がないわけではない。ルー
ル破りは，ルールを守ることへの拒否として見られるに違いないのであるから
こそ，より劇的であり，それによって意図はよりよく伝わるのである。

　国家がその行動をもって意図を体現する傾向があるという事実は，この種の
意思疎通が高い忠実度をもって受け取られ解釈されるということを意味しな
い。トンキン湾は，歯切れのよい行動の極端な例であったが，それは1つに
は，その事案が他の事案と時間的，空間的に相当切り離されており，当時の全
般状況とは相当に劇的な不一致があったからである。軍事行動による外交プロ
セスは，一般的にはよい取引だが，メッセージを体現する上での慎重な制御を
あまり受けず，制御できない事象によって生じる暗騒音にさらされ，誤った解
釈の影響を受けることでおおいに扱いにくくなる。トンキン湾で起きた出来事
でさえ，それが起きた当時の北ヴェトナム人にとっては，米国の軍事外交合同
委員会の直後にそうであったほどわかりやすいものではなかったのかもしれな
い。

---

12)「あのろくでなしは，言葉には何らの注意も払わず，動きを注視するに違いない」とい
　うのはケネディーがフルシチョフについて語ったことである。Arthur M. Schlesinger,
　Jr., *A Thousand Days* (Boston, Houghton, Mifflin, 1965), p. 391.

149

戦術的反応と外交的反応

　危機や武力衝突において，一方の側が何らかの抑制を断念してある敷居を越え紛争の烈度を上げる場合，相手側の反応を決定づける要因はまったく異なる2つに区分することができる。1つは，戦術的な状況の変更——敗北を回避するため，あるいは関与の拡大によって優越を取り戻そうとする圧力——であり，もう1つは，公然と反応する，難局に立ち向かう，復仇を実行する，ルールを破った相手を「罰する」，あるいは再びそうしないように「警告する」ことへの誘因であり，先に始めた者を引き下がらせて旧ルールに従わせるよう強制し，始めたことをやめさせたり持ち込んだものを引込めさせることへの誘因ですらある。朝鮮戦争への中国の参戦は，主として前者の要因，つまり米軍に朝鮮全域を支配させないという戦術的な要求によって動機付けられていたように思われる。中国は明白な「事案」に反応していたわけではなかったし，局外中立の保持という何らかの「義務」を取り払うことになるような突然の変化が米軍側の行為にあったわけでもなかったのだ。トンキン湾における米国の反応は，これとは対照的であり，軍事的な必要性ではなく，状況上の必要性という外交的な判断に依拠していた。シリアの砲撃に対するイスラエルの反応も同様であった。イスラエル軍の前哨部隊をしばしば砲撃して撃ち返されていたシリア軍の砲兵は，1964年後半，市民に対する砲撃に出た。それに対してイスラエルは，地上における砲撃の伝統を破り，砲兵部隊を黙らせるために航空戦力を投入するという反応に出た。このイスラエルの決心における重要な考慮事項は，シリアによる慣例からの重大な逸脱は戦争拡大という付加的なリスクを伴って，イスラエル側も伝統を報復的に破るに値すると考えたということであったと私は聞いている[13]。

　いかなる拡大の帰結にも「戦術的」効果と「外交的」効果という2つの側面があるゆえ，拡大には2つの異なる態様がある。1つは，先制，挑戦，決裂，あるいは断念といったことを最小限に抑えることであり，もう1つはそうしたことを機に乗じて行うことである。もしその目的が，危険，先制の兆候，決意

---

13) 北ヴェトナムにおいて最近米国が行った航空攻撃による復仇は，その当時，シリアにおける航空攻撃による復仇の前例として認識されており，航空攻撃が，新たな戦争や拡大戦争の布告ではなく一度限りの鋭い反撃という含意で復仇という用語に組み込まれるようになっていたとも聞いている。

第4章 慣用表現としての軍事行動

の印象——あるいは無謀の印象でさえも——を作為することで相手側に衝撃を与えること，そして相手をおじけづかせて再考を促すことなのであれば，「ルール破り」はいちだんと頻繁に起こることになるだろう。行動に，新たな兵器，国家，または目標が含まれようがいまいが，あるいは，非公然の介入から公然の介入へシフトしようがしまいが，戦争の地域的範囲が広がろうがそうでなかろうが，拡大の態様によってそうしたことが，突然，劇的に，そして同じ烈度で相手側に反応させるようにけしかけるようなやり方で行われることになる。そして，いかなる初めの一歩をとるかでさえ，その戦術的帰結ではなく衝撃の効果という観点から選択されることがある。米国が1964年に行ったラオスに対する復仇攻撃における「偵察」機の使用の選択には，主としてこのような観点の効果があった。その目的はおそらく地上における一定程度の損耗を与えることではなく，さらに戦いの烈度を上げることになるという米国の意思を示すことであった。同様の成果をもたらすのを可能とする戦術的行動を行いつつ，それをラオス人による攻撃のように偽装したとしても，その目的にかなうことはなかったであろう。

　その目的が，脅迫することではなく，何らかの抑制を緩めて戦術的優位を得ることにあるのなら，境界を劇的に越えるのではなくて徐々に浸食したり消し去ったりするために努めようとすることができる。たとえば，「越境追撃（hot pursuit）」というドクトリンにおいては，敵の飛行場や港に対する攻撃や戦線拡大がもっともらしい形で発動されることがありうる。その際，敵が「越境追撃」を神経戦の口火としてではなく，それまでの戦争の戦術的な延長として解釈するほうを選ぶのであれば，攻撃によって紛争の性格が突然変えられる場合よりも，復仇の必要性はより小さく，敵は対処における自由度を持っている可能性がある[14]。

慣例的な敷居の扱い

　一国の政府は，紛争に先立って，自らが安全で好都合であると考えるようなことを選択することで，もっともらしい制限を設定することができるのだろうか。そして，あらかじめ否定されたり何らかの方法で徐々に損なわれたりする

---

[14]「拡大と制限の誘因（Motives for Expansion and Limitation）」についてのさらなる議論は，Morton H. Halperin, *Limited War in the Nuclear Age*, pp. 1-25, 26-38——それをタイトルにした章と "Interaction Between Adversaries" の章——を参照せよ。

ことで，明白で説得力があるはずの制限の性質が否定されることがあるのだろうか。否定されることがあるのは明白だが，簡単にそうはならない。

　核兵器のケースを取り上げてみよう。数々の機能が核爆発と通常の爆発の間の象徴的な相違を裏付けている。名目上は平時の実験を対象としている核実験禁止条約でさえ，核兵器とその他すべての兵器の間に認められる相違を公表し承認している。似たようなことであるが，これとは逆に，土木作業やその他の経済的なプロジェクトのためのクリーンな核爆発物の広範な使用によって，TNT火薬か核爆発物かの選択は効率性のみでなされるべきとの考えに人々が慣れ，核爆発物は違うのだという伝統が徐々に損なわれていくことで，核爆発物と他の爆発物が同一視される結果につながるであろう。あるいはまた，戦闘のいかなる場面での核兵器の使用も前例を打ち砕くことになるであろう。状況を制御できなくなる可能性がほとんどない状況下で，核兵器を必要としていなかった戦争に核兵器が故意に持ち込まれたなら，核兵器国は核使用に不本意であるというそれぞれの核兵器国にとってのもっともらしい可能性が減ぜられ，核兵器は最後の手段としての兵器でしかないという前提に疑義を抱かせることになろうし，役に立つなら核兵器は再び使用されるという予期を生じさせることになるであろう。

　言葉による宣言だけで有効な制限を生み出すことはできるだろうか。言葉が助けになるのは明らかである。ありうる制限について議論することは予期を生み出す直接的な助けとなる。その意図がまったくなくてもそうなる可能性があるのだ。陸上での使用とは質的に異なる海洋や空対空戦闘における核兵器の使用について議論し続けることは，そうした差異を事前に生み出したり研ぎ澄ませたりすることだろう。言葉でのやり取りは，おそらく認識されていなかったであろう差異に対する注意を喚起することができる。米国は通常，戦闘支援と軍事顧問の派遣に差異を設けてきたが，この差異はそれについての議論なくしてはそれほど目立つものではなかったであろう。都市を「禁止区域」にするというマクナマラ長官の提案は，それが都市と軍事機構の違いを明確に表現するものでなくとも，少なくとも潜在的な分離線に対する注意が喚起され，それは米政府が注意を払う差異であることがソ連に対して明確に示され，都市に対する攻撃と軍事機構に対する攻撃とを区別して感知できるような情報システムが構築されるべきとの提案がなされたりすることを可能ならしめるのだ[15]。

15）「都市回避オプションの公開宣言は（単に秘密裏に都市回避を準備するのに比べて），ある意味，予告である。戦争を余儀なくされた場合，おそらく米国の振る舞いは敵の至当

敷居の特質

　そうした敷居や制限のいくつかにはそれを越えれば劇的な挑戦となってしまうことが避けられないという特性があり，越えた場合相手がどう出るかという問題が生じる。有毒ガスと核兵器はそうした性格を有しており，敵が単に戦術状況を再評価するのではなく，何らかの公然の反応，何らかの鋭い反撃，あるいは何らかの答えを検討するであろうことが予想されるのだ（もし敵が同等の兵器を持っているなら，それを持ち込む可能性があるのは明らか）。こうした挑戦には，他にも，国境を越えるという行動がある。また，新たな国の兵力加入──とくに（朝鮮戦争における中国陸軍のように）軍事行動の大規模な増大をもたらす能力を持つ国の兵力加入──も，そうした劇的な挑戦である。

　制限や敷居が両者に適用されるという性質を持つかどうかは重要な問題である。もし一方が制限を破る（敷居を越える）なら，他方がとることができる何らかの同等の措置が存在するのか。「同一手段」での報復が可能なのか，それともこうした特定の措置は，敵がとることができなかったり，敵にとって意味がなかったりするのか。米ソ両国が参戦する戦争において，たとえば一方の側による核兵器の最初の使用は，他方の側の核兵器の使用と「釣り合う」かもしれない（「釣り合う」というのは，同等の核戦力が持ち込まれるとか被害を相殺するということを意味するのではなく，単に反応の「手段」が同じであるということを意味する）。中国の封鎖といった他のケースでは，同一手段における「明確な」反応は存在しないだろう。行われている抑制の同等性や対称性，そして両者が持ちうる主導権は，時として存在するし，時として存在しない。もし一方が相手の先手を単純に受け入れることができないものの同一手段でそれに張り合うことができないとしたら，それでもなお何らかの「明白な」反応や復仇が存在する可能性はある。米国が局地戦争に空母を持ち込んだことに対して相手

な予測に沿ったものになるであろうという予告なのだ。こうした宣言を行う目的は，核戦争のルールに対する「合意」を求めることではない。潜在的な敵が自らの持つ新たな選択肢に気づくことはむしろ確実である。彼らが市民の命に価値をおいているなら，彼らは自身の敵の都市に危害を加えない目標選択を自ら行うための措置をとるべきである」。John T. McNaughton, General Counsel of the Department of Defense, address to the International Arms Control Symposium, December 1962, *Journal of Conflict Resolution*, 5 (1963), 233.

も同じく空母を持ち込んで張り合うことはないだろうが，空母に対する攻撃や他の艦船に対する海上攻撃は，「適切な」反応としてアピールするだろう。もちろんどんな場合でも，同一手段で反応するかどうかは当事国の政府次第である。計算された軍事的効果だけでなく，エスカレーションが継続するリスクもあるのだ。戦術的あるいは量的な観点において「釣り合う」反応が当初の行動を帳消しにすることを示唆するものは何もない。たしかに，反応が「適切」，「明白」，または「釣り合う」行動に制限されるという強い期待があるなら，何らかの新たなイニシアチブをとろうとする側は，可能行動の中から，たとえばヴェトナムにおける航空攻撃のように相手側の「釣り合う反応」が比較的弱くなる特定の行動を選択することになる。

　こうした敷居のいくつかにおける興味深い特質は，たとえ不注意や偶発によるものであっても，歴史的経緯から生じ，長らく認識されることで地位を確立できるということである。たとえば，戦争の初期段階において北朝鮮は，緊要な港町である釜山は「格好の攻撃目標」に違いないが，地上戦での戦勝に余念がなかったためにそこに航空機を割く余裕はないと考えていた可能性がある。戦争初期段階において，なんとしても米国に地上戦での負け癖をつけさせなければならないとき，釜山に対する緩慢な航空攻撃をすれば米国はその航空攻撃に慣れてしまっていた可能性があった。また，釜山攻撃に対して米国は，中国正面での復讐，核の脅しなどで反応する可能性があったが，そうしなかった可能性もある。だが釜山は，数週間にわたって明らかに安全だったことで，「聖域」の地位を得たのであり，その後で仮に北朝鮮が釜山港を攻撃したとしたら突然の変化をもたらしていたであろう。実のところ，米軍による釜山港の使用——たとえば夜間の卸下作業において照明を使用していた——は，かかる聖域の地位の結果生じた信頼感を反映していたのであり，もし爆撃があったならそれはこの予期を覆すものであっただろう。

　時の流れの中でその地位を獲得した制限においてさらに重要なものは，朝鮮半島における核の不使用であった。振り返ってみれば，これは主たる影響力の1つであった。それは，今日における核兵器禁制の基礎，そして，核兵器を持ち出すべきか否か，持ち出すべき時はいつかという議論の基礎となる前例になったのである。もし朝鮮半島において当然のごとく核が使用されていたとしたら——どのように使用され中国がそれにどのように反応したかによって，核使用が決定的であったか否かは左右された可能性がある——，その後の交戦において核兵器が使用されるという予期はかなり大きくなっていたとともに，核兵

154

器が最後の手段であるという伝統の積み上げは小さくなっていた可能性がある。

　実のところ，米国政府は核兵器の使用が好都合ならばいつでも——台湾海峡でも，ヴェトナムでも，中東でも，ベルリン回廊でも——自由にそうしたいと思っていたのであり，軍事的な必要性がなくとも，朝鮮半島において核兵器を意図的に使用するための有力な論拠はあったであろう。朝鮮半島における核使用があったとしたら，核兵器は異なる種別の兵器であるといういかなる感覚も，生じるのが阻まれたり，喪失したりしていたであろう。そして，他のいかなる兵器とも同じように核兵器が自由に使用される前例となり，その後の交戦における革命的な奇襲性と衝撃は減ぜられるとともに，有益であれば核兵器は使用されるという一般的な予期を生じさせていたであろう。前例を作ったという点，核兵器の使用は名目上でなく現実的に大統領の決定事項であることが確認された点，そして核兵器を戦争における抑制の目印にしたという点において，朝鮮戦争そのものが決を与えたのだ。1964 年にジョンソン大統領は「19 年にわたる危険に満ちた年月の中で相手に核エネルギーを解き放った国はない。そうすることはいまや最高レベルの政治決断なのだ」と述べている[16]。19 年ということ自体がそうなっていることの理由の一部をなしているのである。

「究極の制限」

　いくつかの敷居は「究極の制限」——全面戦争に至る前の最後の一線——であるとされてきたが，不可侵というわけではないものもいくつかはあった。もっとも議論の余地があるのは，核と非核を分ける一線である。いかなる東西紛争においてもいったん核兵器が使用されたなら何でもありになると考える者はこれまで多くいた（ソ連の公式声明はこのような考え方を支持してきた）。何人かの者は，核兵器は単に戦争が制御不能に陥る「合図」なのだと考えている。双方がその合図を読み取って抑制を放棄することになり，戦略的な第一撃を加えようとがむしゃらになり，状況は全面戦争の中で文字どおり爆発的になると考えているのだ。また，核兵器がもたらす損害と混乱の大きさ，そして戦争の進展が早くなるがゆえに，ことを制御しようという最大限の努力にもかかわら

---

16) *New York Times*, September 8, 1964, p. 18.

ず制御不能になってしまうと考える者もいるし，軍人は火力と力づくに心酔しており制御を振り切って進んで抑制を忘れ去ってしまうと考える者もいる。一方，深く考えることなく，単に最初に核兵器が使われたときにことは人の手から離れて進んでいくと考える者もいる。

確信が重要である。確信は声明と一致しない可能性がある。制限される核戦争はないというソ連の公式声明は，ソ連の指導者がそのように確信していることを意味しない。あるいは，そう確信していたとしても，もし少数の核兵器が実際に使用された場合に彼らがその確信を瞬く間に変えることはないであろうことは意味しない。効率性という観点から核兵器は砲兵のように使用されるべきであるとかつてアイゼンハワー大統領は言ったが，それは大統領が本当にそう感じていたことを示すものではない。大統領が核実験停止の交渉に前向きであったことは，彼が核兵器の心理的，象徴的な地位に心を動かされていた証である。核と非核の区別というのは感傷的な愚かさであって政治的に邪魔な存在であると考えたり，爆発を内部転換（訳注：高エネルギー準位から低エネルギー準位へ遷移すること）にしたがって区別することに何の合理的根拠もないと考える者でさえ，怒りにまかせて最初の核爆発が起きたときには息を呑むことになろう。それは単なる爆発の規模によっては説明できないことなのである。

だが，やはり確信が重要である。もし最初の核使用があったら事態はより危険になると皆が確信するとともに自分以外のすべての者もそう確信していると予期するとしたら，その確信の依拠するものが何であろうとも，核使用の認可を躊躇し，相手もそうであることを予期することになる。そして，核兵器が使用されたあかつきには，ますますエスカレートする可能性が大きい急速なエスカレーションをただ手をこまねいて待つことになる。すべてのこうした敷居は，事実上，基本的に確信と予期の問題なのである。

これとは異なる「究極の敷居」として何人かの人々の興味を引いてきたことは，米ソ両軍による直接交戦である。二大国が直接組織的な戦闘に突入しない限り戦争は抑制されるかもしれないが，ソ連と米国の戦闘服をまとい命令に基づいて行動している正規軍部隊の歩兵が直接の撃ち合いを始めたなら，それは米ソ間の「全面戦争」なのであり，大規模戦争においてどちらか一方，あるいは双方ともに完全に消耗するか壊滅する以外にとどまることはないであろうと感じている人々も存在してきた。そこに包含される強力な確信がどのようにしてこのことを真理ならしめるかもしれないのかを知ることは困難であるが，このような敷居と抑制の象徴的な特質を証明する興味深い試みであるし，そうす

ることで，戦争が極端に「外交的」な現象として理解されるようになるばかりでなく，人類史上最大の戦争が数世紀前における決闘の流儀を思い出させる時代物の外交として理解されるようになるのではないかと思われる[17]。

17）テイラーが指摘したように，特定の敷居に対する確信は計画策定の過程で具体的になっていって，軍事力や指揮手順に反映されていくことで，より確実で確固たるものになっていく可能性がある。いかなる核戦争も「全面的」になることが不可避，あるいは米ソ両軍部隊間のいかなる交戦も「全面的」になるという十分な確信が政府にあるなら，無視されてきた不測事態に対して不十分な計画や不適切な戦力がおそらく存在するだろう。そうであれば最終的には，敷居を越えることはより危険であり，選択肢はより極端になる。敷居が越えられる可能性は小さいが，越えられる場合は，おそらく大きな跳躍によって越えられることになるだろう。テイラーは，これが米ソ両軍部隊の交戦という敷居であろうことを強く示唆している。また，特定の用語や概念が「公式の定義」の問題となってくる傾向があるとともに，このような定義はその適用において分析的ではなく「法的」である傾向があることも示唆している。

核兵器が使用されるいかなる米ソ間の交戦も「全面戦争」であると公式用語集が謳うことで，「全面戦争」に小規模な交戦も含まれることになって，その定義が拡大されることにはならないし，小規模な核兵器による直接的な交戦が全面戦争を導く可能性が大きいことが単に予知されるわけでもない。むしろ，全面戦争はこうした条件の下で生起することになるということ，そしてそれに反する計画は承認されないかある合意に反しているということを明言する傾向がある。これが，科学的，分析的な定義と，制定法，指令，コミットメント，協定の解釈を適用した定義との根本的な相違である。そして，いかなる一連の「公式の定義」も先入観を抱かせることにならざるをえない理由でもある。Maxwell D. Taylor, *The Uncertain Trumpet* (New York, Harper and Brothers, 1960), pp. 7-10, 38-39.

このことは，米国人やロシア人が自らを戦争状態にあると考えるか，あるいは完全な「戦争状態」ではなくとも相手側に対して戦争を仕掛けていると考えるかによって相違が生じることを否定するものではない。北ヴェトナムの地対空ミサイル基地を爆撃するか否かという問題は，軽微な米国の軍事行動によってロシア人に損耗が生じる可能性があるかどうかという問題であると認識された。その可能性は，そのような爆撃への賛否にかかわる際立った論議を呼び起こした可能性があったものの，どのみち決定的ではなかったのかもしれないが，少なくとも重要な問題として適切に認識されたのであった。それは，文言上は異を唱えられている敷居の「究極の」性質にすぎないのである。ヴェトナムの事例は，敷居の多くは曖昧になる可能性があり，とくに曖昧になることで苦痛が取り除かれる場合にそうであるということを描き出している。地対空ミサイル基地に所在するいかなるロシア人も，おそらく「戦争状態」におかれていなかったし，公式的には所在すらしていなかったのであり，その存在は確認されたというより仮定されたことだった。もし彼らが射撃に関与していたとしても，双方にとっての障害を減じるためにソ連はそれを否定し，反対に「事案」というドラマがもみ消されていた可能性がある。最初の攻撃から数日経過するまで基地が攻撃されたとの公表がどちらの側からもなかったという事実は，事案を希

より多くのコンセンサスがあるに違いない重要な「究極の敷居」は，米ソ間の国境である。「制限戦争」は，近年その意味をいかようにもとれるとしても，一般に，二大国の本土が侵害されない戦争を意味してきた。これには多くの理由があることは疑いないが，先に論じたカルフォルニアに対する攻撃にかかわる原則というのが重要な理由の１つであるのは確かである。それは単に，「ここでないならいったいどこ？」という問いかけである。いったん国境が突破されてしまった場合，どこか止まる場所があるのか。意図している何らかの制限を伝えることができるのか。もう少し侵攻する誘惑に駆られることなく征服できるような国土の一片など存在するのか。もう少し圧迫されたらもう少しだけ受け渡すことを示唆せずに受け渡せるような国土の一片など存在するのか。

　認識可能な意図が重要であろう。ソ連軍部隊が暴動に乗じてイランに侵入し，トルコ，あるいは米国の軍隊が巻き込まれたとしよう。ソ連の航空機は北コーカサス地方の基地から作戦を遂行する可能性があり，それに対して米国が爆撃機や場合によってはミサイルでその基地を攻撃するというのがありうる反応であろう。象徴的な損害以上のものを付与するためには，ミサイルに核弾頭を搭載する必要があるだろうが，それは小型で，フォールアウト（訳注：放射性物質の拡散）を避けるために十分な高度で爆発させ，人口密集地から離れた飛行場に限定できる可能性がある。そして，これが局地戦域の延長としてのトランスコーカサスに限定された行動だったことをソ連政府にはっきりわからせることが容易にできる可能性もある。

　これがリスク含みの行動であろうことは疑いない。軍事的効果はあるかもしれないしそうでないかもしれない。また，これに「相応する」何らかのソ連の航空攻撃——おそらくペルシャ湾やインド洋上にある米国艦船やトルコの航空基地も含めた軍事目標に限定された核攻撃も含まれるであろう——が行われるかもしれないしそうでないかもしれない。たとえ戦争が制限されたままであったとしても，もし交戦によっていずれかの側が戦術的優位を獲得するようなことがあったとしたらそれはどちら側なのかは，なおも分析されるべきであろう。だが，ここでわれわれが問題としているのは，米国によるソ連本土に対する航空攻撃やミサイル攻撃が全面戦争やそれに類することを意味するのが必然的なのかということだ。

　釈するとともにより偶発的なものとする結果につながった。

その可能性はある。ソ連が，本土攻撃を許容できない侮辱行為であると考えたり，自ら全面戦争によってこの挑戦に応じないことが救いようのない弱さであると相手にとられると認識したりするならその可能性はあるのだ。一方米国は，いったん瀬戸際に追いやられたソ連がそれ以上何かすることに前向きでないことを知れば，局地的に好都合なら一方的に核を使用することを期しつつ，いつでもソ連領に侵攻してますます傲慢で威嚇的になるであろう。あるいは，ソ連が，自ら主動性を保持するのを見据えつつ，その帰結がとどまるところを知らないスパイラルであると予見しつつも何らかの劇的な復仇を遂行せざるをえなかったとしても，米国がそのように行動する可能性がある。さらにまた，いかなる核攻撃も全面戦争であると自動的に見なす計画を有するソ連が，局地的な核攻撃と包括的な核攻撃とを区別できずに反射的に反応する，つまり問題を「自動的」なプロセスに関連付けたとしても全面戦争に突入する可能性がある。最後に，たとえソ連が穏健な方法で反応したとしても，ことが制御できなくなる可能性がある。したがって，ソ連の即座の反応によっても，行動の累積によっても，全面戦争に突入する可能性はあるのだ。

　しかしながら，全面戦争に発展しない可能性もある。つまり，ソ連が全面戦争を望むかそれが不可避に違いないと考える場合にしか全面戦争に発展しないということだ。だが，全面戦争の合図であると両者が考える前提条件に米国の行動そのものが抵触しているという理由しかないのなら，ソ連は全面戦争の不可避性を信じる必要はない。米政府は，仮に全面戦争に発展させることを意図しているなら，そのようなことはきっとしないであろうし，それゆえに，ソ連政府が全面戦争に発展すると感じるなどとは予期しないに違いない。たしかに，それは侮辱行為であり，挑戦であり，示威行為であり，ソ連の無欠性を貶める行為である。だが同時にそれは，ソ連の航空機がたまたま前進基地ではなく国内の基地から作戦行動を行っているという局地戦における戦術行動なのである。ソ連が屈従していると見られることなく全面戦争にならないような何かで反応できるかどうかは解釈の問題であるが，米国に対して全面戦争で反応する場合の途方もない代価を考慮すれば，米国の行動は全面的な反応を余儀なくさせるものではないと解釈しようとする誘因が双方に強く働くはずである[18]。

18）米ソ間には重要な地理的な非対称性がある。局地戦のソ連の領土への「漏出」というこの仮説と同じようなことは，西半球では，仮にあるとしてもほとんどありそうにない。象徴的見地からは，ソヴィエト国境は米海岸線とほとんど同じくらい劇的な「最終阻止地点」であるように見えるかもしれないが，技術的・理論的見地からは，米国はもっとも可

1962 年のマクナマラ長官の政策は，本土に対する大規模な軍事行動に際してなおも意識的に都市を避ける可能性があることをさらに踏み込んで示唆してさえいる。これは，大規模戦争というとてつもない緊急事態において，本土は「オール・オア・ナッシング」の存在たりえないことを提議したものであった。マクナマラの宣言によれば，軍事施設に対する大規模攻撃でさえも，純粋な破壊の無差別競争の水門破壊という戦争の最終的かつ究極的な段階であると考える必要はない。マクナマラは，それまでの公式的な議論においてなされていたものよりはるかに大規模で暴力的な「制限戦争」について語っていたのだったが，原理は同じであった。マクナマラが異を唱えていたのは，抑制は小規模戦争だけに付随する——発生する可能性のあるすべての戦争の中でもっとも大規模で抑制なしに戦われる戦争との間に隔たりや不連続性がある——という考え方だった。マクナマラが提唱したことは，抑制はいかなる規模の戦争においても意味を持つ可能性があるということ，そして，抑制された小規模な戦争と混じり気のない暴力というはなはだしい狂乱をその間に何もおかずに区別する伝統的な考え方は，理論的に必要でないし，実のところ間違っており危険だということだった。

　しかしながら，マクナマラ長官でさえ，現代戦における最後の砦，つまり無目的な相互破壊に至る前の最後の敷居を都市の境界に見出せるかどうかという問題を残したままにした。都市がかの最後のカテゴリー，つまりオール・オア・ナッシングの攻撃目標リストに載るか否か，そして抑制の相互作用においてまさに最後に起こりうることが都市を完全に回避することなのかどうかを，マクナマラのスピーチや公の証言（あるいはマクナマラ長官の政策に共鳴するカウフマンによる解説[19]）から断定することはできない。たしかに，おそらく都市は温存されることになる「新戦略」について公然とおおいに議論されているところでは，核兵器がその先に線引きすることはできない質的に究極的な停止地点として多くの人々によって扱われたごとく都市も扱われている。

　しかしながら，都市は軍事施設と区別されうるし戦争中もそれらの間の境界を認めうるだろうというマクナマラの主張を真面目にとることに意味があるの

　能性のある局地戦——とくに陸戦——の脅威からより離れているのであり，戦争のいかなる米国領土への波及もより不連続な事態の急転となるであろう（1962 年にキューバ危機がカリブ海戦争になっていたとしたら，もっともありうる地理的波及はフロリダ空軍基地に及んでいた可能性がある）。

19)　William W. Kaufmann, *The McNamara Strategy* (New York, Harper and Row, 1964).

だとすれば，その前提で行動して，たとえ1つか数個の都市が怒りにまかせて（または，軽率にも，不注意にも，正確性に欠けたために，あるいは誰かが協力をしくじったために）攻撃されてしまったとしても，いまだ何らかの抑止が働いて双方に存在する攻撃目標が完全に尽き果てる手前で戦争が終結するかどうかを問うことにも同じく意味があることになる。

　核戦争の進行速度は，いったん1つでも都市が攻撃されたなら敵との何らかの関係を維持することへの期待や見込みを人々から奪うくらい速いものであるのは明らかである。仮に都市が無制限に破壊される可能性があったとしても，破壊速度が1週間に1都市，1日に1都市，あるいは1時間に1都市ですら越えないのであれば，双方が弾を撃ち尽くすか都市を攻撃し尽くしてしまう前に戦争が終結する可能性に無視を決め込むことは誰もできないだろう。敵が降伏するか折り合いをつけるかして，何らかの休戦が成立する可能性はあるのだ。戦争を引き起こしたそもそもの問題はなおも何らかの注意を引きつけているかもしれない。なおも生存している数百万の人々の生き死には交渉と戦争のゆくえにかかっているという事実を国家指導者は無視できないだろう。いかなる国家指導者も，責任を負っていると実感できる国家と人々が存在する限り，職を辞し，単にダイヤルを「自動」に合わせ，戦争を成り行きにまかせようなどと考えることはないだろう。そして，敵の振る舞いが「自動的に進め」という決定によって永続的に固定化されるのが不可避であるとは誰も考えないだろう。

　しかしながら，進行の速さというものは，いったん1つでも都市が攻撃されたと見なされた後は欠席裁判になることが広く想定されていることの唯一の理由ではない可能性がある。おそらく無分別というのも理由の1つであろう。もし政府が本土戦争，つまり核兵器によって大陸間で戦われる戦争でさえ，境界内にとどまり，都市がすべて意図的に破壊されることはないかもしれないということに気づくのに何年もかかるのだとしたら，その次のことが問われるまでにより多くの時間を要するだけのことなのかもしれないのだ。

　戦争におけるこうしたいかなる制限にもそれを扱う上でのジレンマがある。もっとも強力な制限，もっともアピールする制限，そして戦時においてもっとも看取しうる可能性のある制限とは，明白性と単純性を兼ね備え，程度の問題ではない本質性があり，認識可能な境界を提供するものである。事実，
いかなる停止地点でも，それを支持する議論の肝は前述した「ここでないならいったいどこ？」という問いである。もし共有（participation）のすべての形や程度が差別化されていないスケールにおいてない交ぜになるのなら，米兵が

161

鴨緑江で停止することも，中国兵が海岸線で停止することもないし，他のいか
なる著名な境界も認識され看取されることはないだろう。何らかの明確な防火
帯や敷居が存在することが戦争の制限のためになっていることは疑いない。核
兵器の使用を50個に制限するのはおそらくゼロに制限するのと同じくらいた
やすいだろう，ヒトラーは微量のガスなら使えただろう，あるいは南ヴェトナ
ムにおける中国の2個師団の分析をその帰属国という劇的要素ではなく勢力上
の意義の観点のみから行うこともできただろう，などと主張すれば，潜在する
もっとも重要な制限を脅かすことになる。都市を攻撃することと都市を攻撃し
ないことを切り離す劇的な敷居が存在するのかもしれないのであり，3番目，
あるいは13番目，あるいは30番目の都市でやめることはたやすいと主張すれ
ば，ゼロというさらに有望な境界から逸れてしまうのだ。

　この問題についての公での議論の仕方が，いったん少数の都市が破壊されて
しまってから実際に戦争が封じ込められる可能性があるのかという問いの答え
をある程度決定付けることになるということを想起すべきである。肝心なの
は，戦争はなおも抑制される可能性があるとの認識を互いに信じるか，さもな
くば最初の都市攻撃は抑制放棄の最終的な証であるという諦念を互いに信じる
かどうか，ということであろう。それは，双方が少数の都市と多くの都市を区
別するとともにその区別の実行を制御するための戦力造成や情報源に問題を抱
えてきたかどうかということにも依拠する可能性がある。そしてそれは，「都
市」のカテゴリーの範囲内において，すべては程度の問題に過ぎないのかどう
か，さもなくば，停止地点を見出す助けとなる下位分類やパターン，または在
来の境界が存在するのかどうか，ということに依拠するだろう。明確な停止地
点なしで止まるのは困難であり，何らかのものを探すのはおそらく重要なこと
だろう。制限の他のあらゆる形態，つまり何らかのパターンや反応のタイミン
グも，進行速度を遅らせたり，戦争終結をもたらすのに前向きであることを伝
えたり，脅しを温存したままにしておく助けになるかもしれない。

　しかしながら，都市の境界はそれほど明確ではない可能性があるゆえ，核と
在来兵器を区別する主張のほうが，都市に明確な線引きをする主張よりも有力
である。予期に際しても，交戦中も，核兵器と在来兵器の区別がぼやけない可
能性は十分にある。戦争において最初に核兵器を使用するのが米国であろうと
ソ連であろうとあるいは他の国であろうと，おそらく，その次に核兵器が使用
されるときにわれわれはそのことを思い知ることになるし，敵もそうである。
だが，「都市」と他の土地を分ける線や，実際に都市は意図的に破壊されたと

162

いう認識は，それほど明確ではなさそうである（どれくらい大きな町が「都市」なのか。都市の軍事施設「部分」は都市にどれくらい近接しているのか。弾道が逸れて都市を攻撃してしまう誤りは，都市が戦争対象になっていると結論付けられるまでに何回許されるのかなど）。それは，ことが起きてから明確な線を維持するかそれとも質的な限界を強調して線をぼやかすかという選択の問題ではない。そのような明確な線は存在しないのであり，いったん都市が痛めつけられ始めたなら，おそらく規模的な限界の問題は，そもそも都市でとどまるかどうかと同じような問題となるだろう。それは，戦争における雑音と混乱のなか，意図的な「事態の急転」を知らせる明白な警鐘に頼ることなく抑制的な判断を下すことを意味するのである。

このような問いはマクナマラ長官によって明確に提起されておらず，そのことがかえって暗黙のうちに否定的な答えを与えているように見えるのかもしれない。その答えは欠席裁判で出せるはずもなく，最初の都市攻撃（明確な「最初」があるのだとしたら）が残りの都市も灰と化す可能性を大きく引き上げると誰もが論じることができる（命令に基づいて行動するソ連兵に撃たれた最初の米兵が全面戦争の合図になる可能性があると論じることができるのとちょうど同じである）一方，それを当然のこととしなければならないくらい悲惨な結末が免れがたい，あるいはさもそうであるがごとく扱うことによってまぎれもなく不可避にしてしまうくらい悲惨な結末はほぼ避けられないことを示唆しているわけではない。

戦場の戦争，リスクの戦争，そして苦痛と破壊の戦争

この 10 年間，米国人の制限戦争についての考え方は，朝鮮半島での経験と欧州における危険に著しく左右された。朝鮮戦争は，瀬戸際政策の競い合いや市民に戦慄や損害を強いる戦争ではなく，主として軍事交戦であった。欧州におけるいかなる戦争もおおかた同じようなもの——戦場に適用される力と技術，つまり人的勢力，火力，戦術的奇襲，集中，そして機動によって結果が決せられるであろう軍事交戦——になると予期された。一方，欧州戦争は朝鮮戦争のようには長引かないものの全面戦争への突入が迫り来ること，そして何であれ双方が自らに課す可能性がある領土，兵器，あるいは帰属国における制限の範囲内で戦われることが予期された。

キューバ危機は，「制限戦争」というきわめて異質な種概念への展望をもた

らしたが，単に展望をもたらしたということ以上に，おそらく，実際に一発も
弾が撃たれなかった新たな種概念の実例として解釈されたはずである。この新
たな種概念は，リスク・テイキングの競い合いであり，軍事交戦があったりな
かったりするが，実際の軍事力での競い合いよりもリスクの扱いによって結果
が決まる軍事外交の策略である。ヴェトナム戦争では，外交的対立の緊張感の
なかにではなく，実際の戦争という喧騒の中に再び瀬戸際政策が持ち込まれる
ことになった。意図しない戦争拡大という脅しには，破壊や軍事占領——ある
いは中国の介入でさえも——が独立を含め自ら築き上げた多くのことを犠牲に
する可能性がある大規模戦争というリスクを北ヴェトナムに提起する目的があ
ったのと同じく，参戦の可否や要領にかかわる決定を無理強いするために中国
人とロシア人を脅迫する目的があったのは明らかである。同じように，ロシア
人か中国人を巻き込んだ何らかの事案が起きるリスクによって米国に対する無
理強いを期しうるのも明らかである。双方にとって苦痛となる結果を伴うこう
した拡大のリスクは，双方の戦略に組み込まれないことはまずなかったであろ
うくらい広く認知されていた。

　しかしながら，ヴェトナム戦争によって新たな要素が持ち込まれた。それ
は，東西対立の埒外にあるアルジェリア，パレスチナ，その他の地域にとって
はそうでないかもしれないが，米国にとっては新しいことだった。それは，傷
めつける力の直接的な行使という要素であり，譲歩や妥協，あるいは限定的な
降伏よりも魅力的ではない，局地戦争に相応する価値以上の損失が蓄積される
見込みを敵にもたらすことを意図した強制圧力として適用されるものであっ
た。

　これまでのところそれは制限戦争における第3の種概念であり，かかる含意
の戦略分野での探求は比較的おろそかにされてきた。同じ理由により，米政府
内においてさえその探求は比較的おろそかにされてきた可能性があると考えて
よいだろう。東南アジアでの経験によって，この種の戦争についての再考と分
析が促されるとともに，戦闘，在来兵器と核の敷居，領土，帰属国，その他に
おける制限を律するお馴染みの議論や処方箋にいくぶん類似する論争や処方箋
の提案が懲罰的戦争の場にもたらされることになるのはおそらく間違いない。

　先に論じたとおり，お馴染みの制限——仮想の戦争における仮想的な制限，
あるいは朝鮮戦争における実際の制限——は，たいてい二者択一という静的な
特質を有しており，程度ではなく型式や種別といった問題になる傾向がある。
こうした種別は，どちらかと言えば恣意的に決められる可能性がある一方，線

引される必要性があるという主たる理由から，何か信頼できそうだし要領も得ている。そしてそれは看取されうる。なぜなら，一方または双方が，ルール破りのイニシアチブをとるよりもむしろ限定的な敗北や戦術的勝利に少々及ばない何らかの結果を受け入れるのをよしとして，そうした相手側の意思を強固にするような方法で行動する覚悟ができている可能性があるからだ。制限がいったん破られてしまったら，紛争拡大をくい止めることができる時間内に見出されて相互に認識されうるいかなる新たな制限も保証されないがゆえ，このような制限は尊重される可能性がある。特定の行為形態が制限の範囲内にも制限外にも認識されうるという法解釈的な特性をこのような制限は有している傾向がある。いくぶん合法性に欠けるが制限を越えることが許されなかったり，いくぶん合法性に欠けていたのが規模と強度の増加に伴って合法性が漸次さらに減ぜられていったりするのである。

　このことによって，交戦国，兵器，攻撃目標の類型や領地の格付けといったものによって制限される戦争ではなく，「段階的戦争（degree war）」というものがありうるのかという重要な問題が生じる。互いに相手側の試みの強度に注目し，それを規模の観点から判定し，相手側の強度の増加に対しては，不連続に一足飛びしたり，ある天然の差異に相応するすべての類別を受け入れたりすることなく，純粋に程度の観点から順応して，少しだけ部隊，攻撃目標，兵器を追加するという強度の増加で応じる可能性はあるのか。それとも，いかなる形態の戦争もいったん始まったなら，次の天然の制限まで，つまり戦いの質を変える新たな決定を必要とするところまで強度が増大する傾向があるのか。

復仇と越境追撃

　戦闘における質的制限と強制的な暴力の量的な適用の間にある境界上のどこかに存在する特別なケースが2つある。1つは復仇であり，もう1つは「越境追撃（hot pursuit）」によって描写される。「復仇」という用語は，反応，応酬，仕返し，あるいは応答の類といった意味を内包するとともに，代償的行為やルール破りへの何らかの懲罰を暗示している。トンキン湾における軍港爆撃はこのような性格を有している。それは，慣例にない行為に対する慣例のない行為による反応だったのであり，原因と結果，罪と罰，そして違反と応報という時間的に連結する意図的な2つの行為であった。少なくとも名目上，復仇は単独の違反行為に関連するものであり，内在する継続的な紛争には関連しな

い。もちろん動機と意図はより野心的でありうる。その目的は，反復を思いとどまらせるというのではなく，はるかに大きな脅しを伝えるという決意や激しさの誇示にもなりうるのだ。脅しを行き渡らせる手段として復仇を行うための口実を期待することさえできるが，復仇には認識しうる行為との間に直接的な連結が存在することが多い。そして，時間的な関連を持たせることで，その特定の行動がある境界を越えたこと，慣例的な境界を越えるかもしれない反応をも呼び起こしたこと，そしてその事案は終結させうるということを伝えようとしているのだ。もちろん，復仇が最後の決を巡ってのスパイラルに陥る可能性があるし，復仇の応酬がそもそもの事案と切り離されてしまうくらい長引いてしまい，強制戦争の性格，あるいは決定的対決の性格すら帯びる可能性もある。その場合でさえ，それぞれの行為をそれに先立つ行為に適合させることで，復仇における時間的連結の傾向が維持される可能性がある。復仇は，単にその紛争の遂行において容認された方法からの何らか逸脱を罰するだけでなくそもそもの紛争の解決をも目指している強制戦争の持続する圧力とは違うのである。たいてい復仇は，戦闘の範囲そのものを拡大するごとくには作用せず，質的な制限が破られないように規制するごとく作用するのだ。

　一方，越境追撃によっていくぶん異なる機能が示される。越境追撃においては，境界線を越えて追跡して相手側の領土に入り込んで，その拠点にまでも戦闘が及ぶ可能性がある。これは，復仇がそうであるように，独立的な事象であり，相手側が始めた何らかの行為に連結している。宣戦布告を伴う敵の領土や拠点に対する公然の戦争ではないし，越境追撃者に対してたちどころに脆弱になるくらい領土や拠点が突破されることはないという意味において「独立的」なのだ。越境追撃における考え方は，おそらく一度限りではなく繰り返されるであろう——まさにそうなのだが——というもの，そして侵入は新たな戦域を開くものではないというものであるように思われる。「越境追撃」を発言によって追認する目的は，単にその口実を探すためではなくわが方の限定的な意図を明らかにすること，つまりそれがそれまであった何らかの制約をすべて放棄するものではなくゲームのルールの下での許容される逸脱であるということを敵に認識させることである。

　そして，越境追撃はゲームのルールの一部を占めるようにさえなる。越境追撃は「復仇」とは異なると見られるのはこのことによる。越境追撃は慣例になりうるのだ。追撃者と交戦になることはおそらく標準的な代償となるだろう。越境追撃は，敵のルール破りに報いて行う慣例破りではなく，新たな慣例にな

りうるのだ。そして越境追撃は，行動や攻撃目標や領土のタイプではなく敵の行動との関連性によって定められる「制約」という性格を有している。それは，誘因や機会に照らして定まる質的な制約であるが，結果的に，いくぶん量的な制約のための処方箋のようなものにもなる。

越境追撃はたいてい交戦の文脈で考察されるが，復仇は，その攻撃目標はおそらく軍事的なものであろうが，懲罰と脅しの要素をより多く有している。一方，越境追撃も復仇も，1965年2月に始まったヴェトナム北爆という連続的な強制戦争の類とは異なる。北爆は，独立的な事象ではなく爆撃作戦だったのであり，北ヴェトナムのいかなる特定の行為に対する反応でもなく，すでに行われている戦争の刷新であり，北ヴェトナム側の戦争の代価を増大させて折り合いをつける気にさせようとする試みだったのである。

強 制 戦 争

そもそも戦争における制限に質的な傾向があるのか，それとも程度の問題でありうるのかという理論上の疑問によって，1965年2月の北爆開始の意外な妥当性が措定された。この疑問に迫ることは，朝鮮戦争がいかなる類の紛争であったのかにつき自ら思い起こす助けとなる。朝鮮戦争はほぼもっぱら戦場における戦いだった。兵士が殺傷され戦費が投じられるという以外には，第1章で論じた類の痛めつける力を強制手段として行使することはほとんどなかったのである。民間に対する殺戮や破壊は，局部的には衝撃的であったが，戦場での戦い——敵部隊の打倒と攻略，領土の部分的征服，補給品や軍事施設の破壊——に付随するものだった。いずれの側の主たる軍事戦略も局部的な民間の損害をどれくらい付与できるか，そしてその損害に鑑みて軍事目標を放棄して戦争を終結させる意味があるか否かということに関連するものではなかった。主たる痛めつける力は予備として温存されたのであり，中国に対して核爆弾を使用する米国の能力，米国を痛めつけたり西欧を脅したりするソ連の能力，そして爆撃の脅しによって日本に何かを無理強いするソ連や中国のいかなる能力も潜在したままだった。たしかに痛めつける力は，一方的な拡大を抑止するとともに米ソ間の直接交戦を遠ざけることで，戦争の境界を規制した。痛めつける力，そして逆に痛めつけられることへの感受性は，朝鮮戦争を遂行する上で意図的に用いられることなく，戦争の領域を制限したのである。

ヴェトナム北爆と対比してみよう。北爆は，もっぱらヴェトコンの補給路を

断つために計画された全面的な阻止作戦ではなかった。もし阻止作戦だったとしたら，当初は大規模な爆撃をしなかったことの説明がつかない。北爆は，無理強いの意図が隠されたもっともらしい手段だったのであり，振る舞いを改めるまで敵に明らかな価値の喪失を与えることを意図していた——少なくともそうした意図が含まれていた——のは明らかだった。北爆は北ヴェトナム政府に圧力を加える手段として広く議論され，時として米政府もそのように説明した。そして，産業機構への爆撃拡大が議論されたとき，それは主として敵の戦争努力を鈍らせる文脈ではなく，折り合ってこない対価を増大させる文脈での議論だった。折々の兆候や爆撃が条件付きで中断したという実例は，北爆が交渉的な性格を有している証である。南での爆撃とは対照的に，北爆の成果は，北ヴェトナムの屈従，和解，撤退，あるいは交渉への前向きな意思に求められるべき（中共の参戦という不測事態におけるパターンの確立にも，そしておそらくは事態への警告にも，求められるべき）ものだった。

　それでもなお，北爆は類型内にとどまろうとする傾向を見せていた（識別された制限，すなわち類型のいくつかはやるべきことの不履行から生じた可能性がある。もし当初の攻撃目標選定において特定の地域や目標のタイプを包括的に除外する理由が，容易性，攻撃能力の一時的不足，あるいはその他交渉過程にとって枝葉末節的なものであったとしても，このような除外がなされたと単に認識されることによって，当初からしばしば行われていたなら注目されなかったであろう行動が劇的なものになってしまう「前例」を生む可能性があるのだ）。ハノイという都市は南北を分ける線の地位をいくぶん獲得した。ハノイ北方地域への爆撃は自ら課した抑制から外れるものとして認識されたのだ。だが，いったんハノイ市の北側に爆弾が投下された後も，それまで除外されていた有効な目標に対する攻撃が可能になったと突然宣言されたにもかかわらず，爆撃が急にそこに集中することはなかった。爆撃は，軍事的な試みに資するのと同じくらい交渉に資するべく，なおも限定された強制的な懲罰の形をとっており，軍事的な動きであるのと同じくらい外交的な動きだったのだ。もっぱら軍事的な交戦——「戦場」での交戦——では戦力投入が規則的に行われるといった傾向はないが，強制戦争ではそうしたやり方をもって漸次遂行されていくことがありうるという示唆がここにはある。一方の側が相手側を痛めつけることができるとき——おそらく相互に痛めつけることができるときも——，そのプロセスはより緩やかで慎重なものとなり，凝縮されていない可能性がある。

　これは２つのことに由来している可能性がある。第１に，痛めつけることは

直接役に立つのではなく，間接的にしか作用しえないということである。強制は，すでにこうむった損害よりもいまだ生起していないことへの脅しに依拠しているのであり，戦闘ではなく外交の進展速度が行動を規定するであろう。そして外交はゆっくり進展することを要しない可能性がある一方で，損害を与えうる未使用の壮大な能力は温存される必要がある。敵にショックを与えて突然の降伏に追い込むことが目標でない限り，軍事行動によって持続的な脅しが伝えられなければならない。その上，「強要」作戦では，敵が要求に応じるまでに時間がかかる。その決心は政治的・官僚的な再調整に依拠する。とくに，過度に服従的であると見られないような屈従の態様を整えるのには時間がかかるかもしれず，ゆえに外交によって進行速度が適度に規定される可能性があるのだ。

　第2に，民間に損害を付与する作戦は，双方向で遂行されているときでさえ，叩かれる前に叩いたり卓越した戦闘力を集中したりすることが重要な局地的な力の競い合いには必ずしもならないということである。交戦においては，予備戦力を長く温存しすぎたり逐次投入したりすれば，奇襲，集中，そして確実な適時の予備戦力投入の利はたいてい無効になり，おそらく破滅的である。だが，民間に損害を付与する作戦は，多くの場合比較的競合せず，時間の経過とともに効果を特段減衰させることなく引き伸ばしたり拡大させたりすることができる。圧倒的な防御や機先を制する敵の増援がない限り，おそらく拙速に価値を生むことはないだろう。

　したがって，そのような作戦の烈度を制限することによって，軍事的効果は大きく減ぜられずに外交的効果が得られる可能性がある。そしてもし双方が互いに手痛い復仇を行うことができるなら，互いの損害を最大化することを自然に躊躇する可能性がある。

　過去10年間の制限戦争の議論においてわれわれのほとんどが思い浮かべてきた戦争は，相手に対していまだ使用していない力や暴力によって，双方の側が戦争中にいくぶん抑止されるような戦争であった。つまり，単に一方の側に十分な利害がないゆえ，あるいは全面戦争と見るには一方の側が弱小すぎるゆえに制限された戦争について，あるいは一方あるいは双方の側が人道的配慮によって抑制された戦争についてですら考えていなかったということだ。われわれは主として，何らかの持続的な相互抑止を包含する戦争や，戦力追加投入の不確約，他の領地や目標への不拡大についての何らかの暗黙または明白な理解を包含する戦争について話してきた。この相互抑止すなわち相互性，そして条

件付きの保留すなわち節制は重要——これまで強調されたのが当然なくらい重要——である。だが強制戦争においては，たとえ敵によるエスカレーションの可能性に直面していなくてもすべての戦力使用を確約しないことや破壊できるかもしれないすべての攻撃目標を破壊しないことには，他にも重要な理由がある。その理由は，目的が敵の振る舞いを良くすることにあるからという単純なものだ。

　何者かに対してさらなる暴力の脅しを用いるには，何かを温存すること，そして敵が失う何かをいまだ持っていることが必要とされる。これが，完全に制御不能な報復にならない限り，強制戦争は抑制的な傾向を示すことになるように思われる理由である。強制戦争の目的は，よい振る舞いを引き出す，あるいは過ちを断ち切るのを余儀なくさせることであって，対象をすべて破壊することではない。このことは，たとえ敵が復仇の脅しや報復のための損害付与の構えを見せていなくとも，そしてたとえ懲罰的戦争の代価を払う必要がなかったとしても，真理であろう。

　私は，北ヴェトナムに対する強制的な作戦とヴェトコンに対するより単刀直入な軍事作戦を区別してきた。だが，もしこうむった損失を許容できないがゆえに最終的にヴェトコンが屈するなら，後者の作戦も彼ら自身あるいは彼らの支援者に対して実質上「強制的」だったことが証明されることになる。もし膨大な死傷者数，指揮官の喪失，あるいは補給の途絶がゆえに最終的に彼らが屈するか従順になるなら，私の分類では，それは強制型の戦争ではなく「戦場」における戦争である。それはすべて同じ戦争であると主張する者がいるなら，それは，2つの型は同じ戦争において混じりうるが，それでもなお，区別できるしそうする価値があるということを意味しているに過ぎない。アルジェリアにおいて劇的にそうだったのと同じく，一方の側が強制的でテロのような戦争を戦い，相手側はこれに強制性ではなく力で対抗する可能性があるということを南ヴェトナムは描き出してきた。アルジェリアもまた，戦場での戦いが無益であることが判明し，テロリストのような敵を力で武装解除したり，封じ込めたり，撃退できないときに，当初は力での行動を試みた軍が恐怖そのものに訴える可能性があることを示した。そして，お返しに強制的なテロに頼れば，品位を落とすばかりでなく，それが意図する目的に矛盾するということが立証される可能性があることをアルジェリアは示したのだ。北ヴェトナムは，強制戦争は人間以外の敵が価値をおくものに指向されるという重大な可能性を示唆している。政府を無理強いしようとするとき，決定的に重要なのは，人間そのも

のではなく，民間（非軍事）目標と民間人そのものを区別することなのである。

強制戦争と強要

　強制戦争がわれわれの理論的な議論と軍事計画の中であまり描かれてこなかった理由の1つは，われわれの主たる関心が「抑止」であったこと，そして抑止が比較的単純であるということにあった。たしかに，抑止は，われわれの目的の一部であったし，われわれの公式用語において「戦争」や「軍事」が「防衛」に置き換えられてきたように，より広範な強制の概念における婉曲語法の一部であった。そのことによって抑止と第2章において私が「強要」と呼称しなければならなかったこととの真の相違——誰かに何もしないように仕向けるのか，あるいは何かをさせるのかという違い——を認識することからわれわれが遠ざけられているのであれば，それは適用が制約される婉曲語法である。

　米国が北ヴェトナムでのめり込んでいったのは強要である。米国は，北ヴェトナム政権に何かするように（たとえそれが現に行っていることをやめさせるだけだったとしても）仕向けようと奮闘していたのであって，それは抑止とは違う。「強要」というものは，なぜ強制が単に口による脅しではなく損害の付与という形をとるのかを説明する助けとなる。最初の第一歩は米国次第だったのだから，米国は段階的に行うことで脅しを伝えていたことになる。強要はまた，なぜこの種の作戦がある期間温存されたり強度が分散されたりする——報復的な抑止の脅しにおいてはたいていそのようなことはない——必要があるのかを説明する助けになる。そしてそれによって，相手側において責任を有しているのは誰なのか，その者が大切にしていることは何なのか，その者がわれわれに対して何をなすことができ，そうするのにどれくらい時間を要するのかといったことを知るのが重要なのはなぜなのかが説明される。また，われわれが持つ選択肢が実行困難なものである——われわれの欲していることをその者が理解できる明快な選択肢か，その者が屈従する際に過度に屈辱的でないと思わせないような曖昧な選択肢のいずれかしかない——のはなぜなのかが説明される。強要は，強制戦争と同じく，米国にとってヴェトナムにおける新たなもくろみであった。それ以前の概念から進展した強要と強制戦争というものが，時と場所を同じくして相互に連関したのは偶然ではなかったのだ。

　これは，どちらかといえば特別な状況の下で試みられた新たな進展であった。第1に，爆撃自体は一方的であった。北ヴェトナムにはいかなる対応も同

様の軍事的手段をもって行いうる能力はなかった。もし双方が互いに反応しない中で同様の作戦を同期させながら行うことができるなら，かかる戦争はどのように進行する可能性があるのだろうか。第2に，ヴェトコンはすでに敵国の軍事要員と同様に民間人に対しても脅迫というテロの手法を用いていたし，戦争は決して単刀直入な交戦に限定されていなかった。第3に，核兵器は使用されなかった。民間の破壊に格段に適しているがその相互使用がもっとも急速に進展して制御不能になるかもしれない兵器は，戦争にかかわらなかったのだ。

　実のところ，核兵器のこのような役割が考慮されていたことを暗示するものはない。だがもちろん，仮に敵が北ヴェトナムではなく中国であったならそれは考慮されるべきであろうし，より強大な相手に対する核兵器のより大きな効果がゆえに，そしてはるかに深刻な戦争になる可能性があるがゆえに考慮されるであろうことは疑いない。

　抑止はわれわれの主たる務めであり続け，強要は例外であり続けることになるが，実際の戦争に関しては，歴史的に抑止と強要が混合していたということは，われわれが期さねばならないことをほぼ表している可能性がある。大雑把に言ってわれわれには，戦場における制限戦争の経験が1つ（朝鮮），リスク・テイキング競争の経験がいくつか（ベルリンとキューバ），そして北ヴェトナムという強制型の暴力の事例が1つある。おそらくヴェトナム戦争が朝鮮戦争と同じくらい「典型的な」制限戦争であろうことを認識した後で，新たに強調されるこうした観点から世界の他の地域を振り返って眺めるのが賢明だろう。もし欧州で戦争が勃発するなら，それはキューバ危機のようなリスク・テイキング競争やヴェトナム戦争のような強制型の作戦ではなく，朝鮮戦争のような戦場における力の試し合いになるであろうと考えるべきいかなる理由も私には認識できない。欧州に関しては，核兵器がより大きく関連しているがゆえに，瀬戸際政策や強制型の民間への損害付与がより強く強調されるかもしれないのである。ヴェトナム戦争はこのことを深刻に捉えるための前例を提供したのだ。

強制核戦争

　欧州における強制戦争——戦闘様相の質的制限のみならず民間破壊という限定的な強制型の作戦を含む——の妥当性は精査される必要がある。ここに，核兵器は深刻な戦争において使用されるだろうという広い期待はその構図を実質

的に変える可能性がある。もし欧州での制限戦争を遂行するための戦略が朝鮮戦争の経験によって方向付けられてきたとしたら，そして強制戦争あるいは復仇戦争の可能性がやるべきことの不履行によって排除されてきたとしたら，欧州での強制戦争が実際に生起する戦争の形態になる可能性があるのかどうかは精査されてしかるべきである。戦闘から強制へ焦点を移行させる選択肢を持っている側は，戦争が首尾よく運ばなければそうする可能性があるということをヴェトナム戦争は示唆していない。核兵器によってそうすることは，これまでにないはるかに大きな危険になるかもしれないが，同時に，敵にとってはより効力があるように見えるかもしれない。そうだとすれば，欧州での核戦略を考察する際にわれわれは，核戦争が戦場における力の試し合いの性格を維持せずに，強制型の作戦へと変質する（あるいは乗り越えていく）のかどうかを考えるべきである。

　核兵器は苦痛と損害と恐怖を創出するのに格別に適しているがゆえに，もしそれが用いられるとしたら，故意であろうとなかろうと，痛めつけ，脅迫し，無理強いするために使われるであろうといった何らかの前提が存在する。

　もし中国や北朝鮮が再び韓国を攻撃するなら，また，ソ連が西欧やイランを攻撃するなら，あるいは中国がインドを攻撃するなら，力で対抗する必要はないかもしれないという提案が時としてなされてきた。小規模な暴力によって目的が達成される可能性があるというのだ。ある都市を打ちのめしてやめろという。それでやめなければ他の都市を1つ打ちのめす。そしてやめるまでそれを繰り返す。私の知る最新の提案は，シラードによるもので，もっとも刺激的である。シラードは，嬉々として，その考えを驚くほど純粋な型に当てはめた。1955年にシラードは，もし米国が防衛にコミットした国がソ連に侵攻されたなら適当な規模のソ連の都市を破壊すべきであると提唱した。実のところシラードは，リストに掲げられた国に対する攻撃の対価を自国民の殺傷という形でどれくらい払うことになるかをソ連に提示する「価格リスト」を公表することさえ提唱したのだ。お返しにソ連がわれわれの都市を破壊する誘因を持つかもしれないことについて，シラードは，おそらくそうなるであろうこと，そしてそれが対価の一部であることを認めつつ，それはソ連にとってほとんど慰めにならず，お返しにわが方が都市を失うのを辞さないことは米国の決意の証であると論じた。敵の背信行為を罰することを辞さない冷血な決意は，たとえ相手と同じくらいわれわれも傷めつけられるとしても，相手に畏怖を覚えさせうる意思表明だとシラードは考えたのである[20]。

「制限復仇」,「制限報復」,「制限懲罰戦争」, あるいは「制限戦略戦争」という概念は, より自然な形で, 理論家によって時折提唱されてきたが, 私の知る限り, いかなる国においても公式に議論されたことは決してなかった（前述したように, 1960年のU-2事案においてフルシチョフが, 懲罰の意を込めてU-2が離陸した基地に対するロケット弾発射の可能性を示唆したにもかかわらずである）。このことが公的に語られることがなかっただけでなく, 領土, 兵器, そして帰属国が限定された局地的で制限的な「総力」戦争が戦われるのではなく, 混じり気のない暴力が用いられる可能性というものは, 公的なところ以外でも注目されてこなかった。この考え方は, 脚注や時折の仮説的論文の中で生き続け, 1962年にこのことについて書かれた本を著した9人の著者によってしばらくの間権威付けられたものの[21], いまだほとんど関心を集めてはおらず, 戦争分析における標準的な分類の1つには決してなっていない。

しかしながら, もし数千万の人々が無慈悲に殺されるかもしれない戦争について語ることができるなら, 数十万の人々が無慈悲に殺されるかもしれない戦争を語ることもできるはずである。制限された民間への復仇という戦争を「非現実的」と呼ぶことはとうていできない。いかなる特定の種類の核戦争も現実に起こりうるという説得力のある歴史的な証拠事実はないが, しばしば実在論として通っているものは聞き慣れたものであり, いかなる種類の戦争も十分に議論されれば, お馴染みになり, 現実的だと思われるようになり, ある程度の可能性が認知されるようになる。議論されてこなかった戦争型式はもの珍しく, それゆえ「非現実的」である。もちろん, ある戦争様式がそれまで考えられることがなかったとしたら, それが危機の最中に突然, あるいは入念な計画なしにゆっくりと現実味を帯びるような類のものでない限り, おそらく決して生起しないだろう。

しかしながら, 戦術的な軍事目標ではなく, 民間の損害, 恐怖, そして混乱を狙いとした敵の本土に対する慎重に考慮された懲罰的急襲という形を戦争はとることができるという考え方は目新しいものではない。それはおそらくもっとも古い戦争の形であろう。それはシーザーの時代における標準的な慣行だったのだ。シーザーは, ガリアのはるか北方にいて手に負えなかったメナピ

---

20) Leo Szilard, "Disarmament and the Problem of Peace," *Bulletin of the Atomic Scientists, II* (1955), 297-307.

21) Klaus Knorr and Thornton Read, ed., *Limited Strategic War* (Princeton, Princeton University Press, 1962).

ィ族を鎮圧するために，その領地に3個梯隊を送り，「農地と村を焼き払い，多くの家畜と捕虜を捕獲した。これによってメナピィ族は和平を請うための使者を遣わすことを余儀なくされたのだった」[22]。

また，懲罰的な復仇は宗主国と被植民者との関係に限定されるものではない。オーマン（Oman）はこの戦争形態を，19世紀のビザンティンとサラセンとの戦いの中で描き出している。サラセンが侵攻したとき，

彼の軍が北方を通過してカッパドキアに入ったとの報告を受けたとき，彼の国に対する活発な襲撃を行ったりギリシャと北シリアを弱体化させたりすることでやれることも多くあった。この破壊的な慣行はきわめて頻繁に適用されたのであり，2つの軍隊が互いに自らの領土を防衛しようとせずに相手の領土を破壊している光景は，キリスト世界とイスラム世界の境界に住む者らにとってはお馴染みのものでしかなかった[23]。

---

22) *The Conquest of Gaul*, pp. 164-65. 「彼のもっとも強い動機は，自らの警戒を固めさせるように仕向けたりローマ軍は渡河して前進できるしそうするであろうことを示すことで，ゲルマン人にガリアに侵入する気を起こさせないことであった」という「最初のライン川の渡河」（pp. 115-18）の記述も参照せよ。

23) Oman, *The Art of War in the Middle Ages*, p. 42. この戦略の2つの派生型を区別することは重要である。1つは，損害の脅しによって直接的に敵に行為を強制する，つまり行為をやめさせるか降伏させることであり，捕虜を活用する行為とかなり似ている。もう1つは，領土防衛のために遠征軍を領土に戻させる（あるいは領土にとどめさせる）ことによって，本来作戦の断念や中断を敵に余儀なくさせることである。後者の目的は，ライン川渡河作戦におけるシーザーの意図の1つであったと思われる（p. 115）。そして，逆の場合——自らの城壁防御から部隊を離脱させて出撃させるのを強いる——における同様の原理は，古代の慣わしだった侵略者による農作物の毀損や略奪行為を行う動機の中にあった（「もし貴方が偉大な将軍なら，出てきて戦え」という相手側の将軍に対し，愚弄された防勢にまわっていた将軍が，「もし貴方が偉大な将軍なら，我を意思に反して戦わせてみよ」と応じたという逸話がある）。人命と財産を攻撃することによって敵を戦闘に自ら縛りつけるのを強いる戦術は，ゲリラ作戦ではしばしば決定的であるし，それができる場合には対ゲリラ作戦においても決定的である。そしてそれは（その当時は認識されなかったが），ドイツに対する戦略爆撃の主要な帰結であった。クラインによれば，急襲爆撃は，損害付与の他にも，ノルマンディー侵攻まで全弾薬の約3分の1を防空のために振り分けることをドイツに強いた。クラインは，「侵攻準備攻撃の真の成功は，付与した損害よりもむしろ，ドイツが戦争努力のかなりの部分を防空に振り向けることになったという効果にあった」と述べている。Burton H. Klein, *Germany's Economic Preparations for War* (Cambridge, Harvard University Press, 1959), p. 233.

この種の強制戦争は，アルジェリアでの争いだけでなく，アラブ－イスラエル間の冷戦関係をも性格付けている。それは，リンチから戦略爆撃まで幅がある脅迫という戦略の中に，多かれ少なかれ存在してきたのだ。

　実際の暴力は「強制戦争」の理論的な定式化が示唆するであろうところほどその性格と目的において混じり気がないことはほとんどないが，たとえ暴力の戦略をわれわれの意図に合わせてどれほど適切に仕立てることができるかには限界があったとしても，単なる破壊の応酬における異なる効果とありうる目的のいくつかを挙げる価値はある。

　目的の1つは，政府や首長を脅迫すること，または，自らの決意と脅迫に対する拒絶を相手に痛感させることである。懲罰的な一撃は，敵を痛めつけ，敵が思いとどまらなければさらなる一撃が加えられることを暗示するとともに，敵が使用可能な対抗手段にもひるまずに立ち向かうことを示すのだが，このこと自体がすでに複雑である。人は，相手を痛めつけることによってのみならず，自らを痛めつけることで決意を示すことができるのだ。そして懲罰的行動は，主動と受動のどちらにもなりうる。もし受動なら，その行動は，反応における「通常の」方法——他の場所での戦術的な軍事行動に代わるもの——として思い描かれ伝えられるか，もしくは制限を越えたと見なされる敵のある行動に対する「極端な」反応として思い描かれ伝えられる。

　苦痛と損害の狙いもまた，人々を脅迫し，もっぱら間接的に政府に影響を及ぼすことにあるかもしれない。人々は，恐れおののいて，政府に屈したり思いとどまるように圧力をかけたり，無秩序を生んで政府を妨害したり，自国政府の頭越しに攻撃者と和解しようとしたり，そのために政府に反抗したりする可能性がある。国内でのごく少数の核爆発であっても，すべてのニュースや通信が途絶していない限り，民間人の生活を支配し，避難行動，欠勤や不登校，電話回線の許容量オーバー，そして購買行動のパニックなどさまざまな形態の無秩序を生じさせる可能性が高い（もし人々にニュースが行き渡らないようにすべての通信が途絶させられたり外部からのラジオ放送の受信が妨害されたりしても，人々はさらに大きく怯える可能性がある）。

　テロは通常，主として人々を脅迫すること，そしておそらく政府から人々を離反させることを狙いとしているものと見られる。だが，国家指導者は苦痛と破壊が継続するという見通しにおそらく直接影響されるだろう。彼らが，被害を受けた人々に対して——一部の人々に対してでも——，ともかく反応して行動する場合はとくにそうだ。多くの国において——とくに欧州の国では——，

176

第4章　慣用表現としての軍事行動

戦術核作戦によって「守られる」あるいは「解放される」というのは痛めつけられることを意味するであろうという事実に人々は敏感である。欧州で起きようがアジアで起きようが，局地核戦争はたいてい戦術的な軍事作戦であるかのごとく議論されているが，巻き込まれる地域の人々は核の脅迫に敏感だし，指導者もそうである。戦術核作戦が発動された場合には，その結果は，少なくとも戦術的な成果と同じくらい，偶発的あるいは意図的に生じた民間の損害に左右される可能性がある。核使用が戦術目的の名ばかりなものであったとしても，その成り行きは，限定された規模ながら，核による復仇になる可能性があるのだ。

　局地的な大敗北か大量消耗戦かというありがちで「現実的」な2つの選択を迫られた意思決定者にとっては，限定的な核攻撃の応酬が突然現実的だと思えてくる可能性がある。おそらくそのとき，戦争の性格を変えてしまう選択肢がはっきりと見えてくるのだろう。つまり，戦争を根本的に変えることができるのに，狭いルールを守らねばならないという考えやそれによって戦術的敗北を喫するであろうことは非合理的なことであろうとおそらくそのとき思えてしまうということだ。

　核兵器が局地戦あるいは地域戦争で使用された場合には，そのような戦い方が現れるかもしれないしそれを予期しておかなければならないという主張の正しさを証明するのにより説得力のある説明の仕方がある。つまり，そうした類の戦争は他の種類の戦争──より「戦術的」な類の戦争──から自然な形で進展するであろうということだ。中欧においてもっぱら戦術的な目的で核兵器が限定的に持ち込まれる状況を想像してみよう。核兵器の戦術使用には，相当な数の民間人の苦痛と殺傷，そしてさらにそれが増える恐怖という副作用が伴うことを，戦争が進展していく状況の中で認識できないとは考えがたい。とくに，鉄道中枢，港湾，あるいは飛行場を破壊するために敵の少しばかり背後に核兵器を使用した場合，無視できないほどの人員の殺傷と家屋の破壊が生起するだろう。そして，人々の間に戦慄が走り，パニックに陥った難民が道をふさぎ，おそらく核兵器は町や都市を意図的に狙ったのだという話がどちらの側においても流布されることになるだろう。意図しようがしまいが，そのような損害とさらに損害が増大する恐怖は，いずれかの側の継戦意思にかかわる考慮要件──おそらく決定的な要件──になるだろう。たとえ意図的でなかったとしても，かかる類の強制もいずれかの側による名ばかりの「戦術的」核使用によって生じるのである。

177

目標選定に際して，特定の目標が他の目標よりもこのような暴力の副作用を
より多く包含すると認められるであろうことは間違いない。一方の側が戦術的
にうまくいっていたとしたら，非軍事的損害を最小限にする目標を選定するこ
とで，戦争をもっぱら戦術的で制限されたものにとどめようと懸命に努力する
可能性がある。だが相手側は，もしうまくいっていなかったとしたら，戦術レ
ベルの戦争を装いつつ多大な懲罰的損害を付与できることに思いを致すであろ
うことは間違いない。もし一方の側が少数の戦術目標を叩いたことで民間に不
釣合いな損害が生起したとしたら，相手側は，報復のために同じような少数の
目標を選定したいという強い誘惑に駆られるだろう。双方が戦術的な作戦の副
作用として相当な規模の懲罰的攻撃の応酬を行った場合に，自らの行動による
主要な成り行きに無視を決め込むとは考えがたい。
　こうしたことは，戦術レベルの戦争を装って，簡単に続いていくかもしれな
い。ソ連の本土（あるいは西側）に対する復仇は，「戦術的」であれ「戦略的」
であれ厳密な軍事的観点からすれば有名無実であるような目標が選定される形
で，漸進的に進んでいくかもしれないのだ。この際，戦争のやり方がどんなも
のになっていくかを誇示するとともにさらなる拡大の恐れをもって脅迫するた
めに，耐えがたい懲罰的な重圧に相手側をさらしたいという動機がますます大
きくなっていく可能性がある。相手側も同じことができるという事実によって
この動機が挫かれるとは必ずしも限らないだろう。いずれの側も，その気なら
，不必要な民間の損害を最初に生じさせたのは相手側だ，だから局地戦に混
じり気のない暴力という要素を持ち込んだのだ，と自らを納得させることがお
そらくできるだろう。もし双方にとって懲罰的な重圧が耐えがたいものになっ
たとしたらおそらくこのような行動は終息するだろうが，どちらかの側が当初
有していた，あるいは有していると考えていた局地的な戦術的優位は，交渉に
よる決着に反映されない可能性がある。
　このことには軍事力の規模と質にかかわる含みがあり，それは NATO 正面
を含むいかなる場所にも当てはまる。核兵器を局地的かつ戦術的に使用するこ
とで戦争が公然の──あるいは意図を隠した──脅迫型の戦争へと変質する可
能性が高いとしたら，戦術レベルの作戦において勝利する能力は，成功を収め
るための必要条件でも十分条件でもないのだ。
　より重要なのは，負けつつある側が核兵器を戦術レベルの戦争に持ち込む場
合，戦場における均衡を回復することを唯一の目的，あるいは主な目的にして
いるのではないということだ。つまり，戦争を継続するにはあまりにも苦痛と

第 4 章　慣用表現としての軍事行動

危険が大きくなるようにすることを目的にしているかもしれないのだ。たとえ制限された戦術的使用であっても，核兵器を使用するに際しては，相手に対する戦争終結への圧力が最大限になるように意図するだろう。このような核使用によって，限定的な暴力の応酬の拡大への重圧よりも，前線における人員・装備の戦闘損耗への重圧のほうが大きくなる可能性は小さい。世界の中で人口が密な地域が戦場になっている場合はとくにそうだ。このような懲罰的な攻撃は，敵の戦略兵器に対する全面攻撃に比べたら非常に緩慢で整然としているようにみえる可能性があるが，戦術レベルの戦争の進展速度に比べれば速いかもしれない。神経と忍耐の競い合いである核戦争の遂行に比べれば，戦場で起きていることへの関心はおそらく月並みなものでしかないだろう。そもそもの戦いの場とそこでの戦術は，もはや変質した戦争の性格や現場を規定するものではないし，戦争終結にかかわる諸問題を規定するものでもないだろう。

　限定的な復仇が律動的に整然と行われるような戦争を遂行することで，ともかくすべての戦争行為が性急になることを避けることができ，さもなくば欠けるであろう「合理性」を持つことができると考えるのは誤りだろう。「合理的」の概念には，すべてが，冷静に，慎重に，スケジュールどおりに，計画的に，熟考の上，ルールと因襲的方式に従い，そして計算づくでなされるということがあるのは事実であるが，それはきわめて限定された観念である。もし戦争の進行速度を緩めることができるなら，熟考が助長され，国家指導者に対して，いまだ責任ある立場にあり，物事を掌握し，事の成り行きに影響を及ぼす能力を持っているのだという自覚を持たせる一助になる。だが，このような主張と，理論上何らかの限定的な復仇という戦争遂行の方法はある，あるいは確固たる知性はそのような戦争において次に打つべき確実な一手を導くことができるという主張はまったく異なるものである。

　このような類の戦争が非合理的であるとしても，進展速度の遅さ，熟考，そして自制によってもたらされる恩恵はあるのかもしれない。理論が示すように，そもそも状況に不確定性はつきものなのだ。だが，敵対する二者が，自分のほうがほんの少し持ちこたえることができれば相手は屈服せざるをえないと互いにずっと思い続けて一滴ずつ血が抜かれていっても，出血死することはないはずだと理詰めで説明することはできない。また，こうした重大な我慢くらべにはすべてのことが賭かっているのであり，屈することは無条件降伏を意味するのだと両者が感じるようにならないとは限らない。いずれの側も最後の決断を迫られる中で決定的な敗者にならずにこうした恐ろしいことに終止符を打

179

てるような形で互いにことを収めていくためには，優れた手腕とともにおそらく幸運も必要なのだ。

　より合理的な二者であればこの種の限定的な応酬の中にあってもましな状態に持っていけるというどんな保証——あるいは穏当な仮定さえ——もない。実のところ，すべてを投げ打つ瀬戸際にあるように見える側が相当有利である可能性が高い。相手がどれほど合理的であろうと，双方は，より非合理的で，衝動的で，頑迷固陋であるように見せるのを競い合う可能性があるのだ。

　ムラのある暴力と対照させることで，冷静かつ綿密に計算された整然とした行動の価値を軽視しようとしているのではない。だが，いかなる様式の戦争においても，達成可能な安全と安心には必然的に限界がある。制限戦争というものが往々にして損害に対する耐久力とリスクへの許容力の競い合いであるという一点を見てもそれは明らかなのだ。

「戦略戦争」の相手としての中国

　何年もの間，ほとんどの戦略アナリストが，共産中国それ自体を大規模戦争における主たる脅威か間接的な敵対者のいずれかとして捉えてきた。だが，米中が直接交戦した場合にいかなる類の戦争になるだろうか，あるいはなるはずだということについて考えた者がいるようには思えない。

　戦略兵器を設計する際に，米政府がいま中国に対して払っている注意と同じくらい，中国との戦争の可能性が考慮されてきたという明白な証拠事実はほとんどないかまったくない。この５年間における外交上の大きな出来事は，戦略戦争という観点からは，中国の地位はもはやシベリアやバルチック沿岸地域とは同等ではなくなったということである。中国は個別の国家である。いまや中国を防衛したり，中国が米国と交戦するに至った場合に中国に代わって報復したりする義務はソ連にはないということを中国人とロシア人は確たるものにしたのである。長い間，対中戦争という考えは，ほとんど無意味であるとみられていた。フランスやドイツに対する米国のコミットメントについての疑念は言われ放題だった一方で，中国に対するソ連のコミットメントについて疑念を持っている者は誰もいないようだった。中国を攻撃するということはソ連との全面戦争において第一撃を加えることと同じことだったのである。そのような戦争においては，ソ連という主敵がいたのであり，米国がなすべきすべてのことは体制を崩壊させるべく中国を十分に破壊する，復讐という動機を満足させ

　　　　　　　　　　　　　　　　　　　　第4章　慣用表現としての軍事行動

る，あるいはソ連には届かない兵器なら何であれ中国に撃ち込むことだった。

　しかしながら，いまや対中戦争になった場合に最優先で考慮すべきことは，ソ連を介入する気にさせないことであろう。ソ連が介入しないなら，その場合の戦争は，つねにソ連のことが念頭にある「全面戦争」の類とはほとんど似ていないものであろうし，そうなるはずである。

　そうした戦争では，犠牲者を最大限にするのではなく最小限に抑えるようにすべきである。中国人を殺す理由はないだろうし，われわれへの対決姿勢を人々に植え付けている政治体制を除けば，数億という中国の人々が他の人々よりも深刻な脅威であると考えるべき歴史的な根拠は存在しない。全面戦争において，ソ連の社会を破壊すると脅すことにはおそらく何らかの根拠があるかもしれないが，中国の社会を破壊すると脅すことに何らの根拠も見出せない。さらに，全面戦争において実際にソ連の社会を破壊することにはさらに薄弱な根拠しかなく，中国に関してはまったく根拠がない。もし全中国人の半分を殺したとしても数でわれわれを圧倒しているのだからもっと殺すべきだという考えにどういうわけか至ったとしたら，それはグロテスクな考えであるし，私の考えが及ぶ限り，破滅的な戦争の後で生き残った数の過多だけで勝敗が決まるなどとは，われわれがそうであるに違いないくらい，中国人だって考えはしない。

　もし中国との戦争になったとしたら，その態様は2つあるかもしれない。1つは，人的損耗を局限する努力を行いつつ，権力と支配力にかかわる物理的・社会的基盤を破壊または分断することで現体制を崩壊させようとする戦争である。そしてもう1つは，インドから撤兵する，台湾から撤退する，あるいは自ら武装解除するといったような折り合いを体制側に強制しようとする戦争である。いずれの場合も，米国が中国への戦略ミサイル攻撃に頼ることはないだろうし，そうすべきでもないというのはほぼ確実である。

　米国がそうすべきでないのは，おそらくそれが，破壊すべき目標を破壊するのにもっとも高くつくやり方であろうし，われわれが従うべき知性，無用な人的損耗の局限，ソ連の介入意思の局限，そして戦後に残るわれわれの戦い方に対する嫌悪感の局限といったことにもっともそぐわないやり方であるからだ。また，われわれがおそらくそうしないのは，ソ連を食い止めるためには抑止力を無傷のまま温存して即応態勢におく必要がある——その必要性はこれまで以上に大きくなっているだろう——からである。そして米国は，対中戦争の最中に，戦略抑止兵器の相当部分を二流の軍隊などに使用してはならないし，そう

181

はならないだろう。また，対中戦争の最中には，ポラリス潜水艦発射弾道ミサイルやミニットマン大陸間弾道ミサイルの価値がそれに投じてきた費用よりもはるかに大きくなっているだろう。

　さらに言えば，共産中国に対する強制戦争は，体制を崩壊させるためのものではなく，まさに体制に良い振る舞いをさせるためのものなのであり，おそらく中国の軍事的能力と体制にとって価値の高いものに狙いが定められるだろう。もっとも適切でも効果的でもない兵器は，誰でも直ぐに思いつきそうな，通常爆弾とメガトン級爆弾という2つの兵器である。中国人に衝撃を与えてわれわれが本気だということをわからせるためにまさに核兵器が選択されるかもしれないし，中国との長引く戦争においてわれわれに損耗が生じれば，その程度いかんにかかわらず，軍事的・経済的な痛手を負わせることができる圧倒的な能力を持つ核兵器がおそらく選択されるだろう。1965年に米国が北ヴェトナムにおいて三流の敵に対してやったことは，そうする目的で開発されたわけではない航空機をもって通常爆弾を投下したことである。中国においては，おそらく小規模の核兵器を，そのために設計されたのではない航空機をもって投下しようと試みるだろう。

　われわれはおそらく中共軍の飛行場から約0.5マイル以遠では人的損耗を生じさせないで中共軍を撃破したいと思うはずだ。あるいは，人口や労働者の密度が低い場所にある工業施設を破壊したいと思うはずだ。そして，輸送・通信施設，軍の補給・訓練施設を破壊し，さらには部隊そのものを撃破したいと思うはずだ。だがおそらくわれわれには，通常兵器をもってそうするだけの能力はないだろうし（少なくともそのために開発された新たな効果的な通常兵器がない限りそうだろう），そうした目標のすべてを高価な戦略ミサイルでカバーする余裕もないだろう。

　この20年間にソ連を念頭において策定されてきた「戦略戦争」計画では，「戦略的」敵対者としての中国に対処できないであろうことをわれわれは認識する必要がある。中国はまったく異なる戦略上の問題なのだ。この問題に対処するためには，おそらく新しい形態の限定的な強制戦争というものを考え出す必要があるだろう。戦争におけるいかなる進展速度も対ソ戦で考えられていたものとはまったく異なるであろう。中国がおそらく将来どこかの時点で保有するであろう小規模の核報復力を除けば，米ソ戦争という緊急事態のための計画策定においては当然のこととされているほど，緒戦段階――当初の数日あるいは数週間でさえ――が決定的に重要となる緊急性を持った攻撃目標はわずかし

182

かないかほとんどない。ソ連と西側との「限定的な戦略戦争」という概念はしばしばまったく現実的でないとして退けられるが，それは正しいのかもしれない。だが米中戦争における進展速度は，水爆による先制攻撃の応酬という超音速ではなく，米側の意図，あるいはある戦場における中国側の局地的な行動によって規定され，いかなる速度にもなりうるだろう。

体制崩壊を意図した作戦と単に体制に良い振る舞いを強制するための作戦とを区別する必要性は，中国が核による報復（米国または米国以外の人口密集地が目標として選択される可能性あり）の能力を有するようになったあかつきには，この上なく重要になってくるかもしれない。彼らにとってすでに戦争がどれほど不都合なものになっていようとも，さらにはるかに悪くなるかもしれないことを彼らに明確にわからせることが，核による悪戯の能力を取り上げてしまうもっとも効果的な方法であるが，同時に，このような強制でもっとも効果的なのは，不意で決定的な脅しでなく，最終的に，徐々に，あるいは不確実性をもって体制に脅しをかける戦略である。そしてこのような戦略においては，体制がもっとも高い価値をおくもの，そしてもっとも脆弱な場所を見分けることが必要とされるだろう。

ヴェトコン支援に対する北ヴェトナムの意思に及ぼす影響が何であれ，あるいは継続的な爆撃の脅しに屈した北ヴェトナムのヴェトコンを制御しうる能力がいかほどのものであれ，北爆は，中国にしてみれば，東南アジアにおける戦争を越えたはるか離れたところに及ぶという含みがあったに違いない。中国が国境外で行う効果的な抵抗とは，彼らが意識的にリスクにさらした資産，つまり国境外に送り込んだ部隊や物資以上の対価を決して払わないことだ。だが北爆は，それが現実のシナリオであることをいまや記録が示しているように，米国が単なる考えにとどめずに実際に交戦を行う形態の戦争なのである。それは，少なくともわが方には航空優勢があり敵方には近代的な対空火器が欠如しているという形態の戦争であるが，長期にわたって慎重に遂行されるかもしれない。そしてそれは，規模的に拡大した場合には，侵略の対価が国境外に送り込んだ遠征部隊が甘受したリスクの範囲にとどまるといういかなる保証もなく，対象国の領内において広範な物理的損害が生じるかもしれないような形態の戦争でもあるのだ。

核兵器（あるいは他の非通常兵器）は，北爆作戦との関連で議論されることはまずないが，それはおそらく，核兵器が作戦に必須なものではないし，東南アジアにおける問題は核兵器自体によって生じる問題といまだ見合うものではな

いからだ。だが，北ヴェトナムでの作戦を中国に適用しようとすれば，核兵器は間違いなく考慮されることになる。それは，おそらく核兵器の大きな効果がより決定的なものであろうからだけでなく，攻撃によって中国に強制しようとする案件そのものが，それ相応に大きなものであるし，われわれの反核という伝統を破るだけの深刻さに相応する，あるいはそれを凌いでいる可能性が高いであろうからだ。意図しようがしまいが，北ヴェトナムでの航空爆撃は中国に警告メッセージを伝えるに違いない。そのメッセージは，北京に対するメガトン級の攻撃という大そうな脅しよりも信頼性があるし，インドに対する兵站支援という脅しやアジアのいたるところでの朝鮮戦争型の対立における兵站支援という脅しよりも効力があるのだ。

　こうしたすべてのことは対中戦を予期することを意味しない。抑止戦力への傾倒が対ソ戦の終結を意図してきたのと同じではないのだ。もし対中戦を考えたり対中戦に突入せざるをえなくなったりするところまできてしまったとしても，事前に検討したこともなく，この20年間われわれの戦略兵器設計の誘因となった敵とは劇的に異なる際立った敵に適合する装備化を図ってきていないがゆえに，本末転倒で誤った戦争をわれわれが戦うことはないだろう。

　一方それは，中国に対してかけたいと思っている脅しについて考えることを意味する。北京のような都市にメガトン級の爆弾を投下するという脅しには，朝鮮戦争型の衝突において中国そのものと戦争するという脅しと同じように，何か信憑性に欠けるものがあるのはもっともなことであろう。だが，彼らのどの国境という以外の脅しを彼らにかけるなら，そのような戦争は，われわれの原則，ソ連を抑止する必要性，そしてわれわれが使用可能な戦力と全面的に矛盾するものではないに違いない。朝鮮戦争から継承した典型的な「制限戦争」には適合しない戦争の概念がヴェトナム戦争によって突然意味あるものになったごとく，インドに対する大規模な攻撃によってこのようなすべてのことが突然意味あるものになるかもしれない。

第5章

極限の生存競争という外交

　ドクトリンとしての「大量報復」(むしろその脅し)は，1954年に宣言されたほぼその瞬間から衰退していったのだが，1962年まではその最終的な破棄に向けた動きはなかった。米国は，小規模またはやや小規模から中規模の紛争への介入という特権を徐々に失っていったにもかかわらず，全面的で，無差別で，「社会を破壊する」戦争に関しては，いまだ至高の支配的存在だったのである。皆殺しを試みる戦争，大虐殺の競い合いの戦争，外交を伴わない戦争，残された「選択肢」のない戦争，そして究極の抑止という後ろ盾を相互に崩壊する戦争，つまり兵器をすべて使い尽くして初めて終結する戦争の中で，ある敷居を越えるとすべての悪魔が解き放たれることになっていたのだ。だが，マクナマラ長官は，1962年6月にミシガン州アナーバーで行った演説──それに先立つNATO理事会での発言と類似していたと報じられている──において，たとえ最高レベルの「全面戦争」，つまり超大国間の戦争における土壇場にあっても，破壊が無制限にならないようにすべきであることを提唱した。抑止は継続されるべきであり，弁別が試みられるべきであり，完全消耗ではない何らかの方法で戦争を終結させるための「選択肢」がなければならないとしたのである。「主要な軍事目標は……一般市民ではなく，敵軍の破砕でなければならず……わが方都市への攻撃を抑制するために考えうるもっとも強力な誘因を仮想敵国に与えることになる」[1]。

　マクナマラ長官が1962年6月に表明したこの考え方は，「対兵力戦略」と呼称されてきた。また時として，「非都市戦略」とも呼ばれたが，「都市戦略」というのも適切な呼称であろう。新たな戦略は，少なくとも都市──人々と生活手段──の重要性を認識していたのであって，大規模戦争の際に都市に注意を払うべく提唱していたのである。

　都市は，単に，敵の戦争遂行努力をできる限り迅速に弱めたり，敵指導者の

---

1) 31頁のマクナマラ演説を見よ。

185

生存を窮地に陥れたり，すべての抑止が破れた後での仕返しの欲求を満たすためだけの目標ではなかった。生きた都市は，資産，人質，そして敵そのものに影響を及ぼす手段として評価されるべきものだったのだ。敵の都市を 12〜48 時間後に破壊できたとしても，それによって敵の一時的な能力を決定的に変えてしまうことができないのだとしたら，すべての都市を一度に破壊してしまうことで，敵を降伏に導きうるもっとも重要な脅しを放棄することになるだろう。

　われわれはたいてい，もし大規模戦争が生起してしまったら抑止は破れたものと考える。たしかにそうだが，戦争そのものを抑止対象に含める努力がまったくなされなければさらに悪い事態になるかもしれない。

　マクナマラ長官はあらゆる方面から不興を買った。平和活動家らがマクナマラは戦争を許容できるものにしようと試みているとして糾弾する一方，軍事過激主義者らは戦争がソ連には穏やかなものに映ってしまうことで抑止を弱めるとして糾弾した。またフランスは，このドクトリンが自国の「独自戦略戦力」に相容れないと認識して糾弾した。また，何人かの「現実主義者」は非現実的であると考えたし，何人かのアナリストは，このドクトリンは優勢な力を保持する場合のみに意味があるのであって並みの力をもって相互主義に頼るのは非論理的であると論じた。ソ連は，こうした非難のいくつかに同調したが，このような戦争を制限することへの米国政府の利害を自らも共有することをいずれ示さなければならない——もっとも米国のメッセージを受け取っていることは彼らの反応からうかがわれるのだが——。

　マクナマラ演説は，抑止が戦争そのものに——もっとも大きな戦争にさえ——拡大されるべきことが重要閣僚によって明確に述べられた最初の公的な宣言であった。大きかろうが小さかろうが戦争は「制限戦争」の性格を有する可能性はあるし，そうなるべきであるということ，また，（戦場では死んだ敵兵より生きた捕虜のほうがしばしば価値があるのと同じように）生きたロシア人とすべての都市は，われわれの未使用の兵器とあわせ，われわれのもっとも貴重な資産であること，そして，こうしたことが起きる可能性が戦争計画や兵器設計において真剣に考慮されるべきことを，明らかに宣言したのだ。そうした考え方はそれまでの戦略についての公の議論の中でまったく予期されなかったわけではないが，全面戦争でさえ限定するというアナリストや論者の提案は大きな賛同を呼び覚ますようなものでは決してなかった。マクナマラの「新戦略」は，広範な公の討論という前兆なしに生起した現実の政策刷新あるいはドクトリン

186

第5章　極限の生存競争という外交

変更という非常に稀有な出来事だった。それでも，まったく新しい考え方というわけではない。トゥキディデスによれば，知性と節度を持ち合わせているとの声望が高かったスパルタ王のアルキダモスはこう言っていたのである。

　　おそらく……われわれの実際の力とわれわれの使う言葉の歩調が合っているのを見るとき，彼らはより服従に傾くことになる。彼らの土地はいまだ手つかずなのだから，彼らは，決心するにあたって，いまだ持っている強みといまだ破壊されていないという利点を考えることになるのだ。彼らが所有する土地をあたかも自らの手中にある捕虜のごとく考えなければならないのだから，それに気を配れば配るほど価値あるものになる。それは最後の瞬間まで可能な限りとっておくべきであるし，よほど扱いが困難になる自暴自棄の状況に敵を追い込むのは避けるべきなのである[2]。

敵の兵力と都市

　マクナマラ長官が描いた戦略には2つの構成要素がある。ほとんどの論評が，それは1つのコインの裏表であるということを示唆している。頭と尻尾と言おうとも同じことだ。だが，この2つの構成要素はまるで異なるものである。1つは「対兵力」であり，もう1つは「都市」（あるいは「非都市」）である。これは人を混乱させるに十分なほどオーバーラップしている。

　この2つは表現が不適切だと同じように聞こえてしまう。「対兵力」という言い回しにおける原則は，敵の軍事力に向かうということであって，（やみくもに直ぐ）都市に向かうことはないということだ。一方，「非都市」という言い回しにおける原則は，少なくとも最初の段階では都市には手をつけず，軍事目標への交戦にとどめるということだ。入場料を払って射撃場に入ってライフルを手にとったなら，クレーを撃つことも無防備なアヒルを撃つこともできる。このとき「クレーを撃て」というのは，すなわち「アヒルを撃つな」ということを意味するだろう。だがわれわれはここで射撃場の話をしているわけではない。敵の軍事力を狙うのは，敵にわが方の都市（および軍事力）を破壊される前にそれを破壊するためである。一方，都市を破壊しないのは，それをわれわれの意のままにできるようにしておくためである。この2つの概念という

2）*The Peloponnesian War*, pp. 58-59.

ものは，一方によって他方が示唆されるような相補的な関係にはない。それぞれ独自の価値によって判断されるべき別個の概念なのである。

　もちろん，戦争は戦争なのであり都市を攻撃しないなら何か他のものを叩かなければならないという短絡的な考え方はある。だが，それは射撃場での話であって，軍事戦略ではない。敵の都市を人質として用いるという考え，つまり都市破壊の脅しによって敵に無理強いするというのは，われわれの弾薬を費やすに値する軍事目標が敵中にあるかないかにかかわらず，意味をなす可能性があるのだ。

　それは意味をなさないかもしれない。敵は，狂っているかもしれないし，自らの都市を破壊されたかどうかを察知するすべを持っていないかもしれないし，われわれの行いによって生起した成り行きに応じて自らの行動を律することができないかもしれないのだ。だが，もし意味をなすとすれば，それはわれわれが敵の軍事的能力を減ずるための効果的な作戦を同時に行いうるかどうかにかかわらず，そもそも意味のあることなのである。

　対兵力という考え方は，単に何かを撃たなければならないということでも，もし都市に手をつけられないのであれば，派手な戦争に突入するための「正当な」目標を求めるということでもない。それはもっと深刻な考え方なのであり，兵器の優れた使用法は，敵兵器の破壊や，わが兵器と引替えに敵を無力化するために用いることであるということだ。もし敵兵力を無力化する攻撃によってわが方の都市に対する攻撃を挫くことができるなら，われわれ自身と同盟国を攻撃から守る助けとなる可能性がある。

　「対兵力」という考え方は，たとえ敵がわれわれを攻撃したいと思ってもそうできないように敵の兵器を破壊することである。一方，「都市」という考え方は，たとえ敵がそうすることができる兵器を持っていたとしてもそうさせない動機を敵に与えることを意図するものである（それは，数千万の人間に何らかの罪があるならその罪にとうてい見合わずとも抹殺してしまうようなことを避けるための穏当な——かといって雄雄しさを失うことはない——努力としても認識できる）。

　もちろん 2 つの概念には力による敵の無力化か継続的な抑止かという違いはあるが，いずれもわが方に対して敵が兵器を使用できないようにすることを意図しているという点において相互補完的である。だが，いくつかの点で相反する。都市 - 人質戦略は，敵が，何が起きていて何が起きていないのかを至当に認識し，自らの軍に対する制御を維持し，わが方の行動のパターンとそれが自

らの振る舞いに対して示唆するところを感知できるならば，もっとも良く機能するであろう。いつか相互に直接意思疎通できるようになればなおさらだ。一方，対兵力攻撃は，派手なものであり，敵の指揮組織を混乱に陥れることになろうし，少なくとも敵の目には目標選定は曖昧なものとして映るだろう。そして，敵に性急さを強いることになるかもしれない。とくに，敵のわが方に対する都市攻撃能力が失われつつあり，それが完全に奪われる前にその能力を使おうと必死になる場合はなおさらである。

それでもやはり，熾烈な対兵力攻撃は，これがことを完全に制御できなくなるとともに交渉を悠長にやっている暇がない戦争なのだということを敵に知らしめることになるであろう。もしわれわれの意図を敵に知らしめるために都市攻撃を口先だけの脅しではなく実際にやるべきなのであれば，おそらく，何らかの損害を付与する必要があろうが，それは少数の人口密集地に対する冷徹な示威攻撃よりも，対兵力作戦によって民間においていくらか損害が生じるほうがましであろう。

そうであれば，これとは異なる複数の戦略がある。それは，いくぶんかは相互に論拠を与え，いくぶんかは相互に矛盾し，そして手段においていくぶん競合するものである。いずれの戦略も単独のものとして意味をなす。完全に信頼できる効果的な対兵力能力があれば，敵の兵器をあっさり除去できるのであり，敵の都市を条件付きで生かしておくことによって敵による兵器の使用を抑止する必要はなくなるであろう。そして，敵の都市に対する脅しが完全に奏功すれば，敵兵器は使えなくなり，降伏を誘うだろう（後者の場合の「戦争」は，派手さや損害という観点からは大戦争のようには見えないだろうが，賭しているコミットメントや決定的対決という観点からは「全面的」なものかもしれない）[3]。

---

3) ここで私が強調する違いにもっとも近いことに政府側が言及しているのは，1962年12月に軍備管理シンポジウムにおいて国防総省法律顧問マクノートン（John T. McNaughton）が行った演説である。「都市回避とは第一撃能力の除去と同じでなければならないという主張がある」（傍点はマクノートン自身による）。「これは誤りである。米国は先制攻撃といった考え方をとっていない。都市回避戦略は，おそらく他のいかなるものも目標になりうるであろうということを確認する以上のものでも以下のものでもないのだ」（傍点は筆者による）。「そして核兵器の使用を始めるのが誰であろうとも，米国は都市攻撃を控えるという立場をとることになる。だが米国は，十分な予備戦力を残しておくとともに，敵がわが方の都市を最初に攻撃した場合に敵の都市を攻撃すべく目標選定における柔軟性を保持することになる」（だがこれは，はたして「都市」はオール・オア・ナッシングという範疇に入るのかという疑問に答えてはいない）。*Journal of Conflict Resolution*, 7

対兵力戦略は自己矛盾しているのではないかという疑問がしばしば呈される。この戦略は，敵に対する決定的な軍事的優越に依拠していて，それが奏功するためには敵の心に訴えなければならないが，そうならば敵は決定的に劣っているに違いないのだから，それが敵の心に訴えることはないという矛盾だ。この広くある議論においては「対兵力」と「都市」の意味が入れ替わっている。両者が同時に仕掛ける中で敵を無力化してなお戦力を温存するための決定的な能力というものは，両者がともに活用しうる代物ではない。両者ともに，そうした能力を持ちたいと望む，あるいは持っていると考えるかもしれないが，この競争において抜きん出ることは不可能なのだ（奇襲によって相手を出し抜くことでいずれかの側が抜きん出ることはできるかもしれない。この場合，それぞれが「対兵力第一撃能力」を有していると言わねばならない。つまり，一方の側が優越しているのではなく，先に仕掛けた側が優越するのである。これは起こりうる重大な事態であるが，米政府が対兵力戦略において欲していることではない）。

　しかしながら，都市を人質として認知する「都市」戦略——いまだ使用していない暴力を振るう能力を交渉力として活用するものであり，損害の脅しはかけるが，脅しを現実に機能させるために必要な範囲でのみ損害を付与する——を双方が真剣に受け止めることには意味がある。実のところ，いわゆる「対兵力」戦略におけるこのような「都市」の側面は，少なくとも戦略戦力において劣勢な側の心には訴えるはずである。劣勢な側は，敵を無力化する望みが持てないならば，耐え忍ぶことによってのみ生き残ることができる。そしてその忍従は，暴力を振るう能力を効果的な方法で用いることによってのみもたらされうる。このことが，大虐殺という無駄なばか騒ぎのために暴力を振るう能力を使い果たすのではなく，さらに深刻な損害を今後付与するという脅しのために温存すべきことを意味するのは，ほぼ間違いない。

　何人かの論者は，ソ連が兵器を米国の戦力に指向することでソ連自身が単に「無力化」されることになるだろうと計算した。だが彼らは，「対兵力」キャンペーンが意味をなさなかったことを看取し，射撃場の逸話のアナロジーのように，ソ連は保有するすべての兵器をどこかに向けて撃たなければならないというのが自然なことだとの結論に至ったのであった。それならば，都市以外のどこがその場所になるのか。かかる議論をもっともらしくみせる滑稽な答えは，ソ連は自らの都市に対してもミサイルを撃ち込むかもしれないというものであ

(1963), p. 232.

る。ソ連が米国の都市に持ちうるすべてのミサイルを撃ち込めば，自らの都市が破壊されるのは事実上確実になり，そうなればソ連の都市を破壊したのが国内で作られたものなのか国外で作られたものなのかは，歴史的には大した問題ではなくなるだろう。戦争における抑制が米国にとって好ましいのならソ連の利益にはならないという考え方は，1945年における日本の降伏は米国にとって好ましかったのだから日本にとっては意味をなさなかったという考え方とほぼ同じくらいの説得力しかないのだ[4]。

「対兵力」戦略が一時的な利害でしかないのか，それとも恒久的な利害なのかという問題を扱うに際しても，この戦略における2つの構成要素を分けて考える必要がある。米国が本土防衛で持ちこたえつつ，攻勢作戦によってソ連を無力化する能力を確実に期すことができるのかという純粋な議論が存在してきた。ここに，「純粋な」議論というのは，論者が正しく事実に依拠すること，そして底の浅いロジックや詭弁では議論に勝てないことを意味する。無力化能力は，技術，情報，対価，そして予算に依拠することになろうが，信憑性をもって真相が明らかになることは決してないのかもしれない。1960年代中頃ま

---

4) 一連の対兵力攻撃において都市も破壊せず人的損耗も生じさせないためには，1つの兵力目標の中に都市も入ってしまうほど兵力と都市が近接していないこと，また，離れた場所での爆発によってしばらく後に粛々と人が死ぬことがないように放射性降下物に対して何らかの防護を施されていることが必要なのは明らかである。米国は，ほとんどのミニットマン・ミサイルを人口過疎地によくわかるように配置した。だが都市部に配置される傾向があった爆撃機基地の過疎地への再配置には予算を投じなかった。一方，もしソ連がミサイルの数量における劣勢は継続するが「綺麗な」非都市戦争における米国のミサイル攻撃能力を拒否したいと欲するなら，ミサイルと爆撃機を都市の近くに配置しておくことを選ぶかもしれないと論じられてきた。そうすれば，対兵力攻撃の応酬と非都市戦争が物理的に不可能となり，米国が戦争を起こそうとする気がより小さくなるであろうからだ。ただし，ソ連側に都市を攻撃を差し控えて取引しようという誘因がまったく欠如していれば確実に「大量報復」になるだろう。もしそうなったとしても，やれるものならやってみろと敵を挑発し，戦力を守るために政府が自国民を「盾」として用いるのは初めてのことではないだろう。これには賛否両論がある——反対意見のほうが多いと私は思う。それはソ連でさえも——。ここで強調されるべき論点は，このことで対兵力・都市回避戦略は挫折するかもしれないが，都市破壊がより際立つ戦争形態にはならないであろうということ，そしてそれは，米政府を「対兵力」戦略と「都市脅迫」戦略の狭間に追い込み，かつそれを融合する機会を与えないことで，米国の対ソ攻撃への誘因を減じて自国の兵器の脆弱性を小さくしようというような，とかく当てにならない手段なのだということ，そしてもし戦争にならざるをえなくなれば，兵器と人間が分離されている場合よりも抑制への誘因は小さくならない——おそらく大きくなる——はずだということである。

191

では，いずれの論者も議論に明確な決着をつけることはできなかった。国防総省の証言は，米国は良好な対兵力能力を未来永劫当てにすることはできないであろうことを示唆していた。だが，戦略の「都市脅迫」要素から「対兵力」を区別するならば，戦略のある部分はこの議論の結果に依拠し，そうでない部分は依拠しないことは明らかである。技術，予算，そして兵器選択の結果から，敵を力で無力化する能力を有していないことが明らかになってくるなら，そうすることに依拠する戦略は——少なくとも後にその能力が有効になるまで——，もちろん時代遅れなものになる。だが，その結果が「都市」戦略を時代遅れなものにするという道理はない。実のところ，このことによって「都市」戦略の最前線が事実上形成されるのである。

　可能な限り戦争を恐ろしいものにするために，偽りの主張——もしわれわれが敵の兵力の破壊を達成できないのなら敵の都市の破壊という戦争手法をとることになるのは明らかだが，一方で敵はわが方の能力不足がゆえに無力化できなかった兵器をもってわれわれに対して同じことをするという主張——をする者もいるかもしれない。だが，いったん戦争が始まれば，そうするのは通行権を確保するために正面から突っ込むのとほぼ同じくらい狡猾だが愚かなことである。おそらく全面戦争は極端な危機において極度に死に物狂いになった敵以外の何者かを抑止するにはいずれにせよ恐ろし過ぎるのであり，戦争の恐ろしさをいくらか減じようとして，戦争がどれだけ酷いものになるか試す気になることはまずありえないだろう。そして，極端な危機においては，たとえ戦争が起きても制御でき激変する前に終わるだろうという確信は，先制という賭けに出るのを抑止するのに一役買うかもしれない。よって，抑止を可能な限り無慈悲なものにしておくか，戦争が起きるようなことがあればそれを少しでも過酷にならないようにするかという厳しいとされる選択は，ある者が主張するほどのジレンマにはならない可能性があるのだ。

暴力と暴力の対決

　いずれの側も相手を傷めつけることはできるが無力化はできないという状況は，2つの異なる経過を経て生起する。つまり，相手による無力化攻撃に対して非脆弱な兵力をそれぞれの側が整備して展開することによっても，戦争そのものによってもそのような状況が生起する可能性があるのだ。

　「対兵力戦争」の議論は，しばしば，戦争が2つの段階からなるということ

を示唆している。第1段階では，双方の側がやりたい放題の破壊を差し控えて，互いに相手の無力化に集中する。そして，より大規模で優れた兵器を有し，目標位置の標定と偵察能力において優越し，速さと即応態勢に利があり，運もある側が有利になっていく。そしてある時点で，どちらか一方あるいは双方において，この作戦は終焉を迎えることになる。兵器が尽きるか，兵器で攻撃するにふさわしい兵力目標が尽きるか，敵の兵力を破壊するために多くの兵器を損耗してしまって交戦の見込みがなくなるに至るかすれば終わるのだ。

　この段階においては，双方が自ら，あるいは相手の武装を解除し，一時的にさらなる攻撃を懸念せずともよくなるということが，稀ではあるが可能性としてはある。だが，いかなる現実的な評価も，それぞれの側が相手の保有兵器に対してなしえた，あるいは余裕をもってなしうるであろう対兵力戦力への損害付与をすべてやり終えるときまで，兵器は残存するであろうことを示唆している。残存兵力は維持され，戦争は終わらないということだ。

　そこで何が起こるのか。対兵力戦略におけるより楽観的な説明では，この時点で米国は優勢な残存兵力，つまり圧倒的な交渉力を有しているし，敵の残存兵力がわが方にいくらかの損害は付与しうる一方でわが方は無制限に付与しうるのであるから，「全面的」な都市破壊の戦争において敵に負ける見込みは小さいことが示唆される。このような都市脅迫戦争は，高速道路における最高速度での衝突のように，たいていオール・オア・ナッシングの事象であるという含みがある。すべての家族が同乗する車の運転手は，家族の一部しか同乗していない車の運転手に屈することを期待されるのだ。

　この説明は不十分である。この対兵力攻撃の応酬——大規模戦争の第1段階——によって，双方の側における部分的な無力化——おそらく偏った無力化——がなされ，騒々しく混乱した状況下で，汚い戦争という第2段階のための舞台が整えられるのである。第2段階は，都市を賭した核による駆け引きの段階であり，「暴力」の段階，陰に陽に脅しをかけ，さらにその先どうなるかわからなくなるまで都市そのものを破壊する何らかの競い合いをしている可能性が高い段階でもある。大規模な損害——おそらく前例のない損害であり，いずれの側もいかなる政治的継続性をも保持できなくなるような損害である可能性もある——が双方に生じる戦争なのだという認識をそれぞれが持ちつつ，敵対する者同士が相対するのである。もしそれぞれが相手を破壊するに十二分な能力を維持するなら，対兵力攻撃の応酬は，単なる前哨戦で，きわめて大きな騒々しさと混乱を生じさせる（民間にきわめて大きな被害がもたらされることも

疑いない）大規模な軍事力の行使でしかないのだが，迫りくる深刻な戦争への序曲になる。一方の側，あるいは双方が相手に十分な損害を付与することができない場合は，対兵力段階の様相は異なるものになるだろうが，それでも，迫りくる深刻な暴力の活用への前奏曲になる。

したがって，こうした暴力の対峙には2つの道筋を経て至る可能性がある。1つは平時における調達と技術の進展という道筋であり，もう1つは，戦時における対兵力攻撃という道筋である。もちろん状況はこれほど静態的なものではないだろう。時間の経過とともに，一方の側が相手をさらに無力化できるかもしれないのであり，暴力を振るう能力を敵に奪われる前に活用せねばという重圧がより脆弱な戦力しか持たない国の側にかかる可能性があるのだ。もちろん，こうした土壇場が対兵力戦争によってもたらされるなら，戦慄と驚愕，騒々しさと混乱，苦痛と衝撃，パニックと絶望といった状況が出現するのであり，単なる暴力を振るう能力の探りあいという二国間の対立などといった悠長なことを言ってはいられなくなる。この2つの「段階」はオーバーラップするかもしれない。対兵力行動が奏功する見込みを持てない一方の側が，この段階をすべて飛ばして強制行動に出るかもしれないのだ。実のところ，相手側の対兵力行動と駆け引きできる力の一部が失われると予期されることで，脅して交渉するという行動の時期を早めざるをえなくなる可能性がある。

この種の暴力について，大規模なものについてはわれわれの知るところはほとんどない。小規模なものについては，キプロスにおいてギリシャとトルコの間，あるいは米極西部地方において入植者とインディアンの間で生起している。また，ギャング間の抗争において生起するし，時として人種暴動や内乱においても生起する。恐怖の付与というのは，局地的で原始的な戦いにおける顕著な闘争形態である。一方的な暴力は，従属国，占領国，あるいは独裁国家における不満分子を鎮圧するために用いられてきた。だが，主要な二国間における戦争形態としての双方向的な暴力，とくに核保有国間のそれは，容易に教訓を導くことができるいかなる経験にも及ばないところにある。

混じり気のない暴力による戦争とアルジェリアやキプロスにおける暴力との違いは2つの点から生じている。その1つは，擾乱戦争には体制側と擾乱勢力という激しく争う二者に加えて，強制と甘言に影響される大衆という第3の存在があるということだ。1960年代初めのヴェトナムは，「みかじめ料」を巡って争う2つのギャング組織のように，識別できる二者間における戦いというようなものではなかった。

194

第5章　極限の生存競争という外交

もう1つの違いは，暴力の技術的な性能というものだ。後方地域における擾乱であろうと両世界大戦における海上封鎖や戦略爆撃であろうと，われわれに馴染みのある暴力のほとんどが，暴力を徐々に振るうことで耐久力を漸次試すものであった。そして，暴力を振るうことができる速さには限界があった。暴力を振るう側には，苦痛と損害を任意に引き出せる貯蔵器のようなものはなかったし，暴力を振るうことができる速度にも限界があったのだ。問題は，もっとも長く持ちこたえることができるのは誰か，あるいは最終的に競争に勝つであろうことを誇示して敵を屈服に追い込むことができるのは誰かということだった。核の暴力においては，争う者の裁量によって早められたり遅められたりする性向よりも，一度きりの能力という性向のほうが大きい。兵糧攻めはゆっくり効いてくるし，海上封鎖はゆっくり締め上げることで効いてくる。一方，核の暴力は，意図的に保留したり，逐次割り振ったりもできる。おのおのの暴力は迅速に運搬できる備蓄量に依拠するが，その運搬量の総計は，予備戦力（あるいは有効な目標）をあっさり凌駕することになるだろう。

　西側同盟とソ連圏が持続的な核による破壊という絶対的な脅しによって相手を屈服に追い込めるのはどちらなのかをはっきりさせようと我慢比べを始めたとしたら，問題は，何らかの技術的性能によって規定される破壊のペースに対してもっとも長く生き永らえるのは誰かということではなく，持ちうるすべての運搬能力をもっとも効果的に活用できるのは誰かということなのであり，それは意図の問題である。もし相手が先に屈するのを期して可能な最大限の速さで両者が破壊を競い合ったとしたら，交渉するには短すぎる時間内に絶対的な破壊がもたらされるかもしれない。よって，いずれの側も相手が先に折れて休戦を求めてくることを期して意図的に最大限の破壊を開始することはできないだろう。時間が許さないだろうからだ。それぞれがおのおのの暴力をどのように小分けするかということを考えねばならないだろう。このことによって戦略に新たな次元が加えられる。すなわち時間経過における配分という次元だ。

　ここで話しているのは純粋に強制型の戦争についてである。そこではそれぞれが相手の反応への懸念から抑制されるのである。それはもっぱら苦痛を付与する戦争なのであって，どちらも苦痛を付与して得られるものは何もないのだが，さらなる苦痛を与えうることを示すために苦痛を与えるのである。またそれは，懲罰，示威，脅し，そして挑発と挑戦の戦争である。そこでは必ずしも，決意や勇気，あるいは生来の頑固さによって勝利が導かれるわけではないだろう。つまり，わが方の頑固さを敵が確信することで敵が勝負を降りるのを

195

促すかもしれないということだ。だが，頑固さが認知されることは強みになるだろうから，頑固さを演出したり頑固なふりをしたりしているとの疑いが生じるだろう。ここで話しているのは駆け引きのプロセスであって，いかなる数学的な計算によっても結果を予測することはできないのだ。私があなたの子供を学校帰りに襲い，あなたが私の子供を誘拐したとする。そして双方が，自分自身の子供の安全を保証するために相手の子供を活用しようとしたり，場合によっては他の何らかのもめごとも同様に片付けようとしたりしたとする。そのような場合，駆け引きがどのような形態になるのか，それぞれの手の内にある子供がどんな危害を加えられるのか，相手が屈すると予期するのはどちらか，あるいは相手が相手側に屈するだろうと予期するのはどちらか，そしてそうしたすべてのことがどのようにして生起するのかを教えてくれるまともな分析は存在しない。

　このような問題について書かれた分析がほとんどないのは尋常なことではない。ソ連は本気度を示すために米国の一都市を吹き飛ばすかもしれず，そうなれば米国はお返しにソ連の都市を2つ吹き飛ばさざるをえなくなる，そうするとソ連はお返しに3つ（あるいは4つ？）の都市を吹き飛ばさなければならないと感じることになる，そしてこのプロセスは激しさを増しつつ何も残らなくなるまで進んでいくだろう。そうしたことが時に論じられてきたが，それは表面的な議論だ。これは起こりうる重大事態であるが，少しも「当然」なことではない。報復が倍返しではなく半返しであったとしても必ずしも屈服的な反応とは限らない。決意，堅固さ，忍耐，侮蔑，そして正義を示すための戦略として何が適切なのかは，簡単には決められない。冷酷な苦痛の受容は冷酷な苦痛の付与と同じくらい厳粛なことかもしれない。スパルタに最後通牒を突きつけられたペリクレスがアテネ市民に語ったことはかかる本質を裏打ちしている。ペリクレスは，「もし私が貴方にそうさせることができると考えたなら，私は貴方に対して，貴方が屈しようとしているのは財産のためではないということをペロポネソス人に見せつけるために外に出て自分の財産を自らの手で破壊するように促すことだろう」と述べたのだ。

　これは奇妙で嫌悪感を覚える戦争だがよくよく考えてみるべきである。1回のいっせい使用でほぼ敵の社会を消滅させてしまうことが可能であるような，二者択一で一度限りの大量報復は，何か考えることを必要としないからといって，あまり「考えられないこと」というわけではない。一方，1回限りの受容行為は，どれほど悲惨な結末が待っていようとも1回限りなのであり，この世

第5章　極限の生存競争という外交

を去ること，そして運命を諦観するだけでなく責任を放棄することである。それでどっちつかずの状態は終わるし，さらなる脅しを伝える意図的で計画的な暴力に比べれば残酷な目的がないのだから——単に無目的なのだ——，あまり残酷ではないように見えるかもしれない。どうすれば恐ろしくなるか，どうすれば敵を恐怖に陥れられるか，どうすれば恐ろしげに振る舞えるか，そしてどうすればわれわれのほうが人間味に欠けるし開明的でもなく暴力と荒廃に長く持ちこたえられることを相手に納得させられるのかということを計算する必要がないのだ。意識的に遂行される「都市戦略」が拷問の醜悪さを持っている一方で，大量報復というもっぱら衝動的な行為は，十分破滅的であると考えられているのなら，より安楽死という行為に近い。熱核戦争が「相互自殺」に結び付けられてきた理由の1つには，生き続けることに比べて自殺はたいてい魅力的な現実逃避的な解決策であるということがあるかもしれない。意図的な「都市」戦略は，より醜悪なのかもしれないが，それでもなお自動的に進む全面的な狂暴性よりは理非をわきまえているであろう。

　それによって，いくつかの都市は破壊されるかもしれないが，すべての都市が破壊されるか何も破壊されないかは貴方の降伏次第だと口で脅すことで，確実に降伏に追い込むとともに双方とも生存し続けるのを期待できるのは当然だろう。一方，熾烈な対兵力作戦と，場合によってはいくつかの戦域における地上戦を遂行することでこのような状況に至る場合には，そうした戦いがなかった場合よりも，脅しに信憑性をもたらす主動性と死に物狂いの感覚がおそらく感じられるだろう。だがもし敵が降伏しなかったらどうなるのか。そのとき，単にすべてを破壊するか何もしないか以外の何らかの選択肢があるのなら，われわれはその中間にある強い印象を与える何かを考えるべきである。

　一度にすべてを破壊するのではなく，物理的に都市を痛めつけられないようにすることで大量報復の脅しに信頼性を持たせることができるかもしれない。一撃で都市を壊滅させることができる大がかりな爆撃機編隊を相手国に向けて飛行させたとする。だが，爆撃機は地上にあれば容易に敵によって破壊されてしまうがゆえに爆撃機を基地に引き帰すことはできないし，ずっと空中にとどまることもできない。そうなればすべての爆撃機が目標をいま叩かなければならない。さもなければ永久にその能力を失ってしまうからだ。そして交渉の時程に鑑みれば，爆弾投下をいったん始めれば途中で攻撃を止めることはできない。そのような場合，オール・オア・ナッシングの脅しには信憑性がある。少なくともわれわれがそう認識しているのと同じくらい相手もその事実を認識し

197

ている場合はそうだ。だがその場合でさえ，相手は応じない——あるいは爆撃機出撃の厳しい時程を省みない——可能性がある。都市に酷いことをできる出番を相手に持たせたまま，われわれは残念なことに相手の都市と一緒に自らが持つ影響力を吹き飛ばしてしまうにちがいない。さもなくば，爆撃機をすべて引き帰らせることで自らが持つすべての影響力を失うリスクを負わなければならない。ブラフをかけるということは，ブラフをかけているとみられてしまうのと同じくらいまずいことなのだ。

　したがって双方が折り合うまで混じり気のない核の暴力の相当な応酬が続くかもしれない。この際，潜在的暴力についての計算に鑑みて折り合う保証はない。一方の側が，仮に相手側の3分の2を破壊できる一方自らは3分の1しか破壊されないとしても，駆け引きに楽々勝ち，断然優勢なのだからとすべて思い通りにできるとは限らない。また，そうした側がバーゲニング・パワーのほぼ「3分の2」を有しており，敵よりも2倍の満足度（あるいは半分の不満足度）で決着することを期すべきだということも意味しない。必然的な結果だと双方が認識できるとの予期を両者に示してくれるような駆け引きの単純な計算法は存在しないのだ。

　一方の側が無条件降伏しなければならないと考えるべき説得力のある理由はないが，一方の側が無条件降伏しないだろうと考えるべき説得力のある理由もまたない。核の駆け引きが両者にとって「奏功」すればするほど，最終的に未使用の兵器がより多く残存するのである。無条件降伏がなければ，双方ともいくらかの兵器を保持し続けることになる（このことは攻撃対象となりうるいくつかの都市が双方に存在するということを意味するに過ぎない）。それは戦争終結を確定する方法ではないが，何らかの決定的な方法よりはましである。

決定的な問題——終わらせること

　この種の戦争は，意識的かつ計画的に，終結に導かれなければならないだろう。単にすべての攻撃目標が破壊し尽くされるか弾がすべて撃ち尽くされるかしたときに終わるわけではないのだ。要するに，もっとも価値のある目標を破壊せずにとっておくとともに駆け引きの手段として兵器を温存しておくという考え方である。ある種の戦闘の停止や中断は，言葉よりも示威によってほぼ暗黙のうちに始まり，やがて顕在化してくるような交渉過程を経なければ実現しないし，休戦協定に移行することもできないだろう。

198

第5章　極限の生存競争という外交

　戦争の終結に至る道筋は開始に至る道筋よりも重要かもしれない。おそらく最初の一撃よりも最後の言葉のほうが重要だろう。つまり，取っ掛かりの猛攻においては，迅速性や奇襲という決定的に重要なことに最大の関心があり，同じく決定的に重要なこと——軍事的帰結にはもはや疑いはないが最悪の損害が生じる可能性はいまだ残っているような終末段階——には注意が向けられない。さらに言えば，このような終末段階は，急激に始まるのであり，最初に撃ち放った弾頭が目標に到達する前に訪れることさえあるかもしれないのだ。そして，もっとも自信に満ちた勝者でさえ，敵に無意味で何らの望みもない最後の報復という狂乱行為を回避する気にさせなければならないだろう。かつては，戦争の初動について細部にわたって計画しておけば，戦争終結については状況に応じて描いていくことができたが，熱核戦争に関しては，戦争終結のためのいかなる準備も戦争が始まる前にしておかなければならないだろう。

　敵の無条件降伏でさえ，どうやって受け入れて統治していくかを前もって考えておかなければ，おそらく実現できないだろう。一方，軍事的に敗北して降伏を切望する敵は，戦争がどのように終結することになるかについて戦争が始まる前に思い描いていない限り，超音速の戦争という切迫した時間の流れの中で，無条件降伏の申し入れを伝え，それが真剣であることを証明し，条件を受け入れてそれを遵守する証を立てることはおそらくできないだろう。少なくとも，大規模戦争はいったん始まったとしても終結させねばならないという暗黙の了解が存在しない限り，いずれの側もこのようなことを考える誘因を失うだろう。

　相手の都市攻撃能力を削ぐためにひたすら対兵力行動をとり，双方ともに兵力を使い果たすという事態は想像しうることだ。だが，もしそれぞれが相手が何をしているのかを感知する能力さえ有していたとしたら，このようなプロセスの中で，それぞれが相手に対する損害付与よりも自らの損害限定について気を揉んでいることを認識できよう。したがって，和解のための共通基盤があるのは明らかであろう。さらに言えば，こうした軍事対決では，ある局面を越えると，敵兵力への攻撃を拡大するよりも，わが方の兵力は温存しておく一方で敵にはわが方の兵力を攻撃させておくほうが合理的になってくるだろう。よって，賢明な戦争計画とは，乏しくなった兵力に対して戦争終結をもたらす交渉力としての価値を前もって授けるものでなければならないし，敵に対しても対兵力攻撃の中でその交渉力を使い果たしてしまわない可能性を付与するものでなければならない。

199

当初の兵力に対する猛攻撃の後で人々への攻撃が意図的に始まるとしたら，それが限定的なものであれば，その間には中断があるかもしれないし，ないかもしれない。いずれにせよ，意識的な決定によって戦争に終結がもたらされなければならない。戦争そのものによって終結がもたらされることはおそらくないのであり，このような中断の引き延ばしにはそのための決定が必要であろう。

　いつどのようにして戦争を止めるかということは，その戦争がいかなるものであるのかということに依拠するはずである。だが，ここで話しているのは必然的に仮定の戦争，くわえて，動機付けの目標を仮定することさえいずれの側にとっても意味がないくらいきわめて非生産的であると全世界が予期する戦争についてである。こうした戦争は何らかのことから生じていた可能性がある。ドイツ，キューバ，東南アジア，中東の石油，宇宙や海底の占有，衛星国における反乱，暗殺，諜報活動，誤警報や事故，そして予期しない技術革新でさえ，どちらか一方が自国の安全保障に対する不安から戦争を仕掛ける何らかのことになりえたかもしれないのだ。だが，たとえ戦争に何らかの意味があったとしても，戦争そのものの危急の事情から，そもそもの何らかの意味がわけなく埋没してしまう可能性があるのだ。キューバ危機かベルリン危機が（あるいはU-2危機——U-2が離陸した基地をソ連が爆撃するおそれがあった——でさえ），全面戦争に進展していたとしたら，キューバ，ドイツの高速道路，あるいはU-2が離陸した滑走路などは，あっという間に戦争の蚊帳の外に追いやられていただろう。

　今日の兵器を手にしていれば，双方が和解よりも大規模戦争に突入するのを真に好ましいと思うような係争があるとはとうてい考えられない。だが，危機から発展した戦争が手に負えなくなるという事態は想像にかたくない。それでもその場合，望んだわけでもなく何らの利益も期待できない戦争に自らが陥っていると認識する国に対して，目的と目標を互いに設定することになるだろう。

　そのような戦争がとどまることができる特異点はわずかしかない可能性があり，先んじてそれを識別しておくことが重要であろう。たとえば，飛翔中のミサイルを呼び戻すことはできない（目標に到達させてはならない場合に当該ミサイルを飛翔中に破壊することは原理的には可能であるが，それが可能になるのはそのように設計された場合のみである）。また，無線封止中の爆撃機は任務を達成するまで呼び戻すことができない可能性がある。放射性降下物は，風に流され

200

重力により地上に降下するのであるから，休戦協定によってそれを止めること
はできない。自動的な決定と，途中で止まる見通しがまったくない計画は，お
そらくそれを妨げるものから影響を受けにくいだろう。また，避難行動をとっ
ている人々は手に余るだろうし，戦争におけるいくつかの出来事は狂乱と混乱
に満ちているため，ことをすぐに止めるべく，メッセージに反応したり意思決
定したりすることはできないだろう。

　異なる出来事には異なる時間尺がある。ミサイル攻撃は30分前（ミサイル
の飛翔時間に相当する）の通告で止められるかもしれない。航空爆撃について
は，敵の領空にすでに入っているのであれば数時間前に，防空識別圏外にある
のならもっと早く，通告すれば呼び戻すことができるかもしれない。もし大規
模な地上攻撃が始まって，予期のごとくいくつかの戦域でさらに大規模な戦争
に発展しているような場合，それを止めるのに要する時間はより長いだろう。
そして，双方ともほぼ同じタイミングでそれぞれの兵力を差し止める必要がお
そらくあるし，それが重要であることに疑いはないが，ゆえにそうしなければ
ならないのなら，すべての重要な行動を相互に同期して停止させることは可能
であろうが，そのような時宜を得た好機はせいぜいのところわずかしかない
し，あったとしても，双方がその機会に気を配り，前もってそれを識別してお
いた場合のみに可能なのである。

　もし明確な意思疎通がなかったとしたら，いかなる中断も，一方がミサイル
発射を止め，もう一方が最初の発射が止められたと認識するかどうかにかかっ
ているかもしれない。双方が信頼できる観測を行えるのが敵のミサイル発射で
はなく着弾であったなら，兆候の偵知とそれに対する反応のためにほぼ1時間
が費やされることになるだろう。一方の側がミサイル発射を止めた瞬間から，
それが誤りようのない突然の停止だと推定したとしても，ミサイルが着弾しな
いのを認識するまでにおそらく20分以上かかるだろう。そして，反応時間
（くわえて確認のための時間）を計算に入れると，最初に発射を止めた側が自国
への着弾も止められたことを認識するまでにおそらく20分以上かかるだろ
う。多くの戦争がそれくらいの時間尺で生起するかもしれないのだ。この際，
決定的な要因は情報である。敵の着弾が止められたことだけでなく発射が止め
られたことを知る能力によって，この意思疎通プロセスが異なるものになるか
もしれない。そして，抑止においてはしばしばそうであるように，敵側におけ
る情報も同じく重要なものでありうるだろう。もしわが方が止めたなら——わ
が方から止めても，敵の中止に反応して止めても——，敵に迅速かつ疑いなく

それを認識してもらわなければならないのだ。

　このような戦争がミサイルのいっせい発射と航空機の発進によって始まったとしたら，どちらかの爆撃機編隊の主力が目標地域に到達する前に戦争終結の機会があるかもしれない。ミサイルは，足の速い目標——地上の航空機や未発射のミサイル——を叩いたり，爆撃機の侵攻を容易にするために防空網を破壊したりするのにとくに優れているだろう。爆撃機が到達する前に停戦合意に到達すれば人口密集地に対する最大の危険は回避されるかもしれない。交渉のための時間は貴重だがほとんど持てないだろう。ただし結果はすでに予見できているのかもしれない。戦争が継続して爆撃機による攻撃段階へと進む誘因となるのは，停戦する気がないか，停戦に到達するための手段がないことだけであろうからだ（もちろん，すべての爆撃機が目標めがけて海を越える必要はない。いかなる「段階」も斉一ではなくおおよそのものである）。

　爆撃機は，戦争の動的な性格——休止場所や停止地点を見出すことの困難性やすべてを凍結することの不可能性——を鮮明に物語っている。爆撃機は，単純に「止まる」ことはできないのであり，空中にとどまって動いていなければならない。そして動くためには燃料を消費し続けなければならず，そうしているうちに搭乗員は疲労していくし，敵防空部隊は爆撃機を探しあてて識別する可能性がある。そして爆撃機間の連携が悪くなっていくことになる。航空機は基地に帰還したものの，停戦が偽りで戦争が継続している場合には，再出撃を余儀なくされるが燃料再補給などによって遅延し，結局，基地にいる爆撃機は脆弱となる可能性がある。航空機は，安全を確保すべく迅速に発進して，いったんは空中で敵のミサイル攻撃から逃れられるのだろうが，基地に戻ったときに——基地が残存していればだが——，新たな脆弱性を呈する可能性があるということだ。爆撃機が代替基地に向かわなければならないとしたら，その任務遂行能力はさらに損なわれるであろうし，不安定な停戦をもたらしたり維持したりするために行う敵への脅しもさらに弱まることになるであろう。

　それゆえ，安定的な停止地点は，慣性，重力，そして燃料補給の観点から物理的に可能であるとともに，指揮機能，通信，意思決定の速さ，そして利用可能な情報との一貫性がなければならないのみならず，裏切りや戦争へ後戻りする危険があってはならない。

第5章 極限の生存競争という外交

休戦と軍備管理

　いかなる形態の軍備管理においてもそうであるように，おそらく休戦の遵守がモニターされる必要があろう。休戦は，相手も同じように中断するかどうかを見極めるためにそれぞれが攻撃を差し控えるという，交渉によらない中断という形態をとる可能性がある。そして，相手が攻撃しないかを見極めるという条件付きでそれぞれが攻撃を差し控えるのなら持続すると感じとれるくらい長く続くといった，双方にとって認知可能な中断でなければならないであろう。だが，このように交渉を伴わない場合であっても，双方とも相手側に対する偵察活動を実施するだろう。ただし，いったん意思疎通が確立されたなら，交渉が持たれるのは間違いないだろう。

　もし戦争を止めることができるのだとしたら，単純な交戦停止によって戦争は終結するのかもしれないという見解を支持すべき納得のいく理由がいくつかある。意思疎通の困難性と停戦実現の緊急性に鑑みれば，単純な手はずこそが，もっとも強く心に訴えるだろうし，戦争進行の厳しい時程における交渉を唯一可能ならしめるものかもしれない。不完全な交戦停止だけが，暗黙の交渉や，単なる中断の引き延ばしによって実現される唯一の停止状態なのかもしれないのだ。引き続く交渉によって，かなり固定化した現状からどれくらい逸脱できるかは疑問である。いずれの側も何としても戦争に戻りたくはないだろうから，合意に到達せずともただそのまま停止し続ける可能性がある。それでも，交戦停止が部分的なものでしかなかったり，滞空する航空機の燃料切れといった理由でしかなかったりするのなら，より明確な取決めをせずに交戦停止を長らえるのはそもそも不可能である。そして，一時的な中断は最終的な取決めの主たる骨格を決定付けるものでは必ずしもないであろう。

　単純な交戦停止が，すべての休戦の形態の中で，もっとも妥当で実現の可能性が高いというのがもっとも強力な議論である。だが，一方の側もしくは双方が何らかの自然な「中断」を待たずに，交戦停止の意思と期待する条件を宣言したり吹聴したりする可能性がある（強者であろうと弱者であろうと，もっとも傷ついた側であろうともっとも傷つかなかった側であろうと，いまだ失うべきものがもっとも多い側であろうともっとも少ない側であろうと，戦争をはじめた側であろうとそうでない側であろうと，いずれの側も条件を明示する動機を先に持つ側になりうるのだが，戦争を始めたのは誰か，より酷く傷ついたのは誰か，最終的に失

203

うべきものを多く持っているのは誰なのかは明確でないかもしれない）。だが、「中断」の引き延ばしという無理のない単純な状態は、実際にそのような中断に到達するかどうかにかかっているのであろうから、急きたてるのはそれに反することなのだ。もし言葉でのやりとりを行うことができるとしても、いかなる手はずも生硬かつ単純であることをなおも予測しなければならないのであり、そのやりとりによって、現状維持、あるいは停止を同期させることさえ具体化されなければならないいわれはないだろう。「無条件降伏」を云々するのにはそれほど時間を要しないが、もし戦争が始まる前にすべてのことが検討されていれば利用できる単純な処方箋はいろいろあるかもしれない。

　戦争の停止が首尾よく運んだとして、次にもっともありそうだと思われるのは「漸進的休戦（progressive armistice）」である。この際、もっとも急を要することについて暫定的に一致しているのであるから、緊急性が小さいことに対して徐々に注意が向けられるようになっていく。最初の課題は交戦停止そのものであろう。もし突然停止する可能性があるのなら交戦停止は突然実現するだろうが、おそらくそうはならないであろうから、すでに呼び戻せないところにある兵力や行動に対する何らかの容認や了解が存在しなければならないだろう。また、合意された交戦停止の許容範囲を越えた敵の行動に対しては、制裁や復仇の脅しをかけなければならないかもしれない。

　次なる課題はおそらく残存兵力の処置であろう。この場合に起こりうる重要事は自主的な破棄であろう。もし了解事項の中に一方の側が残存する戦略兵器を自ら部分的または完全に無力化しなければならないということが盛り込まれていたとしたら、実行可能で検証も容易な方法を見つけ出さなければならないだろう。必要に迫られて急いでそうしなければならないとしたら、敵の航空機は特定の飛行場に着陸することを求められるかもしれないし、着弾をモニターできる地点に向けてミサイル（弾頭が武装解除されているか取り外されていることが好ましい）が発射されることさえあるかもしれない。また潜水艦は浮上してエスコートされたり無力化されたりするかもしれない。敵の残存兵器を処理する最良の方法の１つが、敵自らがそれを破壊することなのは間違いない。そして、それをモニターしたり促進したりする手法、あるいは爆破薬を提供してその破壊に参加するといった手法でさえ、戦争を継続して、乏しくなった兵器を数千マイルの射距離で撃ち放つよりもましであろう。

　「妨害なき偵察行動」は、このプロセスの重要な一部となるであろう。監視の受け入れは、それが制限的であろうと無制限であろうと、いかなる休戦にお

第5章　極限の生存競争という外交

いても絶対的な条件であるかもしれない。戦争の終末段階においては，容認された航空機その他の手段による妨害なき偵察行動として，「武装偵察」が有用であろうが，「非武装偵察」というものもある。

　いかなる軍備管理協定においてもそうであるように，そこには，ごまかしという問題があるだろうし，きわめて異質の2つの危険が存在する。1つは，敵がごまかしたり離脱したりする可能性があることであり，もう1つは，ごまかしてはいないのにそう見える可能性があることである。そうなれば，十分な確認行為はできなくなってしまい，取決めは崩壊する。休戦がかろうじて1時間続いているのだが，いくつかの核兵器がわが国に向かっている状況を想定してみよう。敵は戦争に逆戻りしてしまったのか。それはあと数分のうちに判明するかもしれない。それとも敵は，交戦に戻る意思がわれわれの側にどれくらいあるのかを試しているのか，あるいは復讐のために兵器を少しばかり紛れ込ませたのか。ひょっとすると，戦後におけるわが方の軍事力を減らそうとしているのかもしれない。あるいは，向かってくる潜水艦や少数の爆撃機には休戦についての話がまったく伝わっていなかったか指示が錯綜したために休戦前に付与された最後の任務を遂行すべきであると考えているのか。それとも，主敵の同盟国や衛星国という休戦状態にない国によってもたらされたものなのか。敵は休戦に入った後でわれわれを叩いたことを認識しているのだろうか。敵を誠実ならしめるために，復仇としていくつかの兵器を撃ち放ったとしたら，敵は，それを自分がしたことへの反応であると理解あるいは確信するだろうか。それともわれわれが新たに何か始めた——ことによると戦争に逆戻りした——と想定せざるをえなくなるだろうか。もし休戦がいまだ欧州戦線やいくつかの海外基地に及んでいないのなら，そこでの局地的活動が部分休戦の精神に反するものなのか，それとも単に休戦が及んでいない地域における軍事行動の継続であるのかをどうすれば判断できるのか。

　もしこのような疑問に答えを出せるのだとしたら，それは前もって問いが付与されて考えが巡らされ，中断や合意が実現したときにそれが呼び起こされる場合である。そして，兵器自体が設計され戦争計画も策定された時点でその妥当性が評価されてさえいるのだ。双方とも，自らの兵力を適切に制御できないがゆえに休戦の可能性が消滅してしまうのを回避したいと思うはずである。

　休戦によって，秘匿についての相反する感覚が生じるだろう。軍事的強者は自分のほうが強いことを実証する（あるいは確信する）ことができない状況におかれる可能性があるのだ。一方の側がきわめて非対称的な武装解除の合意に

205

屈しつつあるとしたら，その側は，駆け引きのためにどれほど強いかの証を立てなければならないが，その後，相手の武装解除要求を満たすためにはどれほど弱いかの証を立てなければならない可能性がある。ブラフをかけるためには，予備として兵器を隠し持っていると相手側に思わせるのが有益であろう。一方，本当は持っていない兵器の保有についてもっともらしく否定することができなくなるということは，おそらく停戦合意に従う上でいらだたしく危険なことであろう。

いくつかの厳しい選択

　戦争を成功裏に終結させる——あるいは最小限の悲惨さで終結させる——プロセスにおいて決定的に重要な選択は，相手側の政府，そして軍の指揮・通信における主要チャンネルを破壊するか，それとも温存するかということである。もし相手側政府の軍に対する指揮能力を消失させることができるなら，相手の軍事力の有効性を減ずる可能性がある。だが，同時に軍に対する指揮権限をも奪ってしまうなら，戦争終結，降伏，休戦交渉，あるいは兵器破棄を実現できる能力を持ったすべての者を排除することになる可能性がある。これは本質的なジレンマであるが，われわれには，敵の指揮・統制システム，敵の戦争計画と目標ドクトリン，そして敵の通信や軍事作戦遂行手順における脆弱性に関する専門的な知見がないのであるから，ここで結論を出すことはできない。明確な答えがないということを認識するのがわれわれのできるすべてである。勝者側の政府が取引相手たる相手側当局にたいてい欲してきたのは，交渉ができ，コミットができ，兵力を制御しそれを徹底させることができ，大使や査察団の不可侵性を保証することができ，残存部隊に権威をもって説明することができ，事実確認に必要な立証手順を共同策定することができ，そして自国にある種の秩序を確立することができることである。戦闘停止，撤退，降伏，時間稼ぎ，そしてわれわれへの支援提供といったことを軍に要求できる力を持つ組織化された敵政府の存在をわれわれは確認したくてたまらなくなるはずだ，ということを推定しうる説得力のある歴史的根拠があるのだ。このことと，敵指揮組織の破壊によって敵の第一撃を混乱させることで得られる利益とは天秤にかけて吟味されるべきである。どちらがいいのか明快な答えはあるのかもしれないが，本書はその答えを出すことはできない。われわれが知りうるのはそれが重要であるということだけだ。大雑把に言ってこの問題は，敵の指揮組織は

効率的な戦争遂行に必要不可欠なのか，それとも効果的な抑制や戦争終結に必要不可欠なのかということ，そしてわれわれにとってどちらがより重要であるのかということなのだ。

　敵国の政治指導部を指揮・統制手段とともに残存させることと，戦争終結に折り合いをつけることができるかもしれない軍の指揮組織を保全する一方で政治指導部を壊滅または孤立させたりすることには，もちろん差異があるかもしれない。いずれにしてもこれは簡単な選択ではない。文民指導者は国家存続を試みるであろうが，軍部はより強硬であり見返りのない犠牲をよしとするものだと考える者もいるかもしれない。他方，政治指導者には命を賭す何かに欠けているが，おそらく軍人は，その自己犠牲的な心構えがどうであれ，行動が無益であることについて現実的だし，政治体制の命運ではなく国家の存続のために献身するであろうと考える者がいる可能性もある。その答えもまた，専門的な知見に依拠するのであり，容易に得られるものではないだろう。だが，国家においては何らかの権力機構は必要であろう。戦争が兵力の完全な消耗のみによって終結すべきものでない限り，そして敵の「戦う意思」の粉砕という伝統的な原則が，敵の「生存意思」，指揮能力，そして「折り合う意思」の保全というさらに重要な原則に道を譲らない限りそうなのである。いわゆる「戦う意思」とは，心理学，官僚制，電子工学，規律と権限，敵の軍事計画における集権と権限委譲といったことを包含する際限のない隠喩的表現である。暴力を振るうことができる巨大な能力によって何らかの影響を及ぼそうとするなら，その影響を及ぼすことができ，ひいては戦争を制御下におくことができる何らかの組織が必要であることはしっかり認識しておいたほうがよいだろう。

　2つめのジレンマは，われわれが敵に対してかけたいと思うであろう時間的切迫の圧力によって生じる。緒戦のある段階を経た後にわれわれが軍事的に優越したと仮定しよう。その場合われわれは，さらに精力的に戦争を遂行すれば敵の残存兵力を漸次減ずることができる立場にあり，そうすることが敵の兵力を封じるもっとも効果的な方法であるかどうかを判断すべきであることに気づくかもしれない。敵は可能な限り迅速に，保有するすべての兵器を使用する。しかもわが方の民間被害を最大化するために使用するということをわれわれが確信したとしたら，迅速かつ惜しみなく敵兵力に照準を合わせるべきであるという結論に達するであろう。そうではなく，敵は中断と交渉を望んでいるもののその戦力が地上で破壊されるのを見るくらいなら使用するであろうとわれわれが確信した場合も，敵に対する全面攻撃の火蓋はあっさりと切って落とされ

207

るだろう。敵の能力を消失させるための全面的な努力と敵に決心を強要するための全面的な努力は，おそらく両立しないであろう。誤っても大事をとれるような無難な方策は存在しない。どちらが無難なのかわれわれは知るよしもないのだ。敵政府の打倒か保全かという選択についでもっとも重大，困難，かつ異論の多い選択は，敵の兵力損耗の速さを最大化するのかそれとも敵の兵力使用の切迫度をできるだけ高めるのかというものだろう。ここには，敵の能力を封じるための粗野な力の単刀直入な適用ということと，敵の振る舞いに影響を及ぽすための潜在的暴力の活用ということの相違を際立たせる論点が存在する。

　3つめの選択は同盟国の戦力に関連するものである。それは主として，独自の核戦力を保有する同盟国の選択であるが，米国もある程度は影響を及ぼしうる。今後10年間かもう少しの間，軍事作戦を遂行する上での同盟国の核戦力の有意性は小さいだろう。なぜなら，同盟国の核戦力は米国の戦力に比べればわずかでしかないし，われわれの攻撃目標にかかわる計画はきっちり調整されていない可能性があるからだ。同盟国が破壊できるであろうすべての目標は，おそらく米国も攻撃せねばならないと感じている目標だろう。

　もし同盟国の戦力そのものが攻撃に対して脆弱であったとしたら——おそらく航空機はそうだろう——，その戦力は破壊されるのを避けるために迅速に使用されなければならないかもしれない。そして，もし同盟国の攻撃目標と米国の戦争計画に一貫性があったとしても，同盟国はただ単に作戦の早い段階でその目標を攻撃し尽くしてしまうだろう（しかし，その対価に比べればほとんど価値はないだろう）。同盟国の戦力は，攻撃に脆弱であることに加えて，そのような性格を有しているとしたら，効果的に用いることができるのは人口密集地に対してだけであろうし，このような攻撃がうまくいくのは抑制や戦争終結の公算を損なう場合のみであるという真の危険要因が存在するであろう。こうしたことから，事実上同盟国は，破壊を期しているソ連の都市と同じく，米国の都市（そして同盟国自身の都市）をも脅かしていることになるのかもしれないのだ。

　もし同盟国の戦力が攻撃目標に向けてただちに飛んでいかなければならないほど脆弱ではなく，自国の人口密集地への攻撃を抑止するために温存できるのだとしたら，戦争が進展するにつれて浮上してくる重要なことが想起されるようになるかもしれない。つまり，もし米ソという主たる対戦者が軍事対決においてそのほとんどの戦力を使い果たしたとしたら，同盟国の戦力規模は，それまで比較の対象だった戦力が減ったというだけのことによって，相対的に強大

になるであろうということだ。戦争終末段階においてこのことがもたらす効果は，どんな終末段階においても交渉にも参画する用意が同盟国にどれだけあるかということに依拠するであろう。

　同盟国の視点からすれば，もっとも優れた戦力の用い方は，抑止を継続させるために戦力を温存して，戦争終結後に核保有国の地位を確保できるようにすることかもしれない。このような戦力の用い方は米国の視点からしても最良なのかもしれない。同盟国の戦力は米国の戦争計画に資するよりもそれを毀損する可能性のほうが大きいことが明らかになるかもしれないからだ。ヨーロッパ人は折にふれて，自らのソ連に対する不毛な戦いが米国は戦力を地上に温存している間に終わってしまうかもしれないことへの懸念を表明してきたが，これとはまったく反対の重大な可能性，つまり仮に同盟国の戦力が大して脆弱ではないのであれば，同盟国はそれを予備戦力と見なし，主たる戦力消耗は二大軍事大国の間でさせておくことを選ぶであろうという奇妙な含意がそこにあるのだ。

戦争における交渉

　戦争は駆け引きのプロセスであると考えるのが性分に合わない者もいる。暴力による駆け引きというのは，ゆすり，悪徳政治，冷淡な外交，そして下品で不法で非文明的なすべてのことといった趣がある。人を殺傷するのはまったくよろしくないことだが，何かを得ようとしてそうしたり何らかの並々ならぬ目的もなしにそうしたりすることはさらに悪いことのように思われる。一方，駆け引きには，宥和，政略と外交，敵との協調や連携，寝返りと妥協，そして弱さと優柔不断のすべてといった趣もある。だが，もっぱら破壊的な戦争を戦うことは，綺麗ごとでも英雄的行為でもない。単に無目的なだけなのだ。戦争を憎む者であっても，重い責任を伴う指令の必要性に対して目を閉ざすことで，戦争の醜さを消し去ることはできない。強制は戦争のならわしなのだ。また，戦争と政治を混同するのを嫌う者はたいてい，行為の目的を無視するか偽ることでその行為を賛美したがるものだ。いずれの論点も，共感に値するし，いくつかの戦争においては許されることかもしれない。だが，いずれの論点も熱核戦争という行為についての論争に決着をもたらすことはないはずだ。

　駆け引きとは何なのか。第1に，戦争行為そのものを巡る駆け引きがある。より狭い範囲に限定された戦争——朝鮮戦争，ヴェトナム戦争，あるいは欧州

209

か中東に限定される想定上の戦争——においては，戦争における戦い方についての駆け引きが顕著であり頻繁に生じる。いかなる兵器が使用されるのか。いかなる国家が関与するのか。いかなる攻撃目標が保護されたり正当化されたりするのか。いかなる参加形態ならば「戦闘」とみなされないのか。いかなる復仇や越境追撃の慣例，あるいはいかなる捕虜の取り扱いならば認められるのかといったことだ。このことは大規模戦争にも当てはまるはずである。人口密集地の取り扱い，放射性降下物の意図的な生成または回避，交戦や攻撃の対象としての特定国家の包含または除外，相手政府や指揮中枢の破壊または保全，力と決意の誇示，そして公然の駆け引きに必要な通信手段の扱いといったことは，作戦を司っている者の視界に入っているはずなのだ。こうした駆け引きの一部は，言葉によるメッセージ伝達とそれに対する反応という形で公然と行われるかもしれないが，その多くは，行動と敵の行動に対する反応のパターンという暗黙のものであろう。暗黙の駆け引きには，目標を目立つように叩くか目立つように避けること，特定の復仇の性格とタイミング，力と決意の誇示，目標情報にかかわる正確性の誇示，そして敵に意図を伝えたりいかなる類の戦争を期しているのかを体現したりするようないかなるものも含まれるだろう。

　第2に，交戦停止，停戦，休戦，降伏，武装解除，あるいは戦争を終結に導くすべてのこと——戦争を終わらせる方法および戦争を停止するための軍事的な必要条件——を巡る駆け引きがあるだろう。この条件には，兵器——数量，即応態勢，配置，保全，破壊——にかかわることや，呼び戻し限界を超えたり制御不能や説明不能の状態にある兵器と行動の処置，あるいは二者間にその位置付けを巡る論争がある兵器に関することなどが含まれるだろう。また，監視と査察，休戦遵守のモニターか単なる事実の立証か，強みあるいは弱みの誇示，不幸な出来事が起きた場合の違反行為の判定，第三国軍の動向監視，といったことも含まれるだろう。さらに，軍の再集結や再編，燃料再補給，ミサイルの発射機への搭載，修理と整備，そして国家をして新たな攻撃に直面することに備えさせるか新たな攻撃の実施に備えさせるかするための他のすべての措置，といったことも含まれるかもしれない。また，双方における人命と財産の損壊の程度についての議論と駆け引き，起きてしまったことの均衡性や公平性，罰を与える必要性や服従を強制する必要性，といったことも含まれるかもしれないし，警報システム，軍事通信手段，防空手段の廃棄または保全，といったことも含まれるかもしれない。そして，戦争に逆戻りしないための「人質」としての重要性に鑑みた場合の人々——退避しているかそうでないかにか

かわらず——の地位というものが含まれる可能性は非常に高いだろう。

駆け引きにかかわる第3の課題は，敵国の体制そのものにあるかもしれない。少なくとも，誰を敵国における権力者として認知するかを決めたり，取引する意思がある相手と何かを決めたりしなければならない可能性がある。交渉相手を軍当局にするのか文民当局にするのかを選択しなければならないかもしれないが，この際，戦争が容易に想像できる破滅的なものであるなら，決定事項の「継承」という問題があるかもしれない。敵国内に対立する複数の体制が存在することさえあるかもしれないのだ。つまり，軍の掌握を継承したと見なされる代わりになる指揮官や，代わりになる政治指導者——統制能力を獲得できるかどうかは通信手段を独占できるか，あるいは権威ある交渉者として見なされるかどうかにかかっている——がいるかもしれないということだ。承認や交渉のプロセスそのものから，いずれの側も相手側の体制をある程度判断することができる。このことは，同盟国——中国，またはフランスとドイツ——を巡って交渉をするか，あるいは同盟国や衛星国にかかわる主敵との取引を拒否してそれぞれの国との個別の取引にこだわるかどうかを決める場合にとくに当てはまる。

駆け引きにかかわる第4の課題は，局地戦または地域戦争が生起したすべての戦場における処置ということであろう。これには，領土からの撤退または占領，局地的な部隊の降伏，調整された撤退，住民の取り扱い，治安維持のための部隊使用，捕虜の交換，地方政府への権限の返還や移行，査察と監視，占領支配の導入，そして戦争の局地的な終結に関連するすべてのことが含まれるかもしれない。

大規模戦争の進行速度と緊急性がゆえに，そして何らかの休戦に到達するためにも，休戦という利害を優先し，戦場でのことは無視する必要があるかもしれない。もしそうであるなら，暗黙であろうと公然のものであろうと，戦場での戦いは，一方的な行動によって，あるいはただちに交渉を始めることによって止めるべきであるという了解がそこにあるのかもしれない。あるいは，戦場での戦いはさらに大きな戦争が新たに勃発するリスクを孕みながら継続することが予期されているのかもしれない。ことによると，主な戦争の成り行きによって戦場での戦いが取るに足らないものになったり，あるいは局地的な成り行きによって必然的な帰結が左右されてしまうことだろう。そして，いかなる場合においても戦場での戦いは同時性という深刻な問題を生じさせるだろう。つまり，戦場での戦いの進行速度は大規模な戦争に比べて遅いであろうから，大

211

規模戦争を終結せねばならない時程内で戦場での休戦を達成することは単純にできないだろうということだ。

　第5の課題は，長期的な武装解除と検証の仕組みである。これらは休戦そのものと一体化しているかもしれないのだが，安全かつ信頼できる戦争の停止とその後の安全かつ信頼できる軍事関係の維持は別の問題である。前者は，戦争が終わる前，航空機が基地へ帰還する前，緊張が緩和される前，そして人々の退避態勢が解かれる前に，一度に満たされるべき条件を包含するのであり，一方，後者は，その後に満たされるべき条件を包含するのである。

　かかる理由から休戦には，ジュリアス・シーザーの時代と同様，将来にわたる屈従の証としての抵当の確保が含まれるかもしれない。これがいかなる形態をとるかについて前もって言及するのは困難であるが，通信中枢の選択的な占拠，破壊指示の事前通告，国外からの援助に頼らざるをえなくすることを意図した特定施設の破壊，あるいは生身の人質といった形態が合理的だと思われるかもしれない。この種の抵当——力でなく交渉によって確保した抵当——がいかなる形態であろうともその目的は，抵当をとらなければにわかに消滅してしまう交渉力を維持するためである。それは，拘束力があまりに長続きしない場合，将来における屈従の証となるのである。強制力が働く期間と屈従を強制すべき期間との間に必要な相関関係がないのであるから，こうした原理は重要である。

　交渉にかかわる第6の課題は，さまざまな国家やテロリストの政治的地位——同盟やブロック圏の解消，国家の分割，その他戦争がたいてい「かかわる」ことであり，ことによると経済制度ととくに補償と禁制を含む——かもしれない。これらのいくつかは，地域戦争の処理において自動的に扱われる可能性があり，またいくつかは，交渉体制を決める中ですでに扱われている可能性がある。さらにいくつかは欠席裁判で決着するかもしれない。これまでも，戦争そのものが破壊的であるがゆえに，特定の問題の解決はもはや必要でなくなり，特定の案件は無意味となり，特定の国家は重要ではなくなっていたことだろう。

　駆け引きのための6つの問題のうち，1つめ——戦争における行為——については，戦争が理性的に行われるのなら戦争における行為は戦争に固有の性質である。2つめ——休戦または降伏の条件——については，戦争を停止させるプロセスに固有の性質であり，たとえ戦いに決着がつかずとも，ほとんどの条件は未交渉の段階で成立するかもしれない。3つめ——体制——については，

212

第5章　極限の生存競争という外交

交渉のプロセスに少なくともいくらかは潜在的にかかわっており，交渉開始を決定するためには何らかの選択と受容が必要である。4つめ——局地戦および地域戦の処理——については，休戦という喫緊の問題に決着がつくまでは先延ばしされるかもしれないが，すべての戦いが実際に止まるまで休戦は暫定的なもので当てにならない可能性がある。これらのことは，長期的な軍備管理の取決めや政治・経済の取決めにもおそらく当てはまることである。

　われわれがここで扱っているのは，深刻な不確実性という環境において，きわめて厳しい時程が要求されるなか，かつてそのような危機を決して経験したことのない人類によって行われる本質的に狂乱的で，騒々しく，破壊的なプロセスである。交渉は，打ち切られる可能性があること，不完全で，利那的で，不規則的であろうこと，そして，脈絡と一貫性を欠いた脅しや提案や要求が行われるなか，事実と意図の読み間違えに左右されるものであろうことを想定しなければならない。それゆえ，これら6つの問題は，交渉すべき事柄なのではなく，焦点になるかもしれない論点を整理するために列挙した項目である。つまり，ひとえに前もって戦争終結について考えるためのものなのであり，交渉そのものに資するためのものではないのである。

　どれくらい早期に終結交渉は開始されるべきなのか。それは戦争が始まる前であり，戦争に先立つ危機はある種の了解に到達するための好機だろう。いったん戦争勃発の可能性が切迫してくれば，当事国政府は，戦争そのものに対して強い影響を及ぼすであろう「戦略対話」を真剣に考えるかもしれない。平時においてソ連指導者は戦争における抑制という考え方を軽視する傾向があった。だからといって試みないのか。大量報復という抑止の脅しをかけることでソ連指導者に米国戦略を笑いものにする隙を与えてしまうかもしれないが，それでもなお彼らが戦争を深刻だと受け止めればその考え方を変えることができるかもしれない。戦争の瀬戸際において彼らはそうするだろう。真剣な対話が持たれ，戦争終結の到来，都市破壊競争の回避，そして意思疎通の確保についての期待が形成されるのは，戦争勃発の直前かもしれない。

　大規模戦争の最中に意思疎通を確立することに対してしばしば疑問が呈されるが，意思疎通が途切れてしまうのではないかというのが疑問として適切である。真剣な意思疎通は戦争の前に持たれるだろう。つまり，問題はそれを維持することなのであり，新たに導入することではないのだ。

213

第6章

相互警報の力学

　第一次大戦について書いた本が新たに発刊されるにつれ，それがいかに科学技術，軍事組織，そして1914年の中欧における地勢の影響を受けて始まったのかについて，より広範な評価がなされるようになってきた。鉄道と陸軍予備戦力は，ひとたび動き出したら止めるのが困難な動員という重厚なメカニズムを構成する噛み合った2つの大きな歯車だった。そして悪いことに，それを止めるのは危険なことだった。国家が戦争に備える段階というのは戦争を発起させる段階と同じだったのであるし，敵にはそのように映るのである。

　大戦がまさにいつ始まったのかを断言できる者はいない。まず鍵となるエンジン始動がなされ，続いてクラッチが外され，ギアが入れられ，ブレーキが解除され，衝突進路に入るまで行き足がついていったのだが，そこに「最終」決定はなかったのだ。それぞれの決定はそれに先立つ出来事と決定に一部引っ張られていたし，代替案がなくなるまで選択の幅は狭められていた。

　鉄道は，人員，糧食，軍馬，弾薬，飼料，包帯，地図，電話機を含め，陸軍を戦いに繰り出しうるすべてのものを数日間で国境——そこで攻撃発起するか敵と回合するかは敵がそこに先に到達しているかどうかによる——まで輸送することを可能にした。予備役制度は，平時つねに保持しうる規模の数倍の陸軍の展開を可能にした。政府や企業といったいかなる他の事業体をも覆い隠す規模での業務管理によって決められるべきことには，鉄道運行予定，物資集積所，召集および乗船命令，弾薬車ごとの軍馬の数，軍馬ごとの飼料，野戦砲ごとの弾薬，野戦喫食所ごとの兵員数，前線から戻った空車両の再使用，より多くの部隊，喫食所，飼料，軍馬を収容するための線路末端部からの立ち退き，人員のユニットへの振り分け，ユニットの大型ユニットへの振り分け，そしてこうしたことを機能させるための通信といったことがあった。

　このような驚くべき動員というものは，迅速性が必要という考え——陸軍を可能な限り前線に送る，敵の動員が緩慢ならその未完に乗じる，そして敵が先に前線に到達しているならその利を最小限に抑える——にとり憑かれているこ

215

とを映し出していた。動員の並外れた複雑性はそれに付随する単純さに見合う
ものだった。いったん動員が始まれば，止めるべくもなかったのだ。グラン
ド・セントラル駅におけるラッシュ時と同様，動員を一時停止したり減速した
りすれば混乱を来たすだろう。その場面のあるシーンで映像を止めることはで
きるだろうが，シーンが止まっている間はすべての動きが止まることになる。
エンジンの石炭は燃えず，夜は訪れず，軍馬の喉が渇くことはなく，雨ざらし
の補給品がそれ以上濡れることはなく，駅のホームがそれ以上混むこともない
のだ。だが実際には，プロセスが止まれば，兵士の腹はすくし，軍馬の喉は渇
くし，雨ざらしのものは濡れるし，軍務につくべき者の行き場はなくなるので
あり，そのプロセスは，霧に包まれた飛行場の上空で燃料切れになった航空機
と同じくらい変えようがないのだし，その場合の混乱もまた単に出費をかさま
せたりまごつかせたりするだけではない。行き足が止まるのだ。行き足が止ま
れば即座に再び動き出すことはありえない。動員の速度が落ちるのは危険かも
しれないが，途中で止まってしまう中途半端な動員はもっと悪いだろう。

　動員の行き足というものにロシアはジレンマを感じていた。ロシア皇帝は，
まずセルビアを破った後で向きを変えてロシアの脅威に対処するようなことを
オーストリアにさせないだけの十分な速度をもって，オーストリアに対する動
員をかけたいと思っていた。ロシア人は実際に不測事態における動員計画を有
していたが，それは南方正面に指向された部分動員であった。また，主敵ドイ
ツに対する全面動員の計画も有していた。全面動員は，ドイツの攻撃に対する
予防措置としては賢明だったかもしれないが，ドイツに脅威を与え逆にドイツ
の動員を呼び覚ますことになっただろう。オーストリアに対する部分動員は，
ドイツに脅威を与えることはなかっただろうが，全面動員に転用することはで
きなかったがゆえに，ドイツによる攻撃の危険にロシアをさらすことになった
だろう。鉄道網はこの2つの動員計画のために個別に整備されていた。ロシア
のジレンマは，オーストリアに対して動員をかけることでドイツによる動員の
脅威に直面するとしてもドイツとの平和に「信頼」してオーストリアに対して
のみ動員をかけることで平和を維持するか，それともドイツに対して動員をか
けることで対独戦に保険をかけるがそれによって東方の敵からあたかも総力戦
のための動員をかけられているような形になっているドイツと対峙することか
ということだった[1]。

---

1) Ludwig Reiners, *The Lamps Went Out in Europe* (New York, Pantheon Books, 1955),
pp. 134 ff を参照せよ。ここの3つの章——13-15, pp. 123-58——は，動員の力学とそれが

第 6 章　相互警報の力学

　仮に主要国が英国と同じような島国だったとしたらどれほどの違いが出てく
るだろうか。それぞれの国がもっとも懸念する敵から 100 マイルの荒波で隔て
られていたとしたら，第一次大戦時点での科学技術では，侵略側ではなく侵略
される側のほうが有利だろう。防者側は，出航の動きを十分つかんでいる敵兵
員輸送船を捕捉したり，敵上陸作戦を海岸で迎え撃ったりできるし，通信や補
給における内戦作戦の利も大きい——一方，敵の揚陸は海の穏やかさに依存す
る——といった点で有利であり，とくに，列車砲や沿岸砲，兵員輸送船攻撃用
の潜水艦といった防衛的な軍事力整備を行う国の場合はそうである。その利点
は，攻撃側でさえ敵を攻撃に駆り立てる外交術を考え出さなければならないく
らい大きいだろう。防者にとって速度は重要かもしれないがそれほどではない
かもしれない。疑わしければ，状況が判明するまで待つか，「部分的」に動員
をかければよいのだ。敵の大艦隊が積荷を搭載して海峡を越えるのに数日かか
るのだとしたら，防者側の 1〜2 日の遅れは問題にならないだろう。また，防
衛的な動員が他国に対する攻撃や挑発の脅しになることはない。
　拙速によってこのような違いがすべて生じるということは，戦争理論や造兵
学に固有のものではない。地理的条件や技術によって，スピードは決定的に重
要であったりそうでなかったりするのだ。だが 1900 年の欧州で活用できた輸
送や軍事の技術（それは戦争で実証済みだった）では，先に仕掛けることは決定
的であるように思われた。モード大佐は，クラウゼヴィッツの戦争論の序文に
以下のように書いている[2]。

　　勝利は，活用可能なすべての人員，馬，砲（海戦であれば船と砲）を，可
　能な限りの短期間に，可能な限りの最大運動量をもって，決定的な場所に平
　和裏に到達させる組織を作り上げることによってのみ保証されうる……自ら
　が有する手段の準備が整ったと認識するとともに，戦争は不可避であると見
　る政治家が先制攻撃をためらうとしたら，それは国家に対する背信行為であ
　る。

われわれは，たとえ技術進展の今後をコントロールできないのだとしても，

───────────────
　決心に及ぼす影響に関する私の知りうるもっとも優れた記述である。Michael Howard,
　"Last We Forget," *Encounter* (January 1964), pp. 61-67 も参照せよ。
2）Karl von Clausewitz, *On War* (New York, Barnes & Noble, 1956), introduction by F.
　M. Maude. この序文は明らかに 1900 年頃に書かれたものである。

217

望むものが何であるかは知ることができる。われわれの望むものとは，拙速の利を過度に生み出さないような軍事技術である。ロシア人であろうと米国人であろうと他の誰かであろうと，われわれはそれを望むのだ。最悪の軍事対立とは，相手に飛びかかれば勝てるがその動きが緩慢だったら負けると互いに考えているような対立である。モード大佐の言説に手を加えればこうなる。つまり迅速に攻撃するという条件付きで自らが有する手段の準備を整えた一方で敵も同様に準備を整えたと認識し，もし躊躇すれば有する手段と国を失う可能性があると認識し，敵も同じジレンマに直面していると認識し，戦争は不可避ではないが本当に起こりうると見ていながら，先制攻撃をためらう政治家とは——いったい何だというのか。

このような政治家はむごい立場におかれている。自分と自分の敵の双方が等しく嘆き悲しむことになるかもしれないという立場である。いずれの側も戦争を好まない場合でも，どちらか一方あるいは双方が様子見するのは賢明でないと考える可能性がある。この政治家は，特殊な科学技術——いずれの側に対しても，攻撃に対抗しうる保証も戦争をせずともよい明確な優越も与えない一方で，双方に攻撃の動機を生じさせるような科学技術——の犠牲者なのであり，相手も同じ動機を持つという一途な思い込みによってその動機が大きくなるとともに，「自衛」のために相手がフライングするのではないかとの疑念を双方が持つことになるのである。

敵との関係において国家がとりうるすべての軍事的な立ち位置の中でも，これは最悪なものの1つである。双方ともに不安定な科学技術——戦争の可能性を現実のものにしてしまうような技術——の罠に陥っているのである。危機において拙速を助長する軍事科学技術は戦争そのものを助長する。脆弱な軍事力というのは待ち受けができないものだが，待ち受けると脆弱になってしまうような敵軍事力に対峙する場合はとくにそうである。

兵力を，「進め」信号にスイッチを切り替えることで即座に動かし，事実上何らの前触れもなく決定的な損害を付与する態勢に持ち込むことができるとしたら，危機の行く末は，単にどっちつかずの状態に耐えられないと先に感じるのがどちらであるかに依拠する。もしいずれかの指導者が相手側の指導者は耐えられなくなりそうだと考えるなら，その指導者がスイッチを切り替える誘因は著しく強まる。

しかしながら，それは単にスイッチを切り替えるだけのことではないのはほぼ間違いない。やらなければならないことや探らなければならないことがある

218

のだ。探らなければならないこととは，敵が瀬戸際に近づいているのか，あるいはすでに戦力を発動してしまっているのかどうかを示す兆候である。一方，やらなければならないこととは「即応態勢」の向上であるが，いったい何のための即応態勢なのか。

いくつかの措置によって戦争開始に向けた即応態勢を向上させることができる。また，いくつかの措置によって攻撃に対する脆弱性は減ぜられる。1914年の大陸国家の動員システムにおいては，かかる措置に区別はなかった。攻撃に備える態勢をとることは攻撃をしかけることと同じことだったのだ。もちろん敵の目にもそのように映った。

戦争開始に向けた準備として国家がとれる措置と，戦争が敵にとってより魅力的でないようにしたり自分自身にとってより破滅的でないようにするために国家がとれる措置がオーバーラップするのは避けられない。警戒態勢と動員の手段を「攻撃的」と「防御的」のカテゴリーに仕分ける簡単な方法は存在しないのだ。いくつかのもっとも「防御的」な措置は，敵の攻撃を待ち受ける場合に重要であるのと同じくらい，戦争を仕掛ける場合にも重要である。シェルターが活用できる場合に人々をそこに退避させることは，敵がその日のうちに戦争を仕掛ける可能性があるなら，「防御的」な措置であることは明らかである。一方，その日のうちに自らが攻撃することを期しつつ反撃と報復に備えたいと考えている場合には，「攻撃的」な措置であるのも明らかである。同じく，飛行訓練その他の不急な空軍活動を差し控え，最大数の爆撃機を飛行場に待機させるのは，敵が攻撃してきた場合のより大規模な復仇を確実にする方策であるが，敵に対する攻撃態勢確立に向けた措置にもなりうる。

それでもなお，オーバーラップはあるにしてもおそらく違いも存在する。キューバ危機に際して広く報じられた即応態勢にかかわる措置の1つは，代替飛行場への爆撃機の分散配置であった。大都市に所在する飛行場の多くに空軍爆撃機の収容能力があった。爆弾を搭載した爆撃機を大都市の飛行場に配置するのは，平時においては高くつくし危険も生じうる迷惑なことだろうが，容易に敵ミサイルの餌食になってしまう爆撃戦力を敵と対峙させないようにするのが重要となる危機に際しては，爆撃機が分散配置される基地の数を2〜3倍増やすのは，いくらかの迷惑，いくらかの対価，そしていくらかの危険にさえおそらく見合うだろう。所属基地から離れて分散配置された爆撃機は，攻撃発起するには良好な状態にあるとは言えず，おそらく同刻に調整された攻撃を奇襲的に行う上での即応度は実のところいくらか低くなるだろう。とくに，敵の偵察

活動の影響を受けやすいがゆえにそうなる可能性がある。だが，分散した爆撃機の敵の攻撃に対する脆弱性はより小さい。それゆえ，われわれから仕掛ける戦争のための即応態勢と敵が仕掛ける戦争に対する即応態勢との対比は，この分散配置によって変わってくる。大都市の飛行場を喫緊の軍事目標に変えてしまうことが賢明であろうとなかろうと——爆撃機の安全確保を適度に改善する必要性が極端に大きくない限りそうなってしまうのは本末転倒である——，この分散配置によって，攻撃を仕掛けることで得られる利点が増えるのではなく，主として攻撃に対する脆弱性が減ぜられるということは少なくとも認識できるだろう。

　純然たる動員のタイミングにおける違いもおそらく存在するだろう。敵はおそらく，われわれが即応態勢確立のための措置をとっているときに，自らの即応態勢確立のための措置をとることができるだろう。敵がとった措置によって，われわれが戦略戦力によって突然奇襲攻撃した場合の利点が減ぜられるとともにわれわれがそうしない可能性がより確かなものになることで，われわれの攻撃に対する敵の脆弱性が減ぜられることになるのなら，単に敵にそのような即応態勢向上のための時間の余裕を与えることによって，わが方においては防御能力よりも攻撃能力のほうが相対的に減ぜられるか，「報復」能力よりも「対兵力」能力のほうが相対的に減ぜられることになる。双方が危機に際してそれぞれの兵力を警戒態勢におきつつ動員するやり方は，おそらく状況がますます危険なものになっていくかどうかということとおおいに関連するだろう。即応態勢の度合い，動員の範囲，戦略兵力の警戒段階の高さ，そして「対峙」の感覚というものは，緊張状況，何かが起こりそうな状況，そして敵対的な状況を顕在化させることになる。だが，もしそれぞれの側が突然攻撃することで相手が奪われるものがより少なくなるとともに，待ち受けの報い（拙速の報奨）が減ぜられるならば，丸一日の動員を終えてもその状況がさらに危険になるようなことはない可能性がある。

害をもたらす拙速の影響

　拙速の報奨——戦争の場合，戦争を仕掛ける側になる場合，または相手が第一撃を行うなら迅速に報復する場合における利点——は，軍事力に持ち込まれる可能性のあるもっとも大きな弊害の1つであるし，平和な状態から突如として全面戦争になるというもっとも大きな危険の源であることは疑いない。偶発

第6章 相互警報の力学

的戦争や意図しない戦争，つまりまったくもって意図されたり前もって計画されたりしていない戦争にかかわる考え方のすべては，決定的な前提——戦争において，そして一方が戦争を仕掛けようとしている場合において，拙速の利は存在するという前提，そしてそれぞれの側はこのことだけでなく相手が拙速に心を奪われていることを懸念するという前提——のうえに立っている。もし軍事力の性質が拙速と先制に決定的な利点を授けるのであれば，緊急事態において先制の衝動に駆られること——それは相手の先制を上回る先制というように無限に繰り返される——は，誘因の大半を占めることになるかもしれない。迅速に行動すべき切迫性がなかったとしたら，偶発事案，誤警報，故障，あるいは一時的なパニックによって誰かがいきなり全面戦争に突入する様を思い浮かべるのは難しい。敵よりも1時間早く攻撃することに決定的な利がなく1時間遅れて攻撃することにも不利がないとしたら，戦争が進行中なのかどうかを示すより良い証拠が得られるのを待つことができる。だが，速度が決定的に重要であれば，偶発事案や誤警報が生起した場合，それが本当に戦争である場合も，それによって敵が戦争——たとえ「自衛」戦争であっても——を予期する可能性が高いように見える場合も，偶発事案や誤警報に見舞われた側は，戦争への凄まじい重圧にさらされる。もし双方が互いに同じような衝動を相手に与え合うなら，この衝動はますます大きくなっていく。

　戦争を生起させるものは，機械的，電気的，または人為的な事故そのものではなく，それらが意思決定に及ぼす影響である。事故はおそらく意思決定の契機となるであろうことは，これまで誰もが言ってきたことかもしれないが，そのこととは区別される必要がある。処方箋は，単に事故，誤警報，あるいは未承認の企てを防ぐことではなく，意思決定を安定させることなのだ。事故が起きやすいという戦略戦力の性質——より正確には，起こりうる事故や誤警報に対する戦略的な意思決定が機微であるということ——は，戦略戦力そのものの安全と密接な関係がある。国家は，奇襲攻撃——先制攻撃や計画的攻撃——に対する自国の報復兵力の安全が適度に確保されているならば，このような騒ぎにそれほど迅速に対応する必要はない。自らが事態を見守ることができるだけでなく，敵自身が，相手が事態を見守ることができることを知って，相手の突発的な意思決定をそれほど恐れず，突発的な意思決定を行う誘惑にそれほど駆られなくなるとも想定できるのだ。

　しかしながら，奇襲攻撃によって破壊できない報復戦力に敵を対峙させる方法が2つある。1つは奇襲攻撃を妨げることであり，もう1つはたとえ奇襲さ

221

れても報復戦力が破壊されるのを防ぐことである。

　レーダー，ミサイル発射を感知するための衛星搭載センサー，そして核兵器攻撃の時期を知らせる警報システムというものは，わが方のミサイルや航空機の大半が，地上で破壊されてしまう前に，発射・発進するのに必要となるであろう一時の余裕をわれわれに与えるかもしれない。敵は，われわれが数分間で反応できるしわれわれには必要な数分間の余裕があることを知っているなら，われわれの報復を予期して抑止される可能性がある。だが，堅牢に守られた地下サイロ，可動ミサイル，潜水艦搭載ミサイル，常時在空する航空機搭載の爆弾とミサイル，秘匿されたミサイルと航空機，あるいは宇宙軌道上にある戦力でさえ，警報にそれほど大きく依存しているわけではない。それらは攻撃に生き残るように設計されているのであり，警報——場合によっては曖昧な警報——を受けてから数分のうちに発射されることで生き残ると予期されているわけではないのだ。報復能力という観点において，警報時間と生存性というものはある意味互いに補完的だが競合的でもある。ミサイル・サイトの分散配置や堅牢化，あるいは可動システムの開発・建設にかけた費用は，よりよい警報のために費やすこともできたであろうし，その逆も然りである。

　より重要なのは，それらは反応という戦略において競合するということであり，決定的な問いは，警報を受けたときにわれわれは何をするのかということなのだ。15分以内に反応できるシステムは，強大な抑止力かもしれないが，それほどの確証がなくとも警報を受けたと見なすときは，いつでも恐るべき選択をわれわれに迫ることになる。われわれは，反応速度をより大きくすることで誤警報によって戦争を始めてしまうリスクを高めてしまうことも，しばらく様子を見て恐るべき戦争を回避することもできる。ただし様子を見る場合には，警報が本物だったならば報復システムの機能が失われてしまうリスクがある（われわれが警報システムを信用せず実際に着弾するまで様子を見る傾向があることを敵が知れば，危機におけるわれわれの抑止力を減じる可能性がある）。

　おそらく問題の所在は，電気的なものにあるのと同じく，人的，心理的なものにもある。最高意思決定者——制限時間内に意思決定を下すことができる者——がコンピューターの敏速さにあわせて行動するにはあまりにも優柔不断であるのかそれともそれができるくらい賢明なのかどうかは，現代心理学のもっとも優れた成果をもってしても明らかにはならない。

　われわれは，警報なしで生き残れるシステムによって二重の安全を得ることができる。曖昧な兆候に直面した場合に様子見できること，事故や故障の発生

元を数分で突き止められること，そして不正確な警報への即時の反応に頼って
いないのを敵が認識することによって，敵もまた，事故に際して，数分間様子
見できるようになったり，危機において，神経質な振る舞いをあまりわれわれ
のせいにしなくなったり，敵自身があまり神経過敏でなくなったりする可能性
があるのだ（他方，もしわれわれが相手はモード大佐のアドバイスを聞き入れて
いると考えるなら，われわれ自身もそうするべきさらなる根拠を持つことになる！）。

　行動と同じように意思決定についても考えを巡らせるなら，計画的な戦争と
同じように偶発戦争（accidental war）も抑止されるべきものであることがわか
る。抑止は組織と軍事力を完全に制御できる立場にあって合理的な計算ができ
る者に指向されているとしばしば言われる。一方，事故は抑止が働いているに
もかかわらず戦争を誘発する可能性があると言われる。「戦争防止における抑
止原理の効力は，双方のほとんど欠点のない合理性に依拠する」とラーナーは
言う[3]。だが，より「偶発的」な類の戦争——冷静な計画ではなく，過誤，パ
ニック，誤解，あるいは誤警報によって生起する戦争——を，別個の問題，つ
まり抑止と関係のない問題としてではなく，抑止の問題として考えたほうが本
当は望ましいのだ。

　われわれは，われわれを攻撃するという敵の意思決定を抑止したいのである
が，敵がわれわれによる攻撃が切迫しているとは考えていない時分に冷戦の自
然な成り行きの中で熟慮の上冷静になされるかもしれない意思決定だけでな
く，危機の頂点で突然なされたり，誤警報の結果や誰かの心身故障によっても
たらされたりするかもしれない，不安の中での，冷静さを失い，脅えた状態で
死に物狂いになされる意思決定——米国による突然の攻撃が現実の可能性であ
ると考えられているときにとられる意思決定——もあるのだ。

　その違いは，意思決定の速さ，意思決定に活用される情報と誤情報，そして

3）Lerner, *The Age of Overkill*, p. 27. ちなみに，「非合理」は抑止を毀損するという場
　合，特定種類の抑止のみを意味している——あるいは意味しているはずである——。指導
　者は，非合理的に衝動的だったり非合理的に鈍感だったり，緊張に耐えられなかったり意
　思決定能力に欠けていたりする可能性がある。ヒットラーは「非合理」であるがゆえに抑
　止が困難かもしれないが，チェンバレンは同じように「非合理」であるが容易に抑止でき
　る。人が難局に対処する能力を持ち合わせていないことは，時として真珠湾攻撃やライン
　地方の再軍備といったことを生起させるのかもしれないが，おそらく多くの衝撃，事故，
　誤警報を緩衝するとともに，政府が危機から脱するのを正当化する助けとなるのであろ
　う。これは誤った狂気の類に直面する場合の慰めではない。われわれが理論を打ち立てら
　れる可能性はなおもあるのだ。

敵は自ら様子見することで何が起きるのを期待するのかというところにある。敵は，自ら始めた戦争によってどれくらい苦しんだり失ったりするのか，そして躊躇して戦争開始のタイミングを逸することでさらにどれくらい苦しんだり失ったりする可能性があるのかについて何らかの考えを持っているに違いない。また，戦争を回避しようとする双方による最良の努力にもかかわらず遅かれ早かれ戦争になる蓋然性がどれくらいあるのかについても何らかの考えを持っているに違いない。敵は，警報に接した場合，戦争が始まった可能性や様子見した場合のリスクについて何らかの見積もりや推測を持つ。敵は，戦争を始めるか戦争のように見えることに反応するかを決めるに際して，報復のみならず，自ら始めたわけではない戦争——われわれが始めた戦争——の可能性や成り行きについても意識している。このような予想——敵が意思決定に際して，警報が誤りか本物かの可能性について考えていること，そして自らは自制しても相手側が自制しない可能性について考えていること——は，計画的な戦争を抑止することと「偶発的」な戦争を抑止することとの間に違いを生む。

　それゆえ，偶発戦争は抑止に付加的な負担を強いる。相手が戦争を始めることがまったく戦争しないのに比べて魅力的に見えないようにするだけでは十分でなく，相手が始める戦争が，自分に対して仕掛けられるかもしれない，あるいはすでに仕掛けられたかもしれないと相手が考えるさらに悪い戦争——危機の中で起きる戦争，事故の後で起きる戦争，何らかの故障によって起きる戦争，あるいはわれわれの意図を読み違えて起きる戦争——に対する保険としてですら魅力的に見えないようにしなければならない。抑止は，敵をして危険がより小さいがゆえに先制戦争（preemptive war）を選択するのが無難だと決して思わせないように仕向けなければならないのだ。

　「偶発戦争」は軍縮への強い誘因としてしばしば引用される。さらに強力な兵器が増えて拡散することは，偶発戦争の危険をますます増大させるように思われるし，意図的攻撃は適切に抑止されると考える多くの者が偶発戦争生起の可能性は軍拡競争に生来つきものであると懸念している。

　しかしながら，事故を減らすために兵器保有量を減らしたいという欲求と，戦力の安全を十分に確保するとともに十分な数量を保持することの必要性には深刻な矛盾がある。戦力の安全と数量が十分に確保されていれば，まったく反応できなくなってしまうことを恐れて拙速に反応する必要がなくなったり，警報で興奮しているときにわれわれが平静でいられて敵の攻撃意図を疑うことができたり，われわれが平静でいられる能力を敵が確信できるようになる——敵

自身も平静でいられる助けとなる——のだ。一方，不十分で安全も確保されていない報復システムは，自らを神経過敏にするだけでなく，敵をも神経過敏にしてしまう一因になる。

　事故，故障，そして誤警報は（他のいかなることにおいてもそうであるように），より多くの予算を投じることで減らせる可能性があることに留意することも重要である。兵器，事故，そして軍事予算のつじつまを合わせることで，報復戦力の安全確保，報復戦力の制御，そして報復戦力との通信確保が軍事組織において重要かつ高くつく分野であるという事実がないがしろにされている。兵器数が所与であれば，より多くの予算投入はより信頼できる通信と指揮手順を意味し，予算が貧弱であることは機能不全や混乱や危害に対する安全確保が貧弱であることをおそらく意味するであろう。

　兵器の保有数でさえ有効である。「過剰攻撃（overkill）」を擁護するような書き振りをする識者はほとんどいないが，兵器，人員，そして意思決定の過程を束縛する手段——引き延ばし手法，安全装置，ダブルチェックや協議手続き，警報や通信途絶時の対応を定める穏当な規定，そして未承認使用や拙速な反応を回避するための機構と手法——を受け入れるさらなる余地が生じる可能性があるというのはおそらく有効な原理であろう。数に余剰があればこうした余地が生じることになるのだ。一方，数が乏しければ，これら束縛手段のことごとくが，某所の某兵器は命令受領できなくなる，発射すべきときに安全装置が解除されなくなる，そして遅延によっていくつかの兵器が発射の機を逸することになる，といった議論にさらされることになる。こうした議論に対する最良の答えは，少数の不発弾をこのすべての論争に寄せ付けないだけの十分な弾薬と，慎重な手続きと制限の仕組みによって時折生じる機能不全を受け入れる余地がわれわれにはあるということだ。

　こうした言説によって，大規模な戦略戦力が偶発的な発射や未承認の発射の影響を受けにくいということが立証されるわけではないが，そうである可能性はある。この議論に軍縮の問題は片付いたと主張するだけの十分な説得力はないが，考慮されるべき十分な重みがあることは確かなのだ。

「脆弱性」と抑止

　「脆弱性」は，1957 年にソ連がスプートニクを打ち上げた際に ICBM の試射に成功したと発表したことで劇的に現れた問題である。米戦略空軍の航空機

は，ソ連に向けて出撃すれば，膨大な損害を与え，彼らが思い浮かべるいかなる侵略に対しても議論の余地なきほど十分な罰を与えることができるであろうし，彼らがこの罰を予期せねばならないのであればその侵略を抑止するに十分であろうことを疑う者はなかった。だが，少数の基地に集中して配置され脆弱な状態にある大規模な米爆撃戦力を前兆なしに破壊する能力を彼らがまさに獲得しようとしているのなら，破壊される運命にある爆撃戦力による報復などという抑止の脅しは無力かもしれない。1957 年頃に頭から離れなくなり始めた脆弱性とは，ソ連による米国の人口密集地への突然の攻撃に対する米国の女・子供や生活の糧の脆弱性ではなく，戦略爆撃戦力の脆弱性だったのである。

　こうした脆弱性に対する懸念は，レーダーによる大陸間弾道ミサイル警報に接したなら離陸することで生き残れるように，爆撃機の警戒即応態勢向上をもたらした。そして，アトラス・ミサイルのような「無防備」で大型な液体燃料ミサイルの放棄をもたらすとともに，ミニットマンやポラリスといった報復の脅しを効果的にかけられるであろうミサイルへの換装を，分散・堅牢化されたサイロへの配置あるいは潜航する潜水艦への搭載と併せて，急がせることになった。アトラスは，もし生き残ることができたなら，1 基で数基のミニットマンと同じくらい効果的な報復ができるだろうが，攻撃されても生き残ると説得力をもって脅すことはできなかった。1950 年代終わりから 60 年代初めにかけて，戦略兵器システム選定のための主たる要件は攻撃に対する非脆弱性であったが，それは適切であった。脆弱な戦略兵器は，攻撃を誘発するだけではなく，危機において様子見したいのかもしれない米政府をして攻撃に出るのを余儀なくさせる可能性がある。

　脆弱性は，1948 年にジュネーヴで開催された奇襲攻撃に対する保障措置に関する交渉における中心的テーマだった。戦争が奇襲的に始まることは取り立てて悪いことではない。もし人々が殺されようとしているのであれば，殺される少し前に悪いニュースを聞くことは小さな慰めにはなるだろうが。軍縮会議で検討に値する範疇に奇襲攻撃が入るのは，まさにこの戦略兵器システムの持つ性格，つまりおそらく「奇襲」が攻撃の成功を容易にし，魅力的な攻撃によって抑止が毀損されるだろうからである。だが，奇襲成功の目安になるのは，奇襲攻撃がいかにうまく攻撃を仕掛けた国に対する報復を未然に防ぎえたかであろう。成功の尺度は，奇襲攻撃でどれほど迅速に都市を破壊できるかではなく，被攻撃側の戦略兵器を破壊できる公算であろう。もし迅速な奇襲によって地上の敵爆撃機を打撃できるなら，敵の都市には時間をかけて処置できるだろ

う。奇襲を無効にしたり奇襲に対して戦略兵器の脆弱性を減じたりできる可能性のある手段は，もし双方が活用可能で場合によっては双方が協力することで生まれるなら，攻撃されない保証を双方に与えて攻撃への誘因を減じることで，抑止を安定させ信頼性を高めることができるかもしれない。

　こうして，偉大な軍縮会議が，女・子供，非戦闘員，そして人口中枢ではなく，兵器そのものを防護する大規模な手段のために努力を傾注するという奇妙な現象が生じるのである。もし「オープン・スカイ」構想が，爆撃機やミサイルをより安全にし，誰が戦争を仕掛けるかにかかわらず報復の脅しの有効性を保つことができるなら，事前に戦争勃発を察知できるからではなく，戦争勃発の可能性が減じられるがゆえに，女・子供はより安全でいられるであろう。ある都市が限られた数の防弾チョッキしか装備していなかったら，簡単に打ち負かすことができない警察によって市民の安全を守ってもらうために，おそらく警察官に配布されるはずである。

兵器の性格──力と安定

　したがって，その時代の兵器体系，地勢，そして軍事組織に表出する「戦争または平和に向かう生来の性向」とでも呼ぶこともできるであろう何かが存在する。軍事力と軍事組織は，国際紛争における唯一無二の決定的要因であるとは考えがたいが，中立的であるとも考えることはできない。兵器は，戦争または平和の展望に影響を及ぼす。良くも悪くも，兵器体系は，計算，予測，意思決定，紛争の性格，危険の評価，そして戦争開始の本質的なプロセスを決定付ける可能性がある。いかなる時においても，危機において戦争を始めるのが賢明なのか様子見することが賢明なのかは，兵器の性格が決定するか決定の助けとなる。つまり，攻撃される側の国家の準備が攻撃そのものを準備しているとみられるのかどうか，戦争の瀬戸際にあって交渉のための時間がどれくらいあるのか，戦争そのものがいったん始まればまったく制御できなくなるのかそれとも政策や外交との連携を維持できるのかということを，兵器の性格が決定するか決定の助けになるのである。

　この影響力を「兵器体系」だけに負わせるのは，あまりにも狭い範囲で科学技術に関心を集中させすぎている。この影響力を併せ持つものには，兵器体系，組織，計画，地勢，通信，警報システム，そして情報があるし，戦争遂行に関する考えやドクトリンですらそうである。ここでの論点は，軍事要因の複

雑性は戦争でありうるプロセスにおいて中立的ではないということだ。

　これは明らかに一方的な見方である。弱者が強者を攻撃する可能性は小さく，そこには何らかの「抑止」が働いているとほとんどの者が認識している。だが私が思い浮かべているのはこのことではない。もし相対戦力だけが重要な意味を持つとともにその評価が容易であるならば，ことは単純であろう。平和時であれば，強者が弱者または強者を口説き落としたり，強者は弱者に対して安全でいられるだろう。そして，バランスや優越を図るための連合が形成されるかもしれないが，それは単純な数合わせの問題であろう。だが，私の言う「兵器体系」とは，影響を及ぼす要因そのものとして広範に定義されるものである。私は，単なる数合わせではなく，この性格に言及している。軍事の複雑性は，「力」を象徴する数によって的確に描写できるものではないのだ。

　1つの重大な特質がいままさに議論されている。迅速性，主動性，そして奇襲への依存ということだ。これは「力」とは異なる。もし航空機1機で飛行場の航空機45機を破壊できるとしたら，相手の航空機を地上で捕捉することがおそらく決定的に重要であり，相手よりもより多くの航空機を保有することはほどほどの強みにしかなりえない。もし戦争を仕掛ける側が優位になるのであれば，実戦配備された軍事力の目録——数の上での双方の比較——は，成り行きを決定付ける上でそこそこの価値しかないのだ。さらに言えば——そしてこれは強調すべき論点だが——，戦争生起の蓋然性は，フライングによって得られる報償がどれほど大きいのか，戦争そのものを戦争を開始することでヘッジしようとする誘因がどれほど大きいのか，危機において平和の疑わしき点を不問に付すことで受ける罰がどれほど大きいのか，ということによって決まるのである。

　「力」は重要な次元であるが，「安定」——奇襲を受けない保証，様子見する場合の安全確保，フライングしても得はない——という次元も重要である[4]。

　安定そのものは，静的次元と動的次元の双方に属する。静的次元は，いずれ

---

4) このことに精通していないなら，ウォルステッターの古典 Albert Wholstetter, "The Delicate Balance of Terror," *Foreign Affairs*, 37 (1959), 211-34 を必ず参照すべきである。それは，「脆弱性」問題と抑止の安定について専門的に扱う上での分水嶺となっている。Malcolm Hoag, "On Stability in Deterrent Races," *World Politics*, 13 (1961), 505-27 は，代替軍事技術とそれが生む軍拡競争の形態を対比している明快な理論を表した。シェリングとハルペリンは，T. C. Schelling and Morton H. Hulperin, *Strategy and Arms Control* (New York, Twentieth Century Fund, 1961)，とくに Chapters 1, 2, and 5. において軍拡競争の含意について検討している。

かの側が戦争を仕掛けた場合の，いかなる時においても期待される成り行きを反映している。一方，動的次元は，一方の側または双方が，警報，動員，示威行動，その他時の経過とともに判明する行動が原因で戦争に向けて動くべきである場合に，事前の予測に何が起きるかを反映しているのであり，危機においてとられる措置を包含している。われわれは，戦争生起の可能性に備えるにつれて脆弱になるのかそれとも非脆弱になるのか，そして敵は，より脆弱になるのか非脆弱になるのか，あるいは自身の非脆弱性と攻撃を仕掛ける必要性に取り憑かれることになるのかそうでないのか。同じく重要なことは，今日われわれがとる措置の結果として，明日，そして明後日に何が起こるのかということだ。もしわれわれが今日自らを脆弱にしてしまうなら明日の代償を今日払うことになるのか。

　爆撃機は，この動的な問題の際立った一例である。警報に接した場合，爆撃機は離陸することもありうる。爆撃機は，離陸したなら，まず目標に向かうべく飛行するはずである。それが戦争であるなら，次に何が起こるかを見極めるためにうろついて時間と燃料を無駄にするはずはない。航空機が目標に向かって前進している間，呼び戻されるか任務が承認されるかのいずれの場合もありうる（「積極統制」という指揮手順に基づき，任務の承認がなければ基地へ引き帰すというのが実際の手順である可能性がある）。だが，呼び戻されたなら，基地という相対的に脆弱な場所に向かって引き帰すことになる。爆撃機は，燃料を必要としているし，搭乗員は疲弊しているし，整備作業が必要かもしれないし，てんでバラバラに行動している。要するに爆撃機は，離陸する以前よりも，より脆弱であり，攻撃への即応性は小さいのだ。

　これは，時間の切迫を包含する動的な問題なのであり，長く維持されることのない状態である。それは，解決できない問題ではないが，未解決の問題である。第一次大戦における鉄道動員のように，爆撃機運用の仕組みは，うろついたり基地へ引き帰したりする可能性を無視することで初めて，単純明快かつ効果的なものになりうる可能性がある。その手順は，整然とした基地への帰還を促すことにおいて妥協したものでない限り，第一次大戦の鉄道動員の時のように，意思決定を強制する可能性がある。そしてそのまま進むか引き帰すかのいずれの場合においても，妥協的な意思決定がなされる可能性がある。航空機は，誤警報による戦力消耗と基地に整然と戻れない場合に払う対価の高さがゆえに，所望の時期に離陸できない可能性がある。あるいは，戦争に突き進むという意思決定は，航空機が一時的に戦争継続にとって好都合な位置にあるが呼

び戻すには不都合な位置にあるという状況によって強制される可能性がある[5]。

　もし双方がかなり組織化されている場合，あるいは一方の側のみが組織されている場合でさえ，事実上の戦争がある種の誤警報の結果生じる危険が大きくなる。これが，戦争に向かう性向に影響を及ぼすとともに「力」の計算の範囲内に収まらない軍事力の特質の１つである。米戦略空軍がこの問題を認識し，それを最小限にする措置をとってきたことは疑いない。ここでの論点は，単にこの措置が必要であるということ，そしてそれには何らかの対価が伴うことに疑いはないこと，そして航空機の技術がこの問題の解決にいかに影響を及ぼすかということである。航空機が設計された時点，あるいは滑走路や燃料補給施設が提供された時点でこの問題が認識されないなら，問題解決策はおそらくより不完全になるか高くつくだろう。

　もしそもそも冷却燃料を使用すべく開発されたミサイルから固体燃料ミサイルへの換装がそれほど早急に進まなかったとしたら，ミサイルに燃料を充填せねばならないがゆえに，同様の問題が生じていたかもしれない。ミサイルの燃料充填に時間——15分かそれとも１時間か——を要するとしたら，そして液体燃料ミサイルの即応態勢を永続的に保持できないとしたら，おそらく爆撃機の問題と非常に似通った問題が生じるだろう。ミサイルへの燃料充填は，単純ではなく，慎重を要する行動である。燃料をいくらか無駄にするかもしれない対価，そして危機が過ぎ去った後で発生するミサイルそのものの整備作業という対価と引替えに即応態勢の強化は達成される。もし燃料が枯渇し始めたり，

---

5) Roberta Wohlstetter, *Pearl Harbor: Warning and Decision* (Stanford, Stanford University Press, 1962) は，危機における情報評価の問題を分析しており，情報とそれに対する反応において必須の相互作用について指摘している。ウォルステッターは，「キューバ・ミサイル危機においては，行動の幅がきわめて狭かったので，不明確な警報に基づいて行動がとられるかもしれない……もし思い切った行動という選択肢しかなかったなら，われわれの躊躇はもっと大きかったことだろう。この際，警報の問題は意思決定の問題と切り離しえない……われわれは，惨事を避けるかやわらげるべく，兆候に即して適時に行動する機会を生かしうる……われわれの反応を保有する情報の曖昧さに適合させるとともに過誤と不作為のリスクを最小限にすべく，準備する反応の幅を，洗練し，細分化し，より選択的にすることでそのようにできる」と述べている。Roberta Wohlstetter "Cuba and Pearl Harbor," *Foreign Affairs*, 43 (1965), 707. 動けなくなるのが確実になるくらいひどく行動の幅が制約される例としては，オーエンによる 1936 年のラインランド危機の議論，Henry Owen, "NATO Strategy: What Is Past Is Prologue," *Foreign Affairs*, 43 (1965), pp. 682-90 を参照せよ。

第 6 章　相互警報の力学

液体燃料ミサイルが機械的疲労や破壊を起こしやすくなり始めたりするなら，ミサイルを即応態勢におくというのはリスキーな決定である。そもそも即応態勢をとらなかった場合に比べて，ミサイルの即応態勢が短期間のうちに低下するというリスクがあるのだ。そのことによっておそらく，空中で燃料を消費する航空機と同じように，意思決定が強制されるだろう。いったんミサイルが，燃料が充填され即応態勢におかれるとともに，短期間で即応できなくなってしまう恐れが生じるなら，戦争開始に向けた意思決定が強制される可能性があるのだ。一方，ミサイルを動員プロセスにおくことでかえって危険になってしまうことから，即応態勢をとらないままでいるという意思決定が強制される可能性もある。

　1960 年代半ばには，米国の戦略兵器システムと 1914 年の動員プロセスとの共通点はあまりないようにみられた。ミニットマンとポラリスという生存性に優れ迅速な射撃が可能なミサイル，そして爆撃機の慎重に設計された警報手順は，危機における意思決定上の制約や圧力を局限するように思われた。戦略兵器システムの警報と動員プロセスに表出する「動的不安定性」は最小限であるかのように見えたのである。

　しかしながら，何人かの評者はこのことは不利に働くと考えた。敵が米国の示威行動——一時的に即応態勢を上げること，つまりリスクをとることをいとわない意思を示すための措置をとって実際に戦争のリスクを高めること——によって敵を強制するのはそれほど容易ではないと考えたからだ。危機に際しては，直ぐに運用態勢をとることができるミサイルよりも爆撃機のほうが使えると考えるものも何人かいた。爆撃機は，離陸，民間飛行場への分散といった劇的な行動によって，戦争準備を演出することができるであろうからだ。

　彼らは正しいかもしれない。認識すべきは，筋肉を収縮させてもそれが高くついたりリスクを伴ったりしない限り強い印象を与えないということだ。危機に際して，航空機が轟音とともに離陸して行動を誇示することができるが，そのこと自体に生来のリスクがなく，燃料や乗員の疲労において穏当な対価しか伴わないとしたら，ほとんど示威行動にならない可能性がある。強い印象を与える示威行動とはおそらく危険な示威行動である。われわれはそれを両立させることはできないのだ[6]。

---

6) ファークツは，その著書 Alfred Vagts, *Defense and Diplomacy* (New York, King's Crown Press, 1956) の 1 章を割いて，「軍事的示威行動」について豊かに論じている。ファークツは，ディズレーリとチャーチルを力強く引用しつつ，示威行動が当を得ずに断固

231

動員——現代における例証

　それでも，動員において重要な領域は存在する。それは，ほとんど認識されず過小評価されているのだが，良くも悪くも，危機に際してきわめて重要であることが立証されるかもしれない。それは，示威したい場合には好都合に作用し，一方，国家の意思決定者を激しい意思決定の圧力にさらすのを好まない場合，とくにそれについて予期も考慮もされてこなかった場合には不都合に作用する。それは民間防衛という分野である。

　ミサイル迎撃用ミサイル，航空機迎撃用ミサイル，そして要撃戦闘機が「積極的防衛」と呼ばれる一方で，民間防衛は，しばしば「消極的防衛」と呼ばれる。ある意味重要なことに，単語はありふれた意味を持つものなのだが，もっとも積極的なのがおそらく民間防衛であり，もっとも消極的なのが「積極的防衛」であろう。万が一ミサイル迎撃用ミサイルを人口中枢地に配置するなら，そのミサイルはおそらく，相当継続的な即応態勢をとり，顕著な即応手順がなく，脅威対象が頭上に現れない限り使用されることのない自ら緊急即応するミサイルとなるだろう。この他にも，即応手順がなく動員の意思決定を前もって行う必要がある弾道ミサイル防衛の類を思い浮かべることができる。それは，攻撃が予期されるような危機に際して打ち上げられなければならないおそらく短命の軌道システムのことであり，弾道ミサイル防衛と同じような性格を持つだろう。だが，現在検討もしくは開発の途上にあるこのシステムは，比較的「消極的」であるように見える。それは，連続的な即応態勢を維持し続け，頭上を越える敵対的な目標が局地的に現れたときのみ発射されるだろう。

　民間防衛はこれとはまったく対照的だろう。シェルターがもっとも機能するのは人がそこに入っている時なのであって，シェルターに入る最良のタイミングは戦争が始まる前である。敵が弾道ミサイル（そのいくつかは都市を狙っていると予期される）を発射するまで待つということは，現実的な状況下で検証さ

たる意図とは反対のことを示してしまうことを警告する。ファークツは，ここ 30 年間における根本的な変化は「外交という手段」の中で起こってきたとも考えている。つまり「ほとんどではないにしろ多くの西側による示威行動は，外向けではなく内向けのものである。ロシア人に向けられているというよりも自国の市民に向けているのだ。」ファークツがその主張を変えたかどうかにかかわらず，10 年後の今日においてその論点は有効である。

第6章　相互警報の力学

れたことが一度もないシェルター避難の緊急手順に人々を委ねることであろう。たとえ初めは敵にわが方の都市を攻撃するつもりがまったくなかったとしても，攻撃された地域からやってくる放射線降下物がほんのわずかの時間から数時間の間に到達する可能性がある。だが，戦争のパニックと混乱の中でおそらく数時間というのは十分ではないだろう。さらに言えば，家族が集まり，ガスと電気を止め，所要の補給を済ませ，火災の危険を減じ，年寄りや病人を残置し，パニックを局限して，人々がもっとも整然とシェルターに入るには，戦争が始まる前に入らなければならない。

　このことは戦争開始前のシェルター避難が避けて通れないことを意味する。まさにここにジレンマがあるのだ。シェルター避難が，戦争を予期していることそして戦争を仕掛ける意図があることの兆候としてとられるなら，相手の注意を呼び覚ますことになる。奇襲は，シェルター避難しないことで成立するのだ。敵に対する奇襲の利が備えのない自国民への奇襲という対価に見合うものなのかどうかを国家指導者は判断しなければならないが，それは厳しい選択だろう。自国民に警鐘を鳴らすことが敵の注意を呼び覚ますことを意味するなら，そんなことはできるだろうか。ひいては，敵に対する奇襲が自国に対する奇襲を意味するなら，そんなことはできるだろうか。

　シェルター避難がオール・オア・ナッシングの行動であるとは考えられない。だが，政府がこの問題を深刻に受け取るなら，部分的あるいは漸進的な避難の措置がこの措置そのものを促すことになるのはほとんど間違いない。大統領または首相は，もし真夜中に24時間以内に戦争が始まる公算が著しく高いと考えるなら，翌朝人々を仕事に向かわせることができるのか。あるいは，家族が共にいられるように，都市の公共交通が危険にさらされないように，人々が休日を民間防衛速報にダイヤルを合わせることができるように，最終指示が伝達されるように，そしてある種の秩序が維持されるように，休日を宣言すべきなのか。おそらく激しい戦争がどこかの戦域で起きているゆえに全面戦争の可能性がある閾値を越えてくるなら，年寄り，病弱な者，そしてシェルター施設から離れている者は，シェルターに入れなかったり，入る態勢になかったりするのではないか。いくつかの不急の経済機能は停止すべきではないのか。大統領や首相は，戦争の可能性が顕著になってきているのを知りながら，すべての国民をいつもと同じ無垢で攻撃に対して脆弱なままで放っておくことができるのか。一方，いかなるシェルター退避も，戦争が切迫していることの劇的な兆候となって状況が戦争そのものに傾いていく可能性があり，避けられるべき

233

である。だが，危機に際してオール・オア・ナッシング的な突然の活動停止や
なだれ込むような退避にならないように漸進的に行われるのであれば，シェル
ター退避は劇的でも危険な示威行動でもないという考えにも同じく説得力があ
る。

　シェルター退避だけが「消極的防衛」ではないかもしれない。核兵器が発す
る熱放射に対する防衛要領の１つに大気中への煙や煙霧の放出があるが，これ
が消極的防衛なのか積極的防衛なのかは意味として不明確である。濃密な煙の
層にはおそらく効果があるだろう。わが方のミサイル防衛がゆえに敵が核兵器
を遠距離で爆破せざるをえなくさせることができる場合はとくに効果的だ。だ
が，煙の層は，おそらく敵兵器が視界に入った後では即製できないのであり，
戦争が始まる前にいぶし器を運用状態におく場合にもっともよく機能するだろ
う。このことは，それが相手側に何らかの兆候を与える危険を伴う「動員」の
下で行われるならもっとも効果的であるということを意味する。

　人はずっとシェルターに入っているわけにはいかない。人がどれくらい長く
シェルターで過ごせるようにすべきか——たとえば食料割当量の配給はどうす
べきか——は，外部環境が安全になるために要する放射能減衰の時間と放射性
降下物の除染手順に関連する。だが，もしシェルター退避を動員措置，つまり
戦争が不可避になる前の段階でなされるものと見るならば，シェルター内の
人々が耐えるべき期間は危機そのものに関係するのである。人々は，いかなる
戦争も始まっていない状況下で，優に２～３週間はシェルター内にとどまらな
ければならない可能性がある。そして，滞空する航空機と同様に，この人々は
国家が即応態勢を無制限に維持することはできないということを反映した意思
決定を国家指導者に強制することになる。人々を長期間シェルター内にとどめ
ることができるようにすべき理由のうちもっとも重要なものの１つは，人々が
緊張や欠乏にこれ以上耐えられないがゆえにあっという間に戦争に突入する必
要性が生じるのを回避することであろう[7]。

　シェルター退避の解除は，際立った行動であり，国家指導者が疲弊したこ
と，あるいは危機がやわらいだことのいずれをも示す劇的な兆候になるだろ

---

7) 長引く危機において，シェルターにとどまる人々は周辺の新鮮な空気を吸ったり——
　場合によっては交代で——，離れ離れの家族が再び一緒になったり，補給品の蓄えを持続
　したりできるだろうし，シェルター外で緊急措置をとることもできるだろう。この可能性
　は，シェルターの辛苦をやわらげるが，それを計画策定において無視しない限り，計画を
　複雑にする。

第6章　相互警報の力学

う。少なくとも，部隊の撤退や戦略戦力の警戒態勢緩和と同じくらい際立った行動であろう。実のところ，人々がシェルター退避していたとしたら，交渉における関心事は，危機が生じたそもそもの原因だけでなく危機そのものにも向けられることになるだろう。戦争が差し迫った状態は，少なくとも危機が生じたそもそもの原因と同じくらい重要なのであり，場合によっては交渉のゆくえを決定付けるだろう。彼我の避難解除を同期させる場合であろうとわが方の解除に鑑みて敵が解除する場合であろうと，比較に値する敵国民の脆弱性が想定されることが自国民のシェルター退避を解除する条件になりそうだ。

　これは純粋に仮説上の可能性ではない。米国にはほんの初歩的な市民防衛プログラムしか存在しないという事実によって，この条件は無意味なものにはならない。米国が危機における市民防衛のための膨大な潜在力を持っているのは疑いない。米国の労働力と装備が合理的に組織化されれば，1週間，いや1日で相当の市民防衛を実現するかもしれない。キューバ危機においては，家にとどまった者が少なくとも何人かはいた。それは穏当な危機だったが，違う展開を見せていた可能性もあった。もしほとんどの米国人が戦争が切迫していると判断するかそのように言われたなら，きちんと指示をされたかのように自ら相当の防護を行うであろうことは疑いない。そのような「粗い民間防衛プログラム」のための計画を前もって活用できるなら，そしてこのような非常事態に備えて必要不可欠な補給品や装備を前もって配置するなら，人々はもっとよく対処できるかもしれない。実のところ，単にパニックを回避するということであれば，危機に際して人々を民間防衛に忙殺させる——貯水缶に水を貯めたり，燃えやすいものに土を盛ったり，テレビを通じて啓蒙したり，パニックが起きるまえに特定の場所に避難させたりする——ことが必要なのかもしれない。

　いくつかの「動員」措置は，より劇的，より困難かもしれず，あるいは準備された民間防衛機能が欠落する中でよりいっそう重要でさえあるかもしれない。したがって，システマティックなプログラムが欠落することは，危機に際して大統領が国民や経済に関して意思決定すべきことがないということを意味するものでは必ずしもない。それは，大統領が選択肢をあまり認識していないこと，自ら選択したことをあまり制御できないこと，そして計画と準備の欠如がゆえの帰結について知るところがあまりないということを意味しているだけなのかもしれないのだ。

　よって，われわれは危機に際してきわめて重要になってくる「動員要領」をまさに有しているのだ。それは，他の何ものよりも潜在的に「積極的」である

235

のに，奇妙なことに「消極的」防衛と呼ばれているのであり，われわれの軍事
組織や兵器体系の一部ではないがゆえに，軍事体制の議論において概して無視
されるのである。だが，それは存在するのであり，それによって戦争の瀬戸際
が，1914年の動員と同じくらい，せわしく，複雑で，死に物狂いなものにな
るかもしれないのだ。それが不可逆的でないであろうことを期待することはで
きるが。

　ここに，このようなプロセスが機能する方法は現実の緊急事態において検証
されるまでわからないという特段の危険性がある。即応態勢──軍事と民間双
方における警戒態勢と動員の態勢──の力学には政府最高レベルの意思決定が
含まれるが，それは専門家の手を離れるくらい高いレベルにおける意思決定で
ある。1914年の動員に関して，ハワード（Michael Howard）は「今日，英国の
政治家が防衛政策についての見解を表明するときに，1914年の動員との相当
多くの心胆寒からしめる類似性につねに注目しないのであれば，国家安全保障
の拠り処であるシステムの単純なメカニズムについて国家指導者が月並みに無
知であったことに，さらなる恐怖を覚えることになろう」と表現している[8]。
ハワードは，英国人として穏健ながら独特の表現の中に批判を込めている。こ
うしたことについてのロシア人の無知がどれほど深刻なのかは知るよしもない
が，米国人の無知は，「月並み」ではないことは確実であり，むしろ大きいに
違いない。一日にはたった24時間しかないのだから，軍事警戒態勢という外
交術や動員に精通している大統領，長官，統合参謀本部議長，あるいは国家安
全保障補佐官はいそうにない。とくに，それがソ連という機構がどのように作
動するのかについての知見──ソ連の指導者自身がわかっていないのなら，ど
んなに優れた情報をもってしても知ることはできない──に依拠している場合
はそうである。彼らにとっても1日は24時間しかないのだ。戦争の瀬戸際で
国家を運営するには，意思決定者の誰しもが経験不足であろうが，それは仕方
のないことだ。前もって考えていればおそらくきわめて大きな違いがもたらさ
れるだろうし，そうなるはずであるのだが，1914年においてそうはならなか
った。前もって考えていた人々は，戦争が生起した場合の勝利に責任を負う者
だけだったのであり，戦争の生起に責任を負う者ではなかったのである[9]。

---

8) Howard, "Lest We Forget," p. 65.
9) 1914年の出来事を解釈するための，さらには今日的問題を理解するための背景事情と
　して，ブロディーは，Brodie, *Strategy in the Missile Age* の1～2章において，ことが悪
　い方向に向かっているときに高官──文民も軍人も一様に──が国家経営の責任を回避し

武装世界における安定の問題

　この2つの潜在的な不安定の形態——1つは，戦争勃発時における，迅速性，主動性，そして奇襲性に伴う利点から生じ，もう1つは，警戒態勢や動員の進行が不可逆で，意思決定に時間的な重圧を及ぼし，あるいはそれ自身によって拙速と先制に対する報奨が大きくなるという性向を持つ可能性から生じる——は，軍事力自体に備わっている弊害の主な根源であることは疑いない。兵器自体に備わっている安定性がいかなるものであろうとも，意図的な戦争は，もちろん起こりうるし，時として信頼性のある脅しとなる。だが，軍事力そのものによって望まれない戦争——いずれの側にも得るものがなく，政治的必要性なしに条件反射的に進んでいく戦争——がもたらされる可能性がどの程度なのかは，2つの不安定性の一方もしくは双方と密接に関連しているに違いない。軍事的な環境を安定または不安定にするものは，兵器の数量と同じく——おそらく兵器の数量よりも——，兵器の性格なのである。軍事力の性格は，地理，時とともに技術が発展する道筋，軍事力の設計・開発における意識的な選択といったものによって決まる。

　仮にすべての国家が第二次大戦時——核技術が生まれる以前——の軍事技術を有する自給自足する島国だったとしたら，相互抑止はかなり安定的かもしれない。戦争を強硬に主張する国家でさえ戦争を仕掛ける気はないだろう[10]。水

たくなる様子に容赦ない検討を加えている。

10) これは実際そうであろうと考えての意見であるが，誤りかもしれない。事実あるいは事実と認識する方法が誤っているかもしれないのだ。相手の沿岸防衛や潜水艦による阻止能力を低く見積もるがゆえに上陸作戦成功が確実であるように見える場合，相互抑止は安定するはずであると考えられたとしてもそうはならない。1914年までの米国がおそらくそうだったように，もし国家が海洋によって得られる安全を過大評価するなら，海洋による離隔と相まった安全保障のための措置をとらない可能性がある。マキシムは1914年に，米国は自国防衛に大きな潜在力を持っているが実際に米国に経海侵攻して侵略できる国が3〜4カ国あると見積もっていたものの，米国は戦争で惨敗しなければ実際に武装することはないと考え，「われわれがいまなすべきことは戦争の勝利者を選ぶことだ。私は英国を選ぶ」と結論付けて落胆した。Hudson Maxim, *Defenseless America*, (New York, Hearst International Library, 1915), pp. xx, 72-78, 99-108, 120-25. トーマスは，T. H. Thomas, "Armies and the Railway Revolution" というもっとも興味深い論文において，「来るべき鉄道網は攻勢作戦を決定的に不利にするのであり，フランスがドイツ領に侵略するのは不可能になるというのが，1840年代初頭を通じてもっともドイツ人受けする予

爆技術によって，先制の不安定性という危険は容易ならぬものになってきている。奇襲攻撃の目標になりにくいように意図的に経費をかけて設計しない限り，兵器そのものが突然の長距離攻撃に対して脆弱になる可能性がある。このことは，突然の奇襲攻撃をかけるのに比較的優れている兵器と，突然の奇襲攻撃に対して生・き・残・っ・て・撃ち返すのに比較的優れている兵器の選択というものが次にあることを含意している。たとえばポラリス潜水艦は生き残っての攻撃と第二撃に比較的優れており，ポラリス・ミサイルそのものは戦争を仕掛けるのに好都合である可能性もあるが生き残り攻撃の能力に比べて好都合というわけではない。ポラリス・ミサイルは，他のミサイルに比べて高価であるが，その費用は攻撃に対する脆弱性を減ずるために使われているのであり，突然の奇襲攻撃を仕掛ける上でより優れた兵器として使われているのではない。同じ論点を違う角度から論ずれば，敵の攻撃を吸収した後でポラリス・ミサイル 500 基をもって撃ち返す能力は信頼でき，約 500 基のミサイルによる第一撃能力に匹敵するのに対して，より脆弱な兵器 500 基で撃ち返す能力をポラリス 500 基による生き残り攻撃なみに信頼できるものにするためには数倍の数を保有する必要があり，それに応じて第一撃能力は大きくなるだろうということになる。ポラリス・システムについて，報復能力のいかなる所与のレベルに比べても第一撃能力が小さいということは，第一撃能力のいかなる所与のレベルに比べても第二撃能力は大きいと言っているに過ぎない。

　双方が，自らの破壊を回避すべく先に仕掛ける必要のない兵器を有しているために，いずれの側もフライングによって大きな利を得ることができず，相手もそうであることをそれぞれが意識するのであれば，戦争を始めるのはかなり困難になってくる。モード大佐の時代に推奨されたルールは，——疑わしき時は動く，しかも迅速に——というもので，自らは一瞬立ち止まりたいという気持ちに駆られたとしても敵はそうでないとされたのだが，双方とも——疑わしきときは待つ——というルールを受け入れることができるのだ。

　このような問題が生じないのは，熱核戦争のレベルにおいてのみである。イ

測であった……戦争によって初めて実証されたことでこの予想は完全に粉々にされた。1959 年のイタリア独立戦争では，たとえ不完全で欠陥のある鉄道システムであっても選定された攻撃正面に対して遠距離から迅速に大軍を送り込めたし，ナポレオン 3 世は，ナポレオン 1 世がなしえなかった大規模な大勢作戦を迅速に仕掛けることができた」と述べている。*War as a Social Institution*, Jesse D. Clarkson and Thomas C. Cochran, eds. (New York, Colombia University Press, 1941), pp. 88-89.

スラエル陸軍は動員可能な大規模な予備部隊を擁している。予備部隊は，いったん動員されたなら，国が無期限に即応態勢を維持することができないほど規模が大きい。強壮な労働力のほとんどが動員されるのだ。国境が近接し，地耐力があり，一年を通じほぼ晴天であるため，敵が攻撃したときに対峙するイスラエル部隊が大きいか小さいかで速度と奇襲の効果は違ってくる。つまりイスラエルは，攻撃準備のために動員をかけるかどうかの選択を迫られ，いったん動員をかけたなら，敵戦力が集結する前に攻撃するか，双方の動員が解除されて攻撃への衝動が急速にしぼむかどうかを判断するために様子を見て交渉するかの選択を迫られるだろう。

　熱核戦争レベルにおいては，1960年代初めよりも中期のほうが，先制という不安定性にかかわる問題の解決にかなり近いところにあったように思われる。これには，より脆弱性の小さな攻撃的兵器を意図的に開発・配備したことに大きな要因があり，この問題を明確に当局が認識したことに一部の要因があり，さらに　誤警報と疑念を大きくするような反応を避ける必要性とそのためのいくつかの手段についての米ソ間の共通認識が大きくなりつつあったという要因もおそらくいくぶんかはあった。キューバ・ミサイル危機の間，ソ連は明らかに，いかなる劇的な警戒態勢も動員も差し控えていたのであり，危機の悪化を回避するという政策を意識的に実行していた可能性もある。ワシントン－モスクワ間の「ホットライン」開設には，少なくとも，問題の存在を認めそれを深刻に受け止める意思を示す儀式的意味合いがあった。

　しかしながら，不安定性の問題が解決された状態がずっと続くわけでは必ずしもない。そうなる可能性はあるが，そうしようと意識的に努力しなければそうはならない。新たな兵器システムによって1960年代後半に達成されたような安定性が自動的に維持されることはないだろう。もし米ソいずれかにおいて弾道ミサイル防衛が大規模に展開することになれば，安定が維持されるか毀損されるかは，それがどちら側からにせよ第一撃を利するかにかかっており，ひいては奇襲によって破壊した後に残る敵のミサイル戦力に対してミサイル防衛がどれくらい有効に機能するかどうかにかかってくるだろう。また，ミサイル防衛がもっとも機能するのは，ミサイルの防護なのか，あるいは報復攻撃に対する都市の防衛なのかにもかかってくる。さらに，弾道ミサイル防衛が，危機において迅速に行動すべき切迫性と第一撃への誘惑を促すことになるような変化をミサイルの性格そのものにもたらすかどうか，あるいはそのような他の種類の攻撃的兵器——大型化ミサイル，低空飛行航空機，軌道上に投入する兵器

239

――への移行をもたらすかどうかにもかかってくるだろう。

もちろん安定性は，国家が自らの軍事力に対して求める唯一のことではない。実のところ，何らかの不安定性が軍事における慎重さをもたらすことはありうる。仮に危機が制御不能になる危険や小規模な戦争が大規模戦争に発展する危険がまったくないとしたら，小規模戦争やその他の破壊の出来事に対する抑制は小さくなるかもしれない。「偶発戦争」――あらかじめ計画されていない戦争であり，誤認，誤警報，脅迫的な警戒態勢，そして戦争に際して迅速な攻撃があるとの切迫した認識が大きくなって起きる戦争――の恐れには，あからさまな騒動や冒険的行動が起きないように世界の秩序を保つ傾向をもたらす可能性がある。丸木船は，それに乗る人をより注意深くさせるなら――とくに，丸木船に乗っていなければ口論やけんかをしそうな人たちが乗っているなら――，櫓櫂船より安全かもしれない。それでもなおほとんどの場合において，危険が長らえない方向へ向かうのであり，大きくはならないはずだ。したがって，軍事的な環境の安定性を低めるのではなく高めること，そして双方が不安定性を局限するような兵器を選択するのを促すことを技術の進歩に期待しうるのである。

武装解除世界における安定の問題

軍事政策にかかわる人々の軍備管理に対する関心の多くは，1960年代初頭における相互抑止の安定性におかれるようになった。軍備管理について書いた多くの識者が，戦略兵器の規模よりもその性格について関心を持っていたし，関心が持たれていたのが規模である場合の最優先の関心事は，万一戦争が起きた場合の破壊の程度ではなく，兵器の数が戦争を仕掛ける誘因に与える影響であった。そして「軍備管理」と「軍縮」との間にはかなり明確な線引きがなされるようになった。前者は，相互抑止を安定させる観点から，軍事的な誘因と能力の再構築を目指すものである。一方，後者は軍事的な誘因と能力を減じることを目指すものであるとされた。

しかしながら，どちらの成功も相互抑止とその安定性にかかっている。軍事的な安定は，核武装していない国同士の関係においてきわめて重大であるのとまさに同じように，核武装した国同士の関係においても重要である。広く行われている脳外科手術以外の何をもってしても，兵器とその製造法の記憶を消すことはできない。仮に「完全軍縮」によって戦争が起こらなさそうになれば，

240

誘因を減らしたからそうなったのであって，戦争の可能性は除去できないであろう。もっとも原始的な戦争でも，いったん始まれば，再び核武装することで現代的な戦争になってしまうかもしれないのだ。

戦争が勃発したとしても，敵の攻撃によって緒戦の段階で再武装能力が破壊されその状態が続くことがない限り，国家は再武装できる。1944年時点での基準からすれば，第二次大戦勃発時の米国の軍備はほぼ完全非武装に近い状態だった。米国が後に消費した弾薬のすべてが1939年時点では実質的に存在しなかったのだが，「軍縮」によって米国の参戦は排除されず，単に参戦のペースが遅くなっただけだった。

兵器，警報システム，輸送手段，そして基地が削除されれば，軍事的効果の基準が変わってしまうことになる。もしミサイルが禁止されれば航空機が増える。もし複雑な防衛手段が禁止されれば複雑な航空機が減る。戦争において兵器そのものがもっとも喫緊の攻撃目標であるがゆえ，兵器を削除するということは，攻撃目標を削除するとともに攻撃のために必要とされることを変えることなのである。たしかに国家は，潜在的な敵国が同じく非武装であるという条件の下でなら，防衛や報復手段を保有しなくともより安全である可能性がある。だがそうだとしても，それはおそらく攻撃に対して物理的に安全であるがゆえのことではない。敵が打ち負かせる手段を動員するよりも早く防衛や報復の手段を動員できること，そしてそのことを敵が認識していることに安全は依拠するであろう。

攻撃兵器を禁止する一方で防御兵器の保持は認めたとしても，難題を回避することはできない。ここで再び国家が島国であったと仮定すると，沿岸配置された野戦砲は侵攻の役には立たず，戦争や戦争の恐れに対する重要な防護手段に見えるだろうが，そのようなことはほぼない。現代においてはしばしば，「防衛的」兵器が，攻撃や侵攻の際にきわめて有効な装備や技術を体現しているのだ。さらに言えば，報復や逆襲に対抗する何らかの能力を保持することは攻撃成功の要件である。非武装の世界では，報復の規模を減ずるものは何であれ，国家が戦争を仕掛けるにあたって負うリスクを減じる。報復に対する防御は，攻撃力に比肩する代替手段なのである。

軍縮によって危機が暴発する可能性は排除されないだろう。戦争と再軍備が切迫しているように見られる可能性があるのだ。国家は，たとえ複雑な兵器を保持せずとも，後手に回れば敵に攻撃を許すか先に動員されるだろうとの理由から，持ちうる手段を駆使して戦争を仕掛けることを考えるかもしれない。も

し国家が相手は軍事的優位を確立するために再軍備を急ぐかもしれないと考えるなら，敵の機先を制するための「予防戦争」を検討するかもしれない。あるいは，軍縮が維持されるという確信がなく，後になるほど悪条件下での戦争が本当に生起しそうに見えるなら，「予防的最後通牒」，不法に保持した核兵器の強制力による短期決戦，あるいはより長持ちする軍縮の仕組みを押し付けるための軍事力の使用への誘因が生じるかもしれない。高度に武装する国家と同じく，攻撃の意思決定は，利益や勝利への誘因ではなく主導権をとらなかった場合の危険に鑑みて，不本意になされるかもしれない。予防戦争や先制戦争による戦争を企てる誘因は，今日の兵器あるいはさらに強力な兵器を有する場合と同じくらい，軍縮の下でも強いかもしれない。

　非武装の世界では，おそらくいまと同じように，わが方の本土を戦争に巻き込むことができる敵の能力を消失させること，そして後に敵が再建し軍事的脅威になることができないくらい十分に「勝利する」ことが目標になるだろう。この際，敵の運用可能な大量破壊兵器（もし存在すれば），運搬手段，戦略使用への迅速な転換が可能な装備，そして戦略戦争の能力を構築できる，構成品，代替施設，基幹要員といったものが喫緊の攻撃目標となるだろう。合意を破るか軍縮協定がそれを認めているかしていて，双方が核兵器を保有していたとしたら，安定性は，運搬手段を即製した攻撃側が，被攻撃側が報復のために輸送手段や備蓄した核を組み立てたり即製したりするのを未然に防げるかどうかに依拠することになるだろう。そしてこのことは，それぞれの「非武装」戦争の技術と，双方が自らの潜在的な「非武装」報復力をそれぞれがいかに適切に計画しているかに依拠するであろう。

　もし攻撃側が核兵器を保有しているが被攻撃側が保有していなかったなら，被攻撃側の反応は，いかに迅速に核兵器の製造を再開できるか，製造施設が敵の行動に対してどれくらい脆弱であるか，そして当面の核被害の見込みが被攻撃側を降伏に追い込むことになるかどうかに依拠するだろう。

　いずれの側も核兵器を保有していなかった場合には，核再軍備までに要する時間の不均衡が決定的要因になるかもしれない。それが数日であろうと数カ月であろうと，即製プログラムによって数十個のメガトン級爆弾を相手よりも先に獲得できるだろうと考える側が，敵対者に対して優位に立てることを期待するであろう。

　このような優位性は核施設そのものが核攻撃に対して脆弱であったなら最大になるであろうから，製造された最初の数発は敵対者の核再軍備を阻止するた

めに使用されることになるであろう。一方，施設が地下深くにあったり，適切に偽装されていたり，十分に分散されていたりしていようとも，数個のメガトン級爆弾獲得に必要な時間におけるわずかな違いが後手に回った側にとって戦争を耐えがたいものにするかもしれない。この際，核施設を破壊するには，高性能爆薬，コマンド部隊，あるいは破壊活動が有効かもしれず，核兵器の保有は絶対に必要ではないかもしれない。「戦略戦争」は，今世紀においては未知の純粋性を持つに至るかもしれない。つまり，チェスにおけるキングのように，核施設は最優先の目標になり，その防護は防衛上の絶対的要求になるであろう。そのような戦争においては，自らの動員基盤の維持と敵の動員基盤の破壊が目標になるだろう。そして戦争に勝つには，敵の防御を打ち破ることでなく，ただ再軍備競争に打ち勝つことが必要となるであろう。

　このような戦争は現在の条件下で行われる戦争よりも破壊的ではないかもしれない。それは，軍縮が攻撃側の破壊能力を減じるということが主たる理由ではなく，被攻撃側が反応できないなか，攻撃側は相手を完全粉砕する前に停戦交渉を行う時間を持つことができるより計算されたペースでの攻撃オプションを採用できるであろうからだ。もちろん勝利は暴力なしで達成できるかもしれない。一方の側が動員と戦争の結果が必定であるくらい圧倒的に決定的優位に立っているように見えるとしたら，その場合に用いられるのは兵器ではなく最後通牒であるかもしれないのだ。

国際的な軍事当局

　完全な軍縮合意の成果の一部として，ある種の国際的な軍事当局が一般的に提起される。国際軍は，もしいかなる国軍の連合体よりも軍事的に優越するなら，国際政府のある形態を暗示している（あるいは形態そのものである）。そのような仕組みを「軍縮」と呼ぶことは，合衆国憲法を「共通通貨および州際通商条約」と呼ぶのと同じくらい筋違いなことである。フェデラリスト・ペーパーズ（訳注：1787年の米国憲法批准を支持して建国の父たちが書いたエッセイ集）の著者は，彼らが議論していた機関の遠大な性格に何らの幻想も抱いていなかったが，われわれもそうあるべきである。

　ここで言及しておくに値する1つの考え方がある。それは，予想される警察力は国家ではなく人々の制御を指向すべきであるということだ。その武器は，分隊車両，催涙ガス，拳銃であり，その情報システムは，電話盗聴，嘘発見

器，探知機であり，その任務は，逮捕であって政府に戦争の脅しをかけること
ではない。だがここでは，国家——小国だけでなくすべての国家——を取り締
まるための国際部隊という概念に焦点を合わせることにしよう。この際，
もっとも興味深い疑問は，かつての核保有国を思いとどまらせたり封じ込めた
りするために国際部隊が用いる技法や戦略に関することである。

　国際部隊の任務は，戦争や再軍備をしないように国家を取り締まるというこ
とになろう。つまり，国際部隊は戦争を止める権限だけを有するのかもしれな
いが，何らかの再軍備の類は，戦争の明らかな兆候であろうから，国際部隊が
行動を起こすのを余儀なくさせるだろう。この際，明白であろうとなかろう
と，介入を呼び込む再軍備の類と敵対的ではない再軍備の類は区別されるかも
しれない。

　国際部隊の作戦に関しても多くの疑問が生じる。局地的な侵略の封じ込めを
試みるべきなのか，それとも侵略した国（あるいは加担国すべて）へ侵攻して
軍事的に無力化するのを試みるべきなのか。軍事的に無力化するために長射程
の戦略戦力を使用すべきなのか。懲罰的な大量報復の脅しに依拠すべきなの
か。強制の技法として，限定的な核による復仇という脅しをかけ，必要ならば
実行すべきなのか。再軍備に直面すれば，侵攻の脅しまたは実行，戦略戦争，
そして復仇の脅しまたは実行という選択肢があるだろうが，国家が封鎖に脆弱
でない限り，「封じ込め」では再軍備を阻止できないであろう。

　国際部隊は，自らことをなそうとしているのか，それとも違反国に対する国
際的な連携を主導しようとしているのか。侵略事態が生起した場合，被侵略国
は自国防衛に参画するのか。もしインドがチベットをとりにいくなら，あるい
は中国がシベリアで武装した自作農をそそのかすなら，国際部隊は，核兵器に
頼るつもりがない限り，とてつもない規模の兵力を保持しなければならないだ
ろう。大きな人口を抱える国家によるこのような逸脱行為を「封じ込める」た
めには，それ以外の国に対する緊急動員や並外れた兵器体系——もし防戦が侵
略された地域に限られるのであれば核兵器——に頼らない限り，十分な規模の
部隊を維持することはできないだろう。だが，防衛——たとえば，近隣からの
侵入に対する東南アジア防衛，ソ連圏に対する西欧防衛，西ドイツに対する東
ドイツ防衛，米国に対するキューバ防衛——のためにそのような兵器を使用す
るに際しては，人口密集地域における核兵器の使用というありきたりの問題を
免れないであろう。侵略の脅威にさらされている国家は，そのような形で防衛
されるくらいなら降伏するかもしれない。さらに言えば，国際部隊には，兵站

244

施設，インフラ，そして時として投入が予期される地域における大規模な機動が必要とされるかもしれない。鉄のカーテンに沿って大規模な部隊を恒久的に配置するというのは１つの可能性としてはあるが，そのようなことは軍縮によってもたらされると期待される心理的な利益にはほど遠いものである。

　もちろん，国際部隊による大国間への相当大規模な介入は，非武装世界においてしばしば予期されるようなものではない。それでもなお，もし国際部隊が米ソの核兵器依存にとって代わるものとして見なされるのなら，大規模侵略に見合う妥当性のある何らかの能力を保有することが必要である。そのようなものを保有しなくても大国は抑止される可能性があるが，それは国際部隊が彼らを抑止しているからではない。

　核による大量または穏当な懲罰能力というのは，おそらく，国際部隊に備えさせるにもっとも安易な性質である。だが，「信頼性」や共同意思決定の問題を，現在米国単独あるいはNATOが共同で行っているよりも，国際部隊のほうが少しはましに解決できるかどうかは明らかではない。このことは，国際部隊が問題を解決できないということを意味しているわけではなく，条約が締結されたと同時に自動的に解決されるわけではないということだ。国際部隊そのものは母国を持たないなら，違反国が逆報復の脅しをかけるべきいかなる「本土」も存在しない可能性はある。だが，とにかく国際部隊が文明的であるなら，他国の文明を破壊することで違反国による逆報復の脅しを完全に免れることはない。それは，あからさまな報復の脅しと，国際部隊の動員基盤に対する攻撃に付随する文明破壊の暗黙の脅しのいずれにもなりうるだろう（おそらく国際部隊は装備兵器を工業国で製造または調達するのであり，すべてが，南極，公海，または宇宙空間で賄われることはありえない）。

　核兵器の完全な除去が技術的に不可能であると見られるなら，少なくとも最小限の核保有が主要国によって維持されるであろうことを想定しなければならないだろう。この場合，国際部隊は，付加的な抑止力の１つでしかなく，一般的に思い描かれる軍事を一手に引き受ける存在にはならないだろう。

　捨て去るべき考え方が１つある。それは，国際部隊は侵略者連合を打ち負かすだけの十分な強さを持つべきだが，国際世論に反してその意思を押し付けるほどの強さを持つべきでないという考え方だ。仮に世界にナポレオンが保有した兵器しか存在しなかったとしても，そのような微妙な力のバランスを計算するのは不可能だと見なされることだろう。先制，報復，そして核による恐喝といった概念においては，いかなる数学的な解決も不可能なのだ。

245

国際部隊にとってもっとも難しい戦略上の問題は，主要国の一方的な再軍備をやめさせることだろう。ある国が合意を撤回して自らの再軍備を始めるようならいつでも核兵器を用いるという国際部隊の脅しの信頼性は，きわめて低いと見られるであろうことは確実なのだ。

　ある種の再軍備は変化を生じさせるだろう。ある主要国が合意を放棄して，失われたと感じた安全保障を純粋な報復能力と手ごろな本土防衛戦力の構築を始めることで回復するという政治決断を公然と行ったとしても，この政治決断を止めるために開明的な国際部隊が大量破壊兵器を大規模に使用するような事態は想像しがたい。限定的な核による復仇は，違反国の意図を断念させる試みにおいて行われることがあるかもしれないが，再軍備プログラムにおいて何らかの明らかに攻撃的な行為──場合によっては制限戦争での行為──が行われない限り，核やその他非在来の兵器を冷静かつ抑制的に人口中枢に撃ち込むようなことは，非致死性の化学または生物兵器の使用は別として，起こるとは思えない。

　軍事侵攻──もしかすると自己防護手段として小型核兵器を装備する空挺部隊による軍事侵攻──は，よりもっともらしい制裁手段であるかもしれない。その目的は違反国の政府と動員を麻痺させることになろう。だが，もしこれが再軍備を阻むためにもっとも実現可能性のある手法であると考えられるべきなら，ここに潜む２つのことを考慮しなければならない。われわれは，国家の政府に代わって冷血な手段を国際部隊に付与することを想定したのであるが，一方，こうした先制軍事侵攻を行うためには，政治的な歯止めに合致しない秘匿性と迅速性を国際部隊に付与する必要があるということだ。

　また，どのような類の再軍備や再軍備につながる政治的動きがあれば国際部隊がにわかに活動することになるのかという点も疑問である。米国について言えば，選挙戦での共和党または民主党の再軍備推進の主張，選挙での再軍備推進派の勝利，正式な採択待ち，合意破棄の宣言，そして整然とした再軍備の開始といった動きがある。もし国際部隊が介入するなら，再軍備が始まったときなのか，それとも党が議会に再軍備決議を持ち込んだときなのか。このことは，国際部隊がこれらの進展におけるどこかでにわかに介入するのではなく，まずは，国際部隊の１つの機能あるいはその背後にある政治主体が，再軍備する可能性のある国家と交渉するであろうことを示唆している。

　どのような軍縮かによって違いが生じるであろうことに再度言及したい。国際部隊や他の国々に対する先制攻撃能力には劣るが攻撃に対しては比較的安全

で，第二撃用であることが明らかな報復力を構築すべく良く練られた計画を米
国大統領が提示したとしよう。この際，技術の進歩，政治的な激変，制御でき
ない国家間の反目，決定的な介入ができない国際部隊，国際部隊の転覆や腐
敗，その他似たようなことから現在の軍事環境がにわかに覆される余地がある
ということを根拠に大統領がこのような計画を正当化しようとするなら，大統
領が，核兵器組立て，要員訓練，長距離爆撃機にかかわる応急的なプログラム
を命じるよりも，米国での劇的な介入を行う権限が国際部隊に与えられるほう
が，よほどありそうにないことだ。また，再軍備が危機に際して——場合によ
っては戦争に伴って——起こるのか，それとも状況が穏やかなときに起きるの
かによっても相当の違いが生じるだろう。

　ここでの論点のすべては，主要な兵器を保持する権利を唯一認められた国際
的な軍事当局には容易ならぬ戦略的な問題があるということだ[11]。もちろんこ
のことは，世界の統治主体である「実行機関」と「軍事権力機構」という政治
支配のより深刻な問題と軌を一にするものではない。われわれが抱えるすべて
の国際紛争を正式な裁定手続きに委ね，決定を執行するために国際的な軍事官
僚制を頼りとするなら，われわれは政治色のない政府を強く願うものである。
ほとんどの者は，もっとも汚い仕事——とくに神経がタフであることが要求さ
れる仕事——をある専門的な職業人に委ねるという市政において享受している
心地よさを望んでいる。そうしたことは，強盗相手にはかなりよく機能する
が，差別廃止による学校の統合，全面ストライキ，あるいはアルジェリア独立

11）先に引用したラーナーは劇的な軍縮に慌ただしく賛意を示しているが，それは，問題
　　解決と他の問題に置き換えることとを混同する一般的な傾向を例示するものである。「仮
　　に国際的権力によって強制されるいかなる形態にも侵略戦争という無法性があるのだとし
　　たら，全面軍縮に伴う危険の相当程度が改善されるだろう」(pp. 259-60）とラーナーは
　　述べているのだ。だがそうであるのは，無法性が米国やNATO同盟，あるいは神への畏
　　れによって強要される場合なのであって，もし「侵略戦争」の無法性が有能かつ果敢かつ
　　信頼できる当局（敵対国の「非合理性」——前述したようにそれは抑止を損なうとラーナ
　　ーは考えている——に影響されない当局）によって強制されるなら，われわれは，「全面
　　軍縮」よりもより穏当でより混乱のない何かで，同じようにうまい具合に折り合いをつけ
　　る可能性がある。もしすべての形態の侵略戦争（および自衛戦争，予防戦争，偶発戦争，
　　または誤作動による戦争）を安心して一笑に付すことができるなら，誰が軍備のことをそ
　　んなに気にかけよう。もしすべての敵対国が「完全非武装」であれば何らかの「当局」
　　が仕事をうまくやるほうが容易である可能性はあるが，それは分析に依拠しているのであ
　　り，断定されたものではない。ラーナーが何か言ったかどうかという問いのみにしか異議
　　を唱えることはできないのだ。

にはそれほど機能しない。そうしたことは，十分に強力で独断的な支配力が創出されるのであれば達成される可能性があることなのだ。だが，そうなればわれわれの何人かは踵を返して内戦を企てようとするかもしれないのであり，国際部隊の戦略上の問題は単に入り口に差し掛かっただけということになるであろう[12]。

安定に資する軍縮の設計

言葉を変えれば，兵器や兵器製造施設を禁止した結果として安定的な軍事環境が自動的に生じることはないだろうということだ。動員の必要性が——あるいは兵器製造の必要性でさえ——いかに緩和されようとも，戦争——核戦争でさえ——の可能性は残っているのだ[13]。現在武装国家が懸念する（あるいは懸念すべき）不安定性の２つの形態は，まさに非武装国家に関連している。戦争と再軍備のタイミング，そして速度と主動性の役割は，当初の段階では近代兵器が欠落しているために戦争のペースが低下している世界において，死活的に重要であり続けることだろう。「全面軍縮」を設計する場合においてさえ，戦争による破壊の局限と戦争生起の可能性の局限という困難な選択肢は存在し続けるであろうからだ。軍縮が，戦争を起こりにくくする，先制戦争と予防戦争の誘因を取り除く，そして役に立たない動員競争の危険を取り除くためのものであるのなら，そのように設計されるべきである。軍縮は，潜在的軍事力を除去するのではなく，それを変えるものなのである。

「再軍備における平衡」という何らかの安定的な状況こそが必須の要件である。軍縮に長引かせたいなら，万が一軍拡競争に逆戻りする場合に後れをとることの不利が大きくなり過ぎることがなく，また隠密裏の再軍備を示唆する曖昧な証拠や再軍備が切迫していることを示す明らかな証拠に直面した場合に国家が躊躇なく行動に移せるように，軍縮は設計されるべきである。いわゆる

---

12)「国際部隊の戦略的問題」の広範かつ建設的な——同じくらい悲観的かもしれない——扱いについては，同じ表題（Strategic Problem of an International Armed Force）にて *International Organization, 17* (1963), 465-85, reprinted in Lincoln P. Bloomfield, ed., *International Military Forces* (Boston, Little, Brown, 1964) に掲載された私の論文を参照されたい。

13) このことは第二次大戦において実証済みである。そのとき米国は核兵器を造り上げたのみならず発明したのだ！ 次はもっと容易にできるだろう。

第6章　相互警報の力学

「兵器工場」のあからさまな除去は，まったくの偶然によって安定をもたらすかもしれないが，「安定的で同等の再軍備態勢」という意図的に設計されたシステムが存在するならば，安定が実現する可能性はより大きい。再軍備能力を除去するのは不可能なのであり，われわれが期待できることは，「再軍備に踏み切る」という言葉が発せられてからいかなるレベルの再軍備に到達する時間をも引き延ばすこと，そして攻撃的または先制的な再軍備よりも防御的または報復的な再軍備のほうが容易になるようにすることだけである。抜きん出ないことで利益を得たり，拙速になることで報いを受けたりすべく，また，新たな軍拡競争において，戦争を仕掛けることによってその利を固めようとする（あるいは不利益を局限しようとする）いずれの側の衝動をも局限すべく，試みることはできるのだ。

　再軍備に要する時間を局限することが再軍備を抑止する方策だという確証はない。競争の行程を延び伸ばしても，土壇場で抜きん出ようという誘因が減ぜられることには必ずしもならないのだ。だが，それは少々さい先のよい出だしの利を減じたり，競争の勢いが大きくなり過ぎる前に交渉する時間的な余裕を与えたり，戦争を仕掛けようとする側の勝利への自信を減じたりする可能性はある。

　つまり，戦争または戦争につながる再軍備競争が生起する蓋然性は，軍縮の性格に依拠する。もし潜在的な動員力においてさい先のよい出だしが決定的なものでなく，競争の行程も長いとしたら，動機が明らかになるまで先制行動が控えられる可能性がある。軍備解除された世界において安定のために重要なことは，再軍備のための代替施設，そして再軍備の動員を可能にする予備要員や基幹要員を分散・重複して保持することであろう。ここに分散は，再軍備と戦争の相互作用がゆえに重要かもしれない。敵対国の再軍備を妨害するための十分な兵器の製造が達成できたならその国家は決定的に優位になる可能性があり，したがって，いったん再軍備競争が始まったなら，簡易配置されたいくつかの核兵器製造施設によって，先制的かつきわめて限定的な戦争がもたらされるかもしれないのだ。

　ここでの論点は，軍縮によって世界が現在の武装世界と比べてきわめて不安定になるとか，またはより安定しないとかいうことではない。武装した世界に比べて軍事的に安定する場合と安定しない場合のいずれもありうるということだ。そしてそれは，潜在的軍事力を，速度，奇襲，または主動性において有利になるように細工するか，あるいはそうではなく，様子見したり，軍拡競争や

249

攻撃を仕掛けるのに後れをとったりするほうが安全であるようにするかどうかにかかっており，また，もっとも実現容易な軍縮が安定的な兵器体系に向かうのか不安定な兵器体系に向かうのかどうかにもかかっている。

軍縮合意の自然な成り行きとして緊張が緩和され，既存の潜在的軍事力が無意味になるであろうことを予期すべきではない。軍縮が生存に適した軍事環境を提供したり，平和と良好な関係のためにもっとも建設的な政治的雰囲気を約束してくれたりするということをすべての者が確信しているわけではないだろう。少なくとも数十年の戦争がない時代を経験するまでは，想像しうるあらゆる世界の仕組みの下で，どんな真っ当な人間も戦争が人間の営みから消えると確信するようになる可能性があるとは考えがたい。国家間のありふれた敵意というものは，不意打ち，風評，そして激しい誤解と同じように存在するだろう。仮に「全面的かつ完全な軍縮」と呼ばれるような何かが達成されたとしても，より安全で，より多様で，より専門的に組織化された動員基盤や兵器システムを，改良し，訓練し，運用戦略を検討する余裕をもって保持すれば，国際的な懸念が減ぜられるであろうと責任ある政府が判断する可能性があることでさえ突飛なことではない。それは，民間パイロットひとりひとりが緊急動員指示をブリーフケースに忍ばせているような「全面的」軍縮合意よりも，専門的に組織化され主要な人口中枢から離された高くつくが穏当な近代兵器システムのほうが日常的な軍事介入がより少なくなる——より多くならない——であろうということかもしれないのだ。

言い換えれば，本章で議論した2つの種類の安定性は，いかなる時代，いかなるレベルの軍備または軍縮にも関係する。もし軍縮が抑止といったことについて忘れ去ることができるほど十分に「全面的」なものであればよいのにと思うのはまったく妥当ではない。「全面的」軍縮の下で，制御したり，バランスをとったり，安定化したりすべき潜在的な軍事力は存在しないと考えるのは誤りだろう。仮に軍縮が機能するとしたら，それによって抑止が安定しなければならず，戦争を仕掛けることに利益があってはならないだろう。それは現実味のないことではない。

長続きする軍事的な抑止は恐怖に基づく平和をよしとすることであると時に論じられる。だが，安定化した抑止と全面軍縮との間に推定される対比に説得力はない。非武装の世界において，再武装を抑止する，あるいは大規模戦争に発展する可能性のある小規模戦争を抑止するものは，軍拡競争の再開や戦争に対する懸念であろう。いかなる仕組み——全面軍縮，話し合いによる相互抑

止，または意図的な設計によって一方的に達成される安定的な兵器体系——にも包含される「恐怖」の領域は，信頼性として機能するのだ。もし違反の成り行きが明白に悪い——誰が最初に違反したか，そして迅速な動員が有益ではないということにはほとんど関係なく，すべての関係者にとって悪い——ものであるなら，われわれはその成り行きを当然のことと見なせるのであり，それを「分別の均衡（balance of prudence）」と呼ぶことができよう。

第7章

軍備競争という対話

　核時代のコミュニケーションは米ソ間のホットライン——テレタイプ送受信機を両端末に備える大西洋を横断する専用回線——によって劇的に演出された。ある人々はそれを特筆すべき技術革新として絶賛したが，それ以外の人々は，3000マイル離れた母親に誕生日のお祝いを直接言うことができる時代に，はるかに喫緊な会話のための設備が存在していなかったことに単純に驚いたのであった。ホットラインは，テルスター（訳注：AT&T社の低軌道商業用通信衛星）や無線タクシーの時代にあってさえ，誰かがそれを備えさせようと考えない限り，政府のトップ間における迅速なコミュニケーションのための設備は存在しない可能性があるということを想起させるものである。

　ホットライン出現の兆候は，1960年初め，ハーター（Christian Herter）長官の演説において示された。「大規模な危機において，いずれの側も相手に奇襲攻撃をしようとしていないことを確認する助けとなる有益なものであることが証明されるかもしれない」と長官は述べたのだった。そしてさらに「宇宙における出来事についての潜在的に危険な誤解が生じないのを確実にするため，情報交換のための他の仕組みも考案されるかもしれない」とも述べた。危機において，相互に抱く疑念がフィードバックの過程で増大するとともに，それぞれの奇襲攻撃への備えが攻撃準備のように見えるかもしれない可能性は，1958年に奇襲攻撃にかかわるジュネーヴ交渉が行われた頃までには注目を集め始めていた。グロムイコ（Andrei Gromyko）は，記者会見において，「流星や電磁障害」によってソ連の航空機が発進し，それによって米国の爆撃機が発進することになり，双方が「敵による攻撃が現実に行われようとしているという結論を自然な形で導くであろう」という生き生きとした描写を行った。

　しかしながら，グロムイコはこのようなフィードバックを懸念した最初のロシア人ではなかった。ロシア皇帝も，オーストリアに対する動員がドイツ人に対する警鐘となってフランスに対する動員をもたらし全面戦争になってしまうかどうかを判断しようとしていて，1914年7月の時点で，こういったことを

253

懸念していたのだ。グロムイコもハーターも，軍備管理について書いている現代の著作家も，紀元前4世紀のクセノフォンほど明快にこの問題点を言い表してはこなかった。ペルシャを出発したギリシャ軍とそれを護衛したペルシャ軍の間に相互疑念が生じたとき，ギリシャ軍指揮官は，「公然と敵対することになる前にこの疑念を払拭」すべくペルシャ側に会見を持ちかけ，会見の場で次のように言った。

　貴方はわが方の動きをあたかもわれわれが敵であるかのように注視しているとわれわれは見ており，それを知ったわれわれもまた貴方をそのように注視している。だが，よくよく調べてみても，貴方がわれわれに害を及ぼそうとしているという証拠は見つけられないし，われわれに限ってそのようなことは考えてさえいないことを確信している。然るに私は，われわれがかかる相互不信を終わらせることができるかどうかを見極めるために，貴方と話をすることにした。人々は，時として中傷的な情報によって，また時として単なる疑念が持つ力によって，互いに脅えるようになる。そして，不安に駆られた人々が自分に何かされる前に先に攻撃し，害を及ぼすことなどまったく意図していなかったし欲してもいなかった人々に取り返しのつかない害が及ぶということが過去にあったことも私は承知している。かくして私は，この種の誤解は個人的な接触によってもっとも効果的に解くことができることを確信するに至ったのであり，貴方がわが方を信用しない理由など何もないことを明らかにしたいのだ[1]。

　この逸話の結末は悔やまれる。このようにして成立した「個人的な接触」はギリシャ軍の統率力のすべてを毀損するためにペルシャ人に活用されたのだ。われわれは，書き記されたもっとも価値のある戦略上の教訓の1つを彼らの背信から学ぶという恩恵を得ている一方で，彼らが軍備管理をより信頼できる出発点にすることができなかったことを嘆いてもよい。ここでの過ちは，不信感から生じる危険を取り除く唯一の方法が不信感を信頼に取って代えることだと考えることにあるのは明らかである。

　ホットラインは，とびきり優れているわけではなく，単なる良い発想なのであり，軍備管理においてはもっぱら平和を維持するための大掛かりな仕組みだ

1）Xenphon, *The Persian Expedition*, p. 82.

けに焦点をあてる必要はないということを想起させる。実のところ，ホットラインは総じて象徴的なものであるかもしれないのだ。ソ連で製造されたキリル文字のテレタイプ装置を米国に供与し，逆に米国の装置をソ連に供与するという行為よりも，核時代における国家関係を記憶にとどめることができる鮮やかで単純なセレモニーを誰が考案できようか。このような単なる装置の交換であっても，おそらく人々をコミュニケーションについてより真剣に考えさせることになり，それゆえ何か言うための装置が存在するだけでなく，危機に際して何を言うべきかを知るためのよりよい土台になる可能性があるのだ。

　ホットラインにこうした目新しさがあるということで，戦争と抑止にかかわるわれわれの考え方がどのようなものなのかを実感させられる。1964年の共和党の政策綱領は，あたかもホットラインが不自然なもので，実行可能なコミュニケーションを促すことは親密さの兆候となり，そのように米国が敵と連絡をとることで同盟国は見捨てられた気分になるとして，ホットラインを注意を引くための標的にしていた。ジャーナリズムは，米大統領とソ連首相が文字通り電話口にいる姿を（あたかも両者が相互に話せる何らかの言語が存在するがごとく）描き，もの珍しさを煽り立てた。おまけに午前３時にパジャマ姿でいるケネディー大統領かジョンソン大統領が，地図帳を参照したり国務省と相談したりすることなしに，眠い目を擦りながら世界の一部を手放すのではないかという懸念を掻き立てさえした。

　しかしながら，敵とのコミュニケーションをとった事例は歴史上に数多くある。世界大戦が最終的に終結したことでさえ，戦闘地域を横断して連接したり外交接触において敵と連接したりする何らかのコミュニケーション手段に依拠していたのだ。万が一新たな戦争——とくに大規模戦争——が勃発したら，中立国の大使が仲介役として活動することを求める時間的余裕はないかもしれない。とくに大使が逃げ込んだ放射性降下物シェルターが外部アンテナを備えていない場合はそうだろう。落ち着いて考えてみれば，敵との間でもたれるコミュニケーションというものがもっとも喫緊であること，そして現代において「不自然」なのは，戦争という事態において敵が話すことには正当性は何もないという考えであることにほとんど誰もが首肯することになる。

　イスラエル建国以来のアラブとイスラエルの間にある敵意より激しい敵意をイメージするのは困難である。それでも，1948年末のエルサレムにおける停戦間に，休戦の取決めを逸脱して生起する非常事態を取り扱うための「ホットライン」——この場合，エルサレムに所在する双方の上級部隊指揮官同士を結

ぶ文字通りの電話回線——が設置されたのだ。これは，軍備管理を熱心に信奉する文民が思いついたアイディアではなく，砲撃の応酬やその他の事案が迅速に処理されねばならない可能性を認識した部隊指揮官自身によって行われたものであったと私は聞き及んでいる。このことにもの珍しさはない。ガリアにおけるシーザーもペルシャにおけるクセノフォンも，敵とのコミュニケーションが決定的に重要であることを理解していたのであり，敵使節の安全を尊重しなかった部下に対してもっとも厳しい罰を与えたのである。

工学的見地からすれば，大規模戦争を始めるのは計画策定者が直面しうるほとんど最高度に過酷な事業である。だが，より広範な戦略用語として終結という単語を用いるなら，大規模戦争を終結するのは，それと比較にならないほど骨が折れることだろう。万が一全面戦争が生起するなら，それは不本意ながら始まるか意図せずに始まる公算が大きく，危機に瀕しているすべてのことに矛盾しない方法でそれを止めるのは，いかなる近代国家もこれまで直面したことがあるどんな問題をも覆い隠してしまうくらい重要かつ困難なことであろう。ある種のコミュニケーションはこのようなプロセスの中心に位置するだろう。交渉に前向きな者とともに意思決定することは決定的に重要なことかもしれないが，ホットラインはこうした問題を処理するものではなく，問題を劇的に表現するだけのものなのだ。

軍備管理のもっとも有意義な手段は，交戦を制限し，封じ込め，終結させるものであることは疑いない。戦争を制限することは少なくとも軍拡競争を制約することと同じくらい重要であるし，破壊の範囲を左右するという点において，大規模戦争を制限したり終結させたりすることは，用いられる兵器の保有量を制限することよりもおそらく重要である。万が一戦争が生起した場合，互いに敵対者をコミュニケーション相手として除外しないこと以外に，軍備管理において欠くことのできないプロセスなどおそらく１つもないのだ。

継続する対話

ホットラインは，危機に際して急場を凌ぐ軍備管理を行う助けになりうる。だが，米ソ間において四六時中行われていてより広がりのある軍備管理にかかわる対話が存在する。そのいくつかは無意識あるいは意図せずに行われるものだ。これに関して私は，ジュネーヴ発外信の見出し記事になるような正式交渉ではなく，米ソが互いに軍備管理にかかわる相手の意図を解釈し自己の意図を

伝えるといった継続的プロセスを思い浮かべている。

　核兵器の取り扱いはその好例である。名目上，核実験には公式に制限が付されている。だが，核にまつわる活動に対する禁忌は条約規定をはるかに凌ぐものであることは確かだし，核兵器の役割にかかわるコミュニケーションは正式な核実験制限交渉の中だけにあるわけでは決してない。核兵器は在来の爆薬とは区別される特別なカテゴリーに属するという了解があるのだ。ここ数年間，米国が通常兵器を強調してきたのは，戦争を制限する上で通常爆薬と核爆発物との間には明確な境界線が引かれるという考え方，そしていったん戦場で核兵器が用いられればさらなる核使用の公算が高まるという考え方に基づいている。正式であろうとなかろうと，意図したものであろうとなかろうと，何らかの類のコミュニケーションによって，こうした予測が生み出され，確認され，促進される傾向がある。そして，このような核兵器と通常兵器の区分けにかかわるコミュニケーションが数多くもたれてきたのだ。実験禁止の対象となる核兵器を選定することそのものが，核兵器と他の兵器の象徴的相違あるいは物理的相違を世に知らしめることになった。そうした交渉は，核兵器に呪いをかける助けとなったし，平時において著しく認識されるのであれば，戦争に際しては決して無視することのできない階層差別の創出に間違いなく貢献したのだ。

　核兵器と他の兵器の違いを否定することでさえ，こうした差別化に貢献した可能性がある。核兵器は確実に使用されるであろうというソ連の主張は，不快で説得力に欠けるものであったが，少なくとも西側がどこに線引きしているのかについてソ連が気づいていることを示唆していた。議論に加わるだけでも差別化プロセスに資することがあるのだ。

　他の軍事問題において，似たような「コミュニケーション」——ソ連指導部とのコミュニケーションでなくソ連指導部内におけるコミュニケーションかもしれない——がある。宇宙の軍事利用がその実例だ。米国はたしかに宇宙空間における兵器，とくに大量破壊兵器の禁止を正式に提案したのだが，意味あるコミュニケーションは，時に口頭で，時に米ソの指導者の行為あるいは不作為によって，ジュネーヴ以外の場でもたれたのだ。新聞を読み，議会公聴会あるいは政府報道資料や政府記者会見に注意を払っている者なら誰しもがおそらく，米政府が，核兵器を軌道上に配備する意図を有しておらず，ソ連もそうであることを望んでおり，もしソ連が核兵器を軌道上に配備するという疑いを抱くようになったり，その事実を知るところになったり，それが宣言されたりすれば強く反応せざるをえないであろうとの印象を持ったことだろう。ソ連の振

る舞いに対する反応のこれまでの経緯が示唆する，米国においてありうる反応は，ソ連の行為をなぞること，あるいは，衛星兵器を妨害することだったであろう。そして，スプートニク事件と朝鮮戦争の双方が示唆するありうる反応は，すべての防衛プログラム——とくに戦略部門，なかでも宇宙における軍事活動——の歩みを速めることだったであろう。

　これがおそらくソ連指導部が受けた印象である。米政府が，ソ連が兵器を軌道上に乗せれば何が起き，乗せなければ何が起きると予期されるのかをほのめかし，その立場を意識的にソ連指導部に対して示唆したのかどうかを断言するのは，またしても困難である。政府——いかなる政府もそうだがとくに米政府——がこのような問題について言及するのは，ほとんど，記者や議員の即座の質問に対して反応する場合であるし，宇宙プログラムと軍事プログラムの勢いに押されている時分にこうした発言のほとんどがなされたのだ。国内にも国外にも重要な視聴者が存在し，政府はさまざまな話しぶりをするのだ。それゆえ，いかなる単一の視聴者に対しても一貫した慎重なコミュニケーション・プログラムが存在すると推定するのはたいていの場合誤りであろう。だが，いくつかの声明の裏で——そして間違いなくいくつかの沈黙の裏で——，視聴者たるソ連当局者が何かに気づいていると推定することはできよう。

　軌道上の兵器にかかわる米ソ間の「合意」は，両国が支持した1963年の国連決議で具体化されたが，正式交渉の外ですでに生まれていた了解事項を正式に追認しただけのことであるように見られた。そして，フルシチョフが，U-2機のキューバ飛行について，同じ結果を得るのに偵察衛星が適しているとベントン（William Benton）上院議員に文句を言うのではなく，平時における偵察衛星をいまや認めるという合意を（偵察衛星を撃ち落とすというそれまでのソ連の立場を覆して）承認したのはより効果的なやり方だった。

　弾道ミサイルに対する都市防衛は，メッセージが発せられていた可能性があるもう1つの分野である。ソ連指導部は，1960年代初頭に，ミサイル迎撃における「技術的問題」を解決したと誇らしげに発表した。大戦後を通じて，ソ連指導部は米国よりも防空に重きをおいてきており，防御手段に傾倒していると考えられた。しばらくの間，ソ連は，あたかも弾道ミサイル防衛の配備において抜きん出た，あるいは抜きん出ていると主張することによって，ミサイル・ギャップ水準の回復を試みようとしているかのように見えた。何人かの見立てでは，ソ連はそうやって，戦略バランスが劇的に転換し米国のミサイル優位を跳び越えたというブレイクスルーを売り込むとともに，ソ連の創意と創造

の才を誇示しているものと見られた。

　米国においては，何人かの議員，専門家，そしてジャーナリストが，弾道ミサイル防衛は戦略兵器体系における重要な次段階であると考えているようだった。この関心は核実験禁止によって増幅した。核実験禁止に批判的な者も支持する者も，弾道ミサイル防衛を，核実験禁止によって抑制されるかもしれないもっとも重要な新たな展開として扱った。

　1960年代中頃の米国政府の立場は，弾道ミサイル防衛は実現可能かつ低コストであることが立証されるかはわからないが，いずれにせよ核実験は決定的な要因であるとは思えないというものだった。そしてそこには，核実験禁止は弾道ミサイル防衛やその他いかなる主要兵器プログラムをも間接的に禁止するものではないという含みがあった。また，新たな展開の中でミサイル防衛実験の重要性に対する判断が誤りであることが万が一明らかになったなら核実験禁止は見直されなければならないかもしれないという含意を読み取ることもできる。

　こうしたすべての動きの中でソ連指導部に伝わったことは何であるのか。もし彼らが米国防省高官と宇宙技術専門のジャーナリストの証言を読めば，このような防衛手段を調達する価値はいまだないものの開発プログラムを精力的に進める価値はあると米政府は考えているという印象を抱いたであろうことは疑いない。さらに，米国が技術課題の克服においてソ連にそれほど後れをとっておらず，ひょっとすると先行しており，予算面でも軍拡競争の新たな次元に資金を投じる余地がソ連よりあると考えたであろうことは間違いない。

　もしソ連が大規模な弾道ミサイル防衛プログラムを推進しているが米国はそうしていないとしたら，米国にとってそれはもっとも深刻であるどころか災禍でさえあるということ，そしてたとえその功罪に鑑みればこのような防衛に予算を投入する価値が本当はないと見られようともこの分野でソ連と競い合って優位を保つべきことに多くの高官や評論家が言及していることを，ソ連指導部が認識していた可能性もある。ソ連指導部は，スプートニクとミサイル・ギャップへの懸念に触発された米国の防衛プログラムと弾道ミサイルにおける大奮闘を思い出すことになるかもしれない。彼らは，米国が弾道ミサイル防衛という重大な先進軍事技術の開発において遅れをとるのを受容することはないという普遍的な見解を認識していた可能性がある。

　ソ連指導部が自国の主要プログラムが，米国と張り合えないと自らが悟ることになるであろうペースで，それに匹敵する開発を推し進める動機，刺激，あ

るいは言質を米国に与えるであろう（都市防衛を表ざたにしないでおくことはとてもできないであろうからなおさらそうである）ことを認識するに至ったことを認めていた可能性もある。おそらく彼らは，米国には意思決定すべき未決の際どい案件があることに気づくとともに，自らのプログラムをむやみに進め，あるいはその進展を誇張さえすることで，米国の意思決定を覆してしまったのかもしれないことを悟ったのだ。

ソ連指導部はこの問題に関していくぶん鳴りを潜めたように見られた。ソコロフスキー元帥（Marshal Sokolovskii）でさえ，その著作『軍事戦略（Military Strategy）』の初版と改訂版を比較すれば，当初の自信と熱意のいくらかを捨て去っていることがうかがわれる。おそらく米国は，意図せずとも，何らかのメッセージ——それが対外的な企てに向けられる場合にはいわゆる「抑止の脅し」に少し似ているが，この場合はソ連の国内プログラムに向けられていた——を彼らに送っていた可能性がある。ソ連のプログラムに対して米国が反応すれば，ソ連の利益は失われるし，弾道ミサイル防衛の軍拡競争のみならず，調達の必要に迫られるであろう攻撃的ミサイルの種類と数における軍拡競争もより活気づいて熾烈になるだけであろうというメッセージが彼らに伝わった可能性があるのだ。

軍備レベルを巡る暗黙の駆け引き

われわれが「侵略」と呼ぶもの——国家の行政境界を軍事力をもって公然と突破すること——に関しては，抑止のプロセスは当然のことと見られている。だが，国家内での軍事力整備が問題とされている場合の駆け引きのプロセスは，そこまであからさまでないし，自意識過剰になることもない。米国は，もしソ連がトルコやイランに侵攻することで戦略的優位を求めようとするなら軍事力をもって対処せざるをえないという脅しはかけても，もしソ連が大型のミサイルや爆撃戦力を獲得することで軍事的優位を求めようとするなら軍事力をもって対処せざるをえないという脅しをかけることはない。概してわれわれは，戦争——きわめて制限された戦争でさえ——を軍事的反応を呼び覚ます明白な行動であると考えているが，軍事力整備はそれが直接われわれに向けられている場合でも敵対行為を要したり正当化したりするような明白な挑発であるとは考えていないということだ。

それでもなお，原則的には，敵対的な意思を伴う軍事力強化は軍事的反応に

直面する可能性がある。先制の概念は，「敵対行為」が敵国の領域内で敵国によって始められた場合に，それに対する迅速な軍事的反応が引き起こされうることを示唆している。軍の動員は宣戦布告とほぼ同じことであると概して考えられてきた。したがって，第一次大戦の勃発に際しては，「抑止の脅し」は，不幸にして奏功しなかったが，明白な侵略に対してなされたと同じように，動員という国内活動に対してもなされた。軍備を整えつつある敵対者に対する予防戦争の可能性は，少なくともアテネとスパルタの時代以降，ずっと潜在してきたのだ[2]。最近では，ミサイルの前方配備というソ連の軍事的優位を拒否すべく，米国は直接的な強制の軍事的脅しをかけている。キューバは，おそらく，政治的・地政学的なソ連の動きとしてもっともよく理解される一方で，攻撃的な軍事的優位を迅速かつ安易に達成するためのソ連の奮闘としても一般に理解されている可能性がある。だとすれば，このような動きに匹敵する第一撃戦力を獲得するためのソ連領内における突貫プログラムは，このような脅しに匹敵する制裁措置にふさわしいものかどうかという疑問には興味をそそられる。

　軍事力整備にかかわる駆け引きは，同盟，コミットメント宣言，そして報復政策の表明といった形をとる縄張り争いにおける公然の駆け引きのように顕在化するわけではないが，実のところ行われているように思われる。アイゼンハワー政権のほとんどの期間において，米国の国防予算は西側の軍事力強化において自己抑制的であった。これは，主たる関心が経済にあったからかもしれないが，軍拡競争を悪化させるのは好ましくないという動機もあったというのが公平な見方である。1959 年に想定された「ミサイル・ギャップ」によって米国の報復戦力の脆弱性に対する深刻な懸念が生じ，戦略空軍が空中待機態勢の

---

2) コリント人使節：「貴方たちスパルタ人は，防備を使うのではなくそれを使うだろうと人々に思わせることを頼りにして事態を平然と見守ったヘラス大陸における唯一の人間だ。貴方だけが，初期段階において敵の拡大を阻止するために何もせずに，敵が倍強くなるまで待ったのだ。たしかにかつての貴方には安全だという評判があり十分な確証もあったが，いまやかかる評判に値するかどうかは疑わしい。ペルシャ人は，われわれが己自身をわかっているのと同じように，地の果てからやってきて，彼らと対峙する場所に貴方が劣った軍を投入する前にペロポネソスにたどり着いた。アテネ人はペルシャ人と違って貴方の傍で暮らしているが，貴方はいまだ彼らに注目していないようだ。貴方は，彼らと対峙すべく打って出るのではなく，その場に居座って攻撃されるまで待つのを好んでいる。それゆえに貴方は，元々弱かったがいまや強大になった敵と戦うことで，すべてを危険にさらしているのだ」。*The Peloponnesian War*, p. 50.

急速拡大に強烈な関心を示したときでさえ，政権は突貫の軍事プログラムに乗り出すのに後ろ向きであったのだが，それは，軍拡競争に波風を立てるのを好まなかったからだという形跡がある。さらに言えば，ここ数年にわたる米国における民間防衛に対する多くの禁忌には，軍拡競争に新たな次元を加えること，全面戦争を心配して取り乱しているとみられること，そして防衛予算を不安定化させることを好まないという事情があったのだ。

　軍縮交渉には，双方の軍同士の関係について共通認識に到達することを目指した率直な努力もあった。だが，核実験禁止という例外を除き，何らの合意にもいたっておらず，核実験禁止は，これまでのところいかなる功罪があろうとも，いかなる駆け引きのプロセスにも適合する脅しと再保証の組み合わせを——少なくとも暗黙のうちに——的確に例証している。「もし貴方がやらなければわが方もしない」という議論に加えて，「もし貴方がやればわが方もやる」という議論があるのだ。

　国防予算の明白かつ劇的な増額は，1961年夏，ケネディー大統領が事実上その年に起きたベルリンでの挑発行為に対する反応を演出するために行われた。その夏にフルシチョフも国防予算増額を発表するという反応のすばやさに鑑みれば，このプロセスは無言劇中の交渉にとてもよく似ている。フルシチョフがどれほどの予算を費やすかを明らかにすることすらできない，あるいはその気がないという事実，そして米国において執行される予算のほとんどが増額をもたらしたベルリン問題とは間接的にしか関連しないという事実は，この増額自体が軍拡競争という手段そのものをもって行われる能動的な交渉プロセスであると同時に脅しと反応のプロセスでもあるという解釈の中に封じ込められた。

　1960年5月にパリ首脳会議がU-2事案発生を受けて中止されたとき，フルシチョフは，この駆け引きのプロセスに対する自らの鋭敏性を垣間見せた。昨夜米軍がある種の警戒態勢に入ったのはなぜだと思うかという米国の記者の質問に応え，おそらく米政権は国防予算を増額するために納税者の懐柔を試みたのだろう述べたのだ。この発言でフルシチョフは，軍事力整備にかかわる米ソ間の駆け引きについての自身の認識を示すとともに，激化する軍拡競争の初期兆候に対して警告を発したのだ。

軍事力の整備目標にかかわるコミュニケーション

　軍事力レベルに関してわれわれがいかなるコミュニケーションを行っているのかについて私は思いを巡らしている。ここで私は，とくに戦略核戦力，つまり中〜長距離の爆撃機とミサイルを思い浮かべている。ジュネーヴにおけるもっとも劇的な軍縮提案が戦力レベル——戦力の削減や凍結などにおける彼我の割合——に関することになる傾向があったのだから，少なくともわれわれは口頭で何らかのことを伝え合っている。軍縮はさておき，米国の戦力目標は，ソ連が保有する，あるいは保有しようとしているとわれわれが見積もる爆撃機とミサイルの数に何らかの関連があるに違いなく，一方，ソ連におけるミサイル整備は，何らかの意味において西側の戦力規模に関連しているだろう。米国防長官が将来継続的に保持しようと計画する，ミサイル，潜水艦，あるいは長距離爆撃機の総数について発表するということは，同時にソ連に対して戦力整備計画のための指針を与えていることに等しいのだ。

　そしておそらく，米国が自信をもって知ることのできる範囲において，ソ連のプログラムも米国のプログラムに影響を及ぼしている。ソ連指導部はおそらく，自らの戦力を増大させること，あるいは増大させようとしているように見せること，あるいは米国の予想より大きくなろうとしていると主張する上で説得力のある方法を見出すことが，戦力を倍増させたいと思っている米国人の交渉力を強めるもっとも安易な方法であることを学んできている。もしソ連が相当数の調達を行っているという証とともに超音速重爆撃機をひけらかせば，超高速爆撃機を欲しがっている米国人の交渉力は高められるということをおそらくソ連はわかっている。よき理由からそうなることも悪しき理由からそうなることもありうるが，ともかくそうなるのだ。

　そうであるとすれば，それぞれのプログラムが相手側に，公然とではないにせよ暗黙のうちに，何らかの影響を及ぼすことは間違いない。その影響力は，複雑で，一様でなく，間接的で，時に非合理的であるということ，また，しばしば相手のプログラムに対する不正確な予測次第であるに違いないということは確かである。それでも影響を及ぼしているのだ。ただしソ連は，スプートニクを最初に軌道に乗せた際，かつて韓国侵略によって西側軍事プログラムにもたらされたのと同じことを，自らの行為によって米国の戦略戦力にもたらしているのだということに気づいていなかった可能性がある。彼らは，そのことを

憶測したかもしれないが，もしそうでなかったとしても，過去を顧みて，ロケット工学における自らの初期の業績が米国が戦略兵器を開発する上での強い刺激になったということに気づいているに違いない。1950年代における米国における爆撃機整備は，予期されたソ連の爆撃戦力と防空戦力を反映していたし，1950年代後半の「ミサイル・ギャップ」は，米国における研究開発だけでなく兵器調達にも拍車をかけたのである。1950年代後半にミサイル・ギャップの存在を西側に信じさせたことによってソ連に実質的な利得があったかどうかは疑問が残るところだが，米国がそれを信じることによって，米国の爆撃戦力とミサイル戦力の質的能力が向上し，そのいくつかは量的にも増強されたということに疑いの余地はない。

　ここで明らかになるのは，いわゆる「査察」の問題は，軍縮との関連で広く議論されているが，実際にはそれが軍事力整備との関連性が希薄である以上に軍縮との関連性は希薄であるということである。われわれは自らの「査察」問題をつねに抱えているのだ。軍縮合意があろうとなかろうと，相手側が行っている軍事力整備の状況を可能な限り正確に知ることには，重大かつ喫緊の必要性がある。世界中において公然と政治的・軍事的に反応するためだけでなく，われわれ自身の軍事プログラム策定のためにも，敵対する軍事力の量と質について何らかのことを知らなければならないのだ。米国が製造する，ポラリス潜水艦を20隻にするのか200隻にするのか，ミニットマンを500基にするのか5000基にするのか，新型爆撃機に特定目標に対する特別な能力を保持させるべきなのか，対大陸間弾道ミサイル防衛にどのような価値があるのか，またその性能をどうすべきか，ミサイル弾頭に何を搭載するか，そしてミサイル発射施設をいかに設計するかといったことを判断する上で，計画対象期間において年ごとにわれわれが対峙することになる公算が高い軍事力の見積もりを行わなければならない。

　つまりわれわれは，独自の情報活動から得たものであろうと他の情報源から得たものであろうと，入手できる情報は何であれ活用しなければならない。もしわれわれが，来るべき10年間，ソ連と同程度，いや2倍，いや10倍強くあるべきであると一方的に決める場合には，来るべき10年間，われわれがソ連と同程度，いや2倍，いや10倍強くなるべきであるという合意に交渉で到達している場合と同じくらい，ソ連が行っていることを知っておくべきであることに重要な意味がある。

　その違いは，軍縮合意の下では相手がやっていることに関する情報を双方が

264

必要としていることが認知されている（少なくとも西側においては）ということにあるのは明らかだ。さらに，双方が合意を維持するという利害において，相手に自らのプログラムを提示することに関心を持つべきであるということさえ認知されている。だがこのことはたとえ合意がなくても同じように真実であるはずだ。結局ソ連は米国がミサイル・ギャップを信じたことによって実際に苦しめられた可能性があるが，それは彼ら自身のプログラムの進展速度についてわれわれに不十分な確証しか与えないような軍縮合意の下で彼らが苦しめられるであろうことと同じようなものなのだ。もしわれわれが一定の優位比率にこだわるとともにソ連側を劇的に過大評価するなら，われわれがより多くの予算を費やすことになるばかりでなく，彼らもそうしなければならなくなるのだ。彼らもわれわれに後れをとらないように試みなければならないのだから，彼らがそうすることによって，そもそもわれわれの過大な見積もりに基づいて計画されたプログラムが遡及的に「正当化」される可能性がある。

　したがって，双方の軍事力の間には何らかの相互作用があるのは疑いない。だが，現実の対話はどれもかなり曖昧なものだ。米国の戦略計画がどの程度ソ連における状況の変化に適合されたのかを示す表向きの兆候はほとんどない。国防総省は今後数年間のプログラムに特定の数値目標——ソ連がどれくらい配備しようとしているように見られるかによってミサイルの数値目標は数百単位で上下に変動することになる——が設定されているとは言っていない[3]。また，米軍事力の拡大という明確な脅威が，ソ連の軍備増強を抑止するためにロシア人に向けられているようにも見えない。それゆえ，米国政府がソ連政府との間で行う戦力レベルにかかわる駆け引きはどれも不明瞭なものであって，おそらくは半意識的なものでしかなく，そしてもちろんその背後にはコミットメントはまったく伴わないのだ。ソ連指導部においては，外界とのコミュニケーションが相当不足しているという理由からだけなのかもしれないが，さらに明瞭性に欠けている。

3）このような設定にはおそらく前例がある。チャーチルは，1912年に海軍大臣として下院で演説した際，「今後5年間におけるわが海軍建設を律する原則，そして主力艦が従うべき戦力基準は，内閣の承認を得て明確に規定されている。この基準は以下のようなものである。ドイツが現在の公表されたプログラムに従う限りドレッドノート型戦艦において対ドイツ60パーセント，ドイツが追加起工した艦船1隻につき2隻」と述べたのだ。Winston S. Churchill, *The World Crisis 1911-1918* (abr. And rev. ed. London, Macmillan, 1943), pp. 79-80.

軍備競争におけるフィードバック

　われわれは，おそらく短期的には，ソ連がすでに行った決定とすでに着手したプログラムをわれわれの軍事計画の根拠とするだろう。兵器の開発と調達の間には相当な時間差があり，それは数カ月単位ではなく数年の場合もある。したがって，敵のプログラムに関しては，影響を及ぼすことを考えるよりも見積もるほうがおそらく安全——少なくとも，敵のプログラムを後退させる方向に影響を及ぼすべく試みるよりも見積もるほうがおそらく安全——であろう。ソ連が自らの行動によって米国の軍需製造を押し上げるかもしれないのと同じように，おそらく米国はここ1〜2年の間にソ連の軍需製造を押し上げるかもしれない。どちらか一方が短期的な出来事——体制転換が起きたり，何年にもわたって情報がまったく誤りであったことが判明するほどの重大性がない出来事——のために劇的に手を緩めるというようなことは起こりそうにない（「ミサイル・ギャップ」によってかつてもたらされた意思決定が，それが減衰したことで覆されることはほとんどなかった）。

　しかしながら，丸十年先のことを考える——この際「軍拡競争」を二者（実際には数者）の相互作用として捉える——に際してわれわれは，自らの軍事計画における「フィードバック」に対して考慮しなければならないことがある。つまり，見通しうる数年の間，ソ連のプログラムはソ連にとって「脅威」と感じるものに対して反応するということ，翻って米国のプログラムは米国にとって「脅威」と感じるものを反映することを想定しなければならないのだ。それゆえ，10年後にわれわれは，その10年が始まる頃になされたわれわれの決定に対する反応としてなされたソ連の決定に対して反応している可能性があるし，逆もまた然りである。ソ連は，1960年中頃における自らの軍事上の要求が，相当程度，自らの軍事プログラムと1950年代後半における軍事広報の結果もたらされたものであろうことに，1957年の時点で悟ったはずである。

　これは基本的にフィードバック・プロセスであるが，その動作は，認識や情報の正確性，評価プロセスにおけるバイアス，軍事調達の決定におけるリードタイム，そして，省庁間の不和，予算の争奪，同盟国との交渉，その他によってもたらされるすべての政治的・官僚的な影響次第である。

　この際，いずれの側も相手のプログラムに対して実際どれくらい敏感であるかということはまさに重要な問題だ。この問題にアプローチするためには，い

第7章　軍備競争という対話

ずれの側も相手に反応するプロセスを探求しなければならない。そうした反応が，相手側の振る舞いや冷静な計算による対応について，冷静に計算し抜け目なく予測した結果ではないのは確かだ。また，いずれの側の軍事的決定も，敵に関する何らかの一致した評価に基づく的確な戦略による合理的計算の結果から単純になされるものではない。部分的にはそうであるかもしれないが，他の要因も反映しているのだ。

第1に，そこには純粋な模倣と連想の力というものが存在する可能性がある。敵を凌ぐためにはすべての次元で秀でなければならないという一般的な考え方はつねにある。そこでは，もし敵がある特定の次元において進歩したなら敵は自らがしていることを認識しているに違いないし，われわれはこのような敵の方向性と少なくとも同程度の進歩を遂げなければならないということが仮定されているように思われる。このことは，経済戦争，核動力航空機，対外援助，弾道ミサイル防衛，あるいは軍縮提案のいずれにも当てはまるように思える。そして，この独特のリアクションは当て推量に基づいているように思える。それは当たっているかもしれないが，所詮当て推量である。

第2に，敵の行動は，わかりやすく，見過ごしていることを思い出させたり，注意を振り向けるのをあまりにも怠ってきた進歩に注目させたりする可能性がある。

第3に，敵が実行したことには，何が可能かということについて情報を提供するという意味で何らかの生来の「情報価値」があった可能性がある。ソ連が行ったスプートニク発射や他のいくつかの宇宙関連活動は，これらを実行する特定の能力が手に届く範囲にあるということを米国人にわからせる上で，何らかの生来の価値があった可能性があるのだ。また，1945年の米国による核兵器使用は，核兵器が理論的可能性以上のものであること，そして航空機で運搬可能な兵器を製造することが完全に可能であることを，ソ連を含めたすべての者に対して明確にしたのであり，ソ連の宇宙活動と同様の重要性があったに違いない。

第4に，政府における数々の決定は省庁や軍種間の駆け引きの結果である。したがって，ソ連が何かを実行したり特定の進歩を強調したりすることによって，いずれかの側に兵器や予算配分を巡る論争における強力な論拠が提供される可能性がある。

第5に，多くの軍事上の決定は，特定議員の関心によって動機付けられて促されたり，社説によって誘発されたりする可能性がある。挑戦のように見えた

267

り米国の業績を曖昧にしてしまうようなソ連の業績は，有益であろうとなかろうと，政策決定プロセスに何らかの影響を及ぼすのである[4]。

そして，この作用プロセスのすべてにおける誘因となるのは，事実ではなく，不完全な証拠に基づく信念や見解なのである。

ソ連が西側よりもより合理的そして冷静かつ慎重なやり方で反応すると考える理由が私にはわからない。ソ連は，間違いなく，粗末で悪性の情報に苦しめられているし，予算的不活，省庁間不和，イデオロギーという踏み絵，そして政治官僚制という知的制約にも苦しめられている。さらに言えば，米国もソ連も第三国という観客の前で演じている。兵器開発競争にはしばしば何らかの名声がかかっているのであり，第三国の地域社会は，米ソが追求することを動機付けられた開発における特定の方向性を決定する上で何らかの影響を及ぼすのである。

概して，ソ連がこの相互作用プロセスを理解してこれを巧みに操っているということを示す事実証拠はない。顧みれば朝鮮戦争は，ソ連を利したとはとうてい言いがたく，むしろ米国を軍拡競争に駆り立てたり NATO を本気にさせたりする以外の何ものでもなかった。ソ連は，当初の宇宙分野での成功によって短期的な名声を獲得したいという強い誘惑に駆られていた可能性があるが，米国を刺激してしまったやり方で視聴者にアピールする羽目になったことを嘆いたかもしれない。かつてソ連が作り上げたか黙認したが長続きしなかったミサイル・ギャップは，それによってソ連が得た政治的利益が何であれ，西側の戦略プログラムを刺激しただけでなく，おそらく，彼らが成し遂げたことが実際に裏づけたであろうことよりもいまのソ連を懐疑的に見てしまう原因となるリアクションをもたらしたのである。たぶんソ連は，米国の反応の仕方を評価

---

4) 軍事的関心における「流行」にさえ影響を及ぼす。ソ連が 1961 年に北極で 60 メガトンの核兵器を爆発させるまで「大きな」爆弾にまったく関心がなかった科学者らは，非常に大きな兵器に関して興味深いことを「発見した」ように見受けられた。そしてそれ以上のものを間もなく手にしたのだった。1960 年代，弾道ミサイル防衛は時流に乗り始めたが，それはソ連に刺激を受けたということにも一部原因があった。もちろんこのような風潮は軍事プログラムに限ったことではなく，宇宙開発もそうだし，体の健康や虚弱においても同じような現象が見られる。流行はおそらく，合理的に選択されるのであればよいことであろうし，プログラムの長所にばかり関心を振り向けるのではなく少数の進歩に注意を集中する上で有益であろう。とくに，人が協調し通じ合うために利害が「臨界量」に達しなければならない場合はそうである。しかしながら，流行が簡単に大きくなりすぎるものであることは歴然としている。

第7章 軍備競争という対話

するのに時間がかかっただけなのかもしれないし，軍拡競争における最適戦略
から引き離しておこうという国内圧力にも縛られていたのかもしれない。だ
が，もしソ連が自身のプログラムによって西側プログラムにどの程度のリアク
ションをもたらしたかを自ら理解できないのなら，おそらくわれわれはソ連に
そのことを教えてやることができよう。

　この種のことは起きる。ハンチントンは，1840年頃以降の1世紀間におけ
る量的・質的な軍拡競争を数多く精査したところ，ある列強が結局は他列強の
優位に対して挑戦するのを断念した事例を見出した。ハンチントンは，「それ
ゆえ，25年にわたり散発的に起きた英仏間の海軍競争は，英国が維持する意
思と能力を示した3対2という比率にフランスが真剣に意義を申し立てる努力
を放棄したことで，1960年代半ばに終わりを告げた」と記したが，「10の事例
のうち9の事例において，要求側のスローガンは，『均衡』か『優位』であ
り，要求側がそれ以下のレベルを目指したのは特異な事例においてしか見られ
なかった。均衡や優位が達成されなければ，軍拡競争の価値はほとんどないで
あろうからだ」と指摘した[5]。だが，おそらく後者の主張は，軍事力が潜在的
報復能力に基づく抑止ではなく積極防衛（あるいはあからさまな侵略）のための
ものだった核がない時代においてより有意性があるものだろう。結局英国は，
海軍力においてはいつも強力な防衛力を保持すべく折り合いをつけたが，それ
は英国が島国だからこそできたことなのだ。大陸における陸戦のための科学技
術は，それほど明確に攻撃力と防御力に区分できなかったし，同等以下という
のはどのようなものであれ潜在的な負けを意味したのだ。

　劣勢にずっと甘んじていたことをソ連が公然と認めることができるとは考え
がたい。彼らがそのことを自分自身に言い聞かせることさえ難しいだろう。だ
が，軍拡競争において達成できるであろうことについての生来の期待を相当大
きく減じることは可能かもしれない。戦略兵器体系のレベルにおいて，ソ連
は，何らかの理由で1945年以降のすべての期間において劣勢に甘んじなけれ
ばならなかったのだが，米国が調達したものほど，効果的でなく，用途が狭
く，効果的でないものにずっと甘んじ続けるかもしれない。いかなる事態にお
いてもソ連はおそらく，第一撃を行うに値するレベルにまで米国を無力化する
に十分な第一撃能力を自分たちは持つことはできないという考えに行きつくだ

5) Samuel P. Huntington, "Arms Races: Prerequisites and Results," *Public Policy*, Carl J.
Friedrich and Seymour E. Harris, eds., (Cambridge, Harvard University Press, 1958),
pp. 57, 64.

269

ろう。

　もしソ連指導部が米国の戦力レベルが彼らのそれとどのように関連している
のかを認識しようとするなら，彼らはそうした関連性と米国がジュネーヴで行
った軍縮提案との間に何らかの近い関係があるのを認めるだろうか。それは難
しい問題だ。理由がすべて明らかになっているわけではないが，軍縮提案は，
ある種の均衡または同等性が両者の折り合える唯一の原則であるということを
想定しがちである。軍縮交渉もまた，現状凍結または軍縮がなければ増えてい
た可能性がある部分を削減するというのではなく，軍備は減らしてしかるべき
ということを一般に想定している（仮にそうでなかったとしても──つまり，仮
に軍備管理の劇的な手段としてはじめから現状凍結が容認されていたとしても
──，「軍縮に見合った査察」の不条理を覆い隠すことは容易ではなかっただろ
う）。だが，もし自らが戦略戦力にかかわる暗黙の交渉に参画しているとソ連
指導部が感じたなら，おそらく彼らは，米国が戦略レベルでどれだけの優位を
欲しているのか，そしてミサイル保有量の増加がどこで弱まるのかについて米
国が懸念していたために，そのことを認知したのだろう。それゆえ，ジュネー
ヴにおける意識的に行われた明確な対話と，ワシントンとモスクワにおいて継
続的に進行した意識的ではない曖昧な対話は，これまでの仮定ではなく，東側
と西側の軍事関係におけるすべての原則が正式に変わったとしても西側が適当
と認めるであろうことをジュネーヴ対話は扱うべきという仮定──おそらくこ
のことは正しい──に基づいているのである。

　もしジュネーヴにおける口頭でのやり取りは，この進行中の対話──軍事計
画立案者に言わせれば価値あるもの──に資するところがほとんどないとした
ら，実のところそうした対話の妨げになっているのだろうか。ジュネーヴから
発せられる雑音がゆえ，そして真の声がどこにあるか定かでないがゆえに，わ
れわれはソ連指導部に混乱したメッセージを伝え，逆に彼らもわれわれにそう
しているのではないか。

　私は，かつてこのことを懸念していたし，もしかしたら，狭い解釈において
「軍備管理」と見なされることを取り扱う軍縮交渉は目障りな障害なのかもし
れない。だが，ソ連指導部がどのみちメッセージなんて受け取らないくらい同
調性に乏しくない限り，軍縮交渉がワシントンから発せられるメッセージに対
するソ連の理解力を顕著に損なうものであるかどうかは疑わしい（キューバに
おける逸脱行為が示唆するように，ソ連指導部が同調性に乏しい可能性はあるが，
ジュネーヴに関してはそのような指摘はできない）。米国内では，ここ数年拡散

第7章　軍備競争という対話

——核兵器ではなくタバコの拡散——に苦しめられているが，新製品を試したいと強く思う喫煙者にとっての心配の種はいつも，メンソール入りタバコかそうでないかということだ。私の知る限り，タバコ製造業者とその数百万の顧客がパッケージ表示のことで結託したことはないし，製造業者間においてさえそうしたことはなかったが，かなり信頼できる配色表示が出現してきている。メンソール入りのパッケージは緑か青緑なのだ。これまでのところ，ジュネーヴ発の声明によれば，メンソール入りであることをソ連指導部は見分けているものと私は考えている。

　戦力レベルに関するソ連とのいかなる協調関係も，軍事計画策定プロセスと半ば無意識的な不明瞭な敵との対話を通じて達成されたものであり，それを強制することはできず，一方的な情報活動による査察のみに依拠し，妥当な優越または容認しうる劣勢というそれぞれの側の認識を反映しているという考えを軍縮主唱者は好まないかもしれない。一方，軍縮に反対する者は，行政府あるいは国防総省が，たとえ意図的でないにせよ，ソ連の振る舞いに目標を順応させたり，敵の意図を識別して操作しようとしているのかもしれないという考えを好まないかもしれない。だが，このようなプロセスは無視するには重要すぎるし，驚くには自然すぎることなのだ。そしてそれは，新たな考え方でもない。

　1912年にチャーチルは，ドイツ皇帝率いる内閣のの海軍調達計画に落胆していた。自分が期していた調達数の4分の1にあたるドレッドノート級戦艦を再び調達しようとしていたからだ。チャーチルは，ドイツが自らの海軍拡張は英国側の拡張に応じるものだと主張し，さらに予算が投じられることになり，緊張が激化し，結局いずれの側にとってもこの競争から実質的に得るものは何もないのではないかと訴しがった。英内閣は，もしドイツがその当初計画を維持するなら英国もそうするであろうこと，そしてさもなくば英国はドイツ1隻に対して2隻の割合で艦船を追加調達することになるであろうことを伝達するために戦争相をベルリンに遣わした。この際チャーチルは，もし本当に戦争を欲していないならドイツはこの提案に応じるであろうし，そうすることで何も失われることはないだろう考えた。

　事実そのとおりだった。チャーチルは，回想録において，このような考えを持っていたこと，そしてこの考えを実行しようと試みたことを何ら悔やんでいない。チャーチルは，「軍縮合意」など思い浮かべておらず，単に，英国のリアクションがどのようなものになるかを伝えることによって高くつく軍拡競争

271

が加速するのを防ぎたかっただけなのだ。そうしたのは，自分自身の目を見開いていたからであって，卑下や傲慢さからではなかった[6]。フランスが英国海軍の排水量を越えて海軍を増強しようとすることの無益さに納得したのはそれに先立つ10年前のことであったが，それは，同じ原則をドイツが受け入れるかどうかを判断する上で意味があったのであり，ギリシャによるペルシャとの「ホットライン」と同じく，良い発想だった。ただし，ギリシャとペルシャのやり取りと違って，何らのコミットメントもせずに目を見開いてなされたのだった。敵の宿営地で使者が殺されることもなかったし，海軍調達の結論が棚上げにされることもなかったのだ。

　軍拡競争におけるソ連の気勢を削ぐこのプロセスは，ベルリンでわれわれをこづき回せば埒があかなくなることを納得させる試みと何ら変わりない。米国は，キューバにおいてそうであるように，ベルリンでは「平和的共存」──この用語がソ連に使用されることですでに信用に値しないものになっていないのであればそのように呼ばれてきたかもしれない──にかかわる教訓をソ連に教えようとしている。キューバでの事案においては，われわれに何を期待すべきかについて何らかのことをソ連に教えるとともに，双方にとって高くつくかもしれない計算違いをソ連にさせないようにすることを意図したプロセスに取り組んでいたのだし，ベルリン周辺においては，奏功していないが，特定の行動方針が無益だと運命付けられていることをソ連にわからせようとしている。おそらくわれわれは，軍事力整備そのものに関しても同じようなことを伝えることができるかもしれない。

　今後10〜20年間，軍拡競争をうまくさばくための何らかの構想を持つことは価値があるように思える。これが少なくとも暫定的には勝てない競争だということをソ連にわからせることはできないだろうという考えを持つのは，おそらく敗北主義だろう。「封じ込め」の原則はソ連の軍事力整備にも適用されるべきである。彼らは，イデオロギーに縛られていることで負けや封じ込めを認めるのが難しくなっているが，現実を受け入れる器を持たなければならない。

　これは，ある種の「軍備管理」における目標である。だが，通常の軍備管理の定式化とはいくつかの点で異なる。第1に，潜在的な敵との軍備合意においてはそもそもある種の均衡を認めざるをえないという仮定が出発点ではないということだ（だが，軍事的能力を測るには多くの異なる方法があるため，劣勢の側

---

6) Churchill, *The World Crisis*, pp. 75-81.

272

が特定の方法に基づいて均衡を主張すること——おそらく均衡を信じることでさえ——を容認することはあるかもしれない）。第2に，軍備の駆け引きには提案と同じく脅しも含まれるという考え方に依拠しているのは明白であるということだ。

　軍縮交渉において合意に至らなかった場合の代価として軍拡競争が悪化するとの脅しをあからさまにかけるのはおそらく無作法だろう。だが，もちろん，いかなる双務的な兵器体系変更の合意であっても，合意できなかった場合の成り行きについての何らかの暗黙の脅しをかけなければならない。潜在的な敵から軍事力整備の緩和を引き出すための第一歩は，わが方のリアクションを考慮しない場合には得るものより失うもののほうが大きくなるということをわからせることである（ソ連側のプログラム緩和を引き出すのを促すためには，ソ連の軍事力整備に対していくぶん過剰な比率での整備を意図的に計画し伝達するのが賢いことでさえあるかもしれない。この種のことは関税交渉では馴染みがない）。

　もちろん，軍事力整備のある重要な次元は，「軍拡競争」として特徴づけられるものではない。優れた軍事施設や資産の多くは競合的ではないのだ。誤警報を局限するための設備，戦争につながる可能性がある偶発的または未承認の行動を防ぐための設備，そして平時あるいは有事においてさえ制御を維持する助けとなるであろうその他の信頼性向上措置の多くがそうである。言い換えれば，一方の側がこうした特定の能力において進歩したとしても，もう一方の側の不利にはならないかもしれないということだ。たしかに，相手側の能力向上はわが方のそれと同じくらい望ましい可能性があるのだ。米国はこの方向に沿ったソ連の特定の措置に対して反応しない可能性があるが，もし反応しても，われわれが失った何らかの優位性を埋め合わせることにはならない。固定化した予算の範囲内でのミサイル戦力の堅牢化と分散は，国家の戦略態勢における「改善」を表しているかもしれないが，とくに相手を嘆かせることはないかもしれない。後追いする国は，実際には脅威を与えるのではなく自らを安心させる方向で，自分自身の計画に反応する可能性があるのだ。ミサイルの抗堪性向上競争と数量増強競争は同じものではない。つまり，われわれに期待しうるリアクションの類型をソ連に理解させるということは，定量的な計画以上のことを理解させる，つまりより挑発的ではないように見える兵器プログラムとより挑発的に見えるであろうそれの類型という概念を理解させるのを伴うのである。キューバの事案はこのような違いが存在する可能性を想起させるものだった。

もしわれわれが，10 年以上先の計画を立てる試みにおいて，軍拡競争の扱いという問題を深刻に取り上げて，われわれのプログラムとソ連のプログラムの相互作用について考えるなら，かなり新奇な課題に取り組まなければならない。それは，ソ連に採用してもらいたいと思う軍事力の態勢について考えるということだ。軍事政策の議論においてわれわれは一般的に，ソ連の態勢を，所与のものとして扱うか，われわれの制御の及ばない要因によって決定付けられるもの——それに対してわれわれは何らかの適切な方法で反応しなければならない——として扱う。結果として，可能なソ連の態勢，ドクトリンそしてプログラムにおけるわれわれの好みを考えても何も得るものはないように思えてくる。だが，ソ連の態勢に対していかなる影響を及ぼす可能性があるのかについての検討を始めるのなら，ソ連におけるありうる進展のどちらが好ましいことで，どちらが嘆かわしいことなのか考えなければならない。

　そうするには，定量的には，最大限の努力と最小限の努力のどちらをソ連に望むのかを判断する必要があり，定性的には，ありうるソ連の兵器システムと戦力組成を検討する必要がある。米国において時折なされる第一撃戦力と第二撃戦力を対比させる議論の類，つまり，本土における積極的防衛と消極的防衛のメリットの対比，対兵力ドクトリンと都市を破壊する全面戦争ドクトリンの対比，そして大陸間戦争能力と制限戦争能力を持つ戦力の折衷といった議論のすべてが，ソ連においても行われていると想像しうるのである。このような議論の結論に何らかの影響を及ぼさなければならないとしたら，たとえ議論がまとまりのない回りくどいものであっても，われわれが望むその影響がどこに向かうのかを判断する必要がある。

暴力の抑制

　米ソ政府間において伝え合うべきすべての軍事案件の中で，大規模戦争が実際に生起したとしたらどのように遂行されるのかということ以上に重要なことはない。この問題が重要なのは，兵力として蓄積されたメガトン数よりも戦争による荒廃の程度に深く関係する可能性があるからだ。そしてこれは何らかの類のコミュニケーションが必要不可欠な問題である。戦争前に導かれる予想は，実行可能な制限を成功裏に設定する上で重要であるのみならず，その努力を価値あるものにし，その可能性に対する政府の感受性を高める上でさえ決定的に重要なのかもしれない。

第7章　軍備競争という対話

　全面戦争——そのような戦争が万が一生起した場合に起こる不幸な成り行き——における何らかの相互応報的な抑制に意味があろうことは，近年における発見であるように思われる。この素朴な考え方でさえ明白になっていないがゆえに，何らかの真剣な思考とコミュニケーションが明らかに必要不可欠なのだ。このような戦争においては抑制が看取されること，そして実際に抑制が看取されるであろうことを認識するための労を平時において惜しむべきではないことの最大の理由は，それが双方にとって理にかなっているからである。だがそうであるためには，相手側は，そのことを認識し，もしこのような戦争が生起したら抑制を感知する能力を備え，そして自分なりのやり方で自ら鋭敏性を備えるようにしておかなければならない[7]。

　米国におけるこの方針の最初の兆しは，国防予算が伝えるメッセージといった形で，ケネディー政権初期に表れた。そして，最初に公式に明示されたのは，1962年6月のミシガン州アナーバーにおけるマクナマラ演説であった。この発想についての何らかの非公式な議論を記した文献はそれ以前にも見られたが，平和運動家と目される人々からも，もっとも頑迷固陋な軍事「強硬派」と目される人々からも，すでに同じように熱心に攻撃されていた。この兆候は，マクナマラ長官が重要演説において公式に表明したことで，指数対数的に増大した。

　戦略兵器や双方の本土がかかわってくる熱核戦争でさえ抑制され制御下におくことができるかもしれないという米国による公式の示唆に対して，ソ連はいまだ反応の途上にある。まったく新奇なものではなかったにもかかわらずこのような考え方がわれわれ自身の政府の関心を引くのでさえかなりの時間を要したのであれば，米国発のこの考え方がすぐにソ連指導部の関心を引くなどと期待すべきではない。彼らはおそらく，この考え方について，熟考し，議論し，自身の兵装計画との適合性を分析し，自らの戦略的立ち位置に見合う意味と解釈を見出さなければならないだろう。ただし，双方の戦略戦力は異なるのだし均衡もしていないという一点からしても，この考え方のソ連にとっての具体的な含意は米国にとってのそれと相当異なるものであろうと考えるべきなのは当然のことだ。

　さらに言えば，ソ連指導部は，米国防総省が最初に考え出した考え方が賢明であると認めることには抵抗があるだろうし，この問題に深入りするのを妨げ

---

7)　本書第5章を参照せよ。

275

る反駁をいくつか早い段階で行ったことで自らを縛っている可能性がある。大量報復を除いては無力であると見られることで抑止を最大化できる，あるいは抑制や制約を真剣に取り込むことで戦争勃発の可能性に対して予防線を張ることができるという考え方をかなり真面目に取り入れることには，戦略的に劣勢の国家にとって大きなジレンマがある。

　東西間の対話が，核兵器と核戦争にかかわるこの問題そしてその他の問題においても，より現実的で，より真剣な，二者による独白劇ではなく双方向のコミュニケーションのようになってきている兆候がある。『軍事戦略』——1962年にソ連で発刊された画期的な公式の戦略書——の第二版は，西側の反応に対する反応，つまりフィードバック・サイクルの間違えようのない兆候を示している。この英訳版の一編に序文を書いたウルフによれば，原著者であるソ連人は，重要な読者が西側国家にいるということ，そしてそうした読者とどうやってコミュニケートするかが問題であるということに気づき始めていた[8]。

　実のところ，米国のこの特別な書籍に対する取り扱いは，真剣なコミュニケーション・プロセスを引き起こした可能性があり，それは，ジュネーヴで進行中のいかなることとも同じくらい重要かひょっとするとより重要であるかもしれないし，パグウォッシュ会議や，東西間で安全保障問題についてのコミュニケーションをとるためのその他の些細な努力を完全に覆い隠すことになるかもしれない。

　ソコロフスキー元帥の著作に対する米国人の取り扱いからおそらく明らかになったであろう原則は単純である。つまり，話すより聞くことでもっと効果的に人の注意を引くことができるということだ。相手の言うことを注意深く聞き，それを真剣に受け止めていることを示せば，相手は自らが伝えようとすることに相当気を配るようになるのだ。

　この書の英訳版は 2 冊あるが，いずれもソ連軍事の米国人専門家による序文が添えられ，すぐに米国で出版された。1 冊は米政府が訳したことで知られる暫定訳で，もう 1 冊はランド研究所の著名なソ連政策専門家 3 人が監訳した[9]。コラムニストたちはこの本にかなり注目したし，政府内，学者，軍事評

---

8) T. W. Wolfe, "Shifts in Soviet Strategic Thinking," *Foreign Affairs*, 42 (1964), 475-86.
　この論説は以来，ウルフの優れた論文集 *Soviet Strategy at the Crossroads* (Cambridge, Harvard University Press, 1964) に編纂されている。

9) *Soviet Military Strategy*, RAND Corporation Research Study, H. S. Dinerstein, L. Gourè, and T. W. Wolfe, ed., and translators (Englewood Cliffs, Prentice-Hall, 1963), V.D.

第7章　軍備競争という対話

論家，ジャーナリスト，そして学生でさえも注意深くこの本を読んだのは間違いなかった。第二版のソ連人著者が，西側の評論に反応し，海外読者の「誤認」のいくつかを「正し」，そして自らの文章を粛々と手直ししたことは驚くべきことではない。いくつかのより極端なドクトリン上の主張が，あたかも西側に真剣に受け止められるのを恐れているがごとく，緩和された兆候もあるのだ！10)

　この奇妙だが重大な対話は，潜在的敵国と永遠に行う曖昧な駆け引きの類における２つの原則を例示している可能性がある。つまり，第1に，彼らと直接話してはならないがある真剣な観衆に対して真剣に語りかけそれを盗み聞きさせよ，ということであり，第2に，彼らに聞く耳をもたせよ，ということだ。

Scklovosky, ed., *Military Strategy* (New York, Praeger, 1963), introduction by R. L. Garthoff.

10)　ウルフは，真実としてはほとんど出来すぎだとさえ言える例を提示して，『赤星（*Red Star*)』に掲載された4本のソコロフスキー論文が，制限戦争が全面戦争に発展するのが「不可避」であるとソ連のドクトリンが考えているかどうかに関して米国の編集者に反論している。ロシア人は「不可避性」について決して論じていないことを明らかにするため，自らの著作の一節——実際にはすべて訳し直された箇所——を引用するとともに，引用に際して「不可避性」という言葉そのものを削除したのだ！ *Foreign Affairs*, 42 (1964), 481-82; *Soviet Strategy at the Crossroads*, pp. 123-24.

あとがき——驚くべき 60 年：広島の遺産

　ここ半世紀におけるもっとも劇的な出来事は，ある出来事が起こらなかったことである。われわれはこの 60 年間，怒りにまかせて爆発する核兵器を見ることなく過ごせたのだ。

　なんと素晴らしい成果であろうか。いや，成果でなければ，なんと素晴らしい幸運であろうか。1960 年，英国の詩人スノー（C. P. Snow）は，ニューヨークタイムス紙の 1 面で，核保有国がその核戦力を徹底的に削減しない限り 10 年以内に熱核戦争が起きるのは「数学的に確からしい」と述べたが，これが大げさだと考える者は誰もいないように思われた。

　今日，この数学的確率は当時の 4 倍以上になっているが，核戦争は生起していない。われわれはさらに 60 年間この状態を維持することができるだろうか。

　核兵器の持つ軍事的有効性や恐怖を呼び覚ます潜在能力に疑いが持たれたことは一度もない。核兵器が一度も使用されなかったことの大半は核兵器にまつわる「タブー」のおかげであるにちがいない。ただし，1953 年に早くもこのタブーを見定めたダレス国務長官自身は，このようなタブーは遺憾なことだと考えていた。

　核兵器は呪われ続けているが，今日その呪いは 1950 年代にダレスを困惑させたときよりはるかに強くなっている。核兵器は特別な存在であるが，そうである理由の大方は，核兵器が特別だと認識されていることに由来している。特別ではない大半のことをわれわれは「通常（conventional）」と称しているが，この言葉には 2 つの異なる意味がある。1 つは「ふつうの，ありふれた，在来の」という意味であり，食べ物，着る物，住まいなどに使うことができる。より興味深いもう 1 つの意味は，同意，合意，そして慣習（convention）へと昇華するがごとくに用いられる「通常」の意味である。核兵器は別物ということは，要するに確立した慣習なのである。

　たしかに核兵器の信じられないほどの破壊力は通常兵器を矮小化する。だ

このあとがきは元々，2005 年 12 月 8 日のノーベル賞受賞記念講演として発表されたものである。

が，アイゼンハワー政権末期には，最大規模の通常爆弾よりも小さな威力しかない核兵器を製造することができるようになっていた。広島やビキニ級の核兵器だけがそれ相応にタブー視されるべきであり，「小型」の核兵器はタブーに染まっていないと考える軍事計画策定者もいた。だが，その頃すでに核兵器は特別な類のものになっていたのであり，規模が小さいことはこの呪いから逃れる言い訳にはならなかったのである。

　ここ50年間に根を下ろし育まれてきたこうした姿勢，慣習，あるいは伝統というものはかけがえのない財産であるが，それがずっと守られる保証はない。現在あるいは将来の核兵器保有国がこの慣習を共有しない可能性もあるのだ。こうした抑制はどうすれば維持されるのか，いかなる政策や活動がそれを脅かすのか，こうした抑制はどのようにして破られ消散してしまうのか，そしてどのような制度的合意がこうした抑制を強化あるいは弱体化するのかということは，真剣に考慮されてしかるべきである。この抑制がどのようにして生じたのか，それは必然だったのか，慎重な意図によってもたらされた結果なのか，それとも幸運の賜物だったのか，そしてこれからの数十年，この抑制を確固たるものだと評価すべきかそれとも脆弱だと評価すべきか，といったことが精査されてしかるべきなのである。そして，この伝統を堅持し，可能ならおそらく核兵器をいまだ獲得していないであろう国にも広める手助けをすることは，核兵器不拡散条約（NPT）の延長と同じくらい重要である。

　核兵器が使用される可能性があった最初の機会は朝鮮戦争初期に訪れた。それは，米国と韓国が，半島南端の港町である釜山の境界線まで後退し，死守も安全な撤退もできないという窮地に追い込まれたように見られたときだった。米国では核兵器の問題が公に議論されるようになったし，アトリー（Clement Atlee）英首相はワシントンに飛んでトルーマン大統領に対して朝鮮半島で核兵器を使用しないよう強く求めた。アトリー首相の訪米は公然と行われその目的も周知されたのだが，英国下院は，英米は核兵器開発におけるパートナーであると自認しており，米国の意思決定に口を挟む正当性があると考えていた。

　仁川上陸作戦が成功を納めたため，釜山防衛が絶望的になっていたら核兵器が使用されたかどうかということは観念上の問題となった。だが，結果的に使用されなかったものの，少なくとも核兵器使用の問題が議論されたのは事実である。

　朝鮮戦争における核不使用を説明する論拠は十分すぎるほどあるのだろうが，核兵器が「使える」兵器であることを誇示し，核不使用の伝統を摘んでし

280

まうことでもたらされる成り行きを米国政府や米国民が真剣に考えたという記憶を，私は持っていない。

核兵器は，中国の参戦という惨事が生起したときも，血なまぐさい消耗戦とそれに引き続く板門店での停戦交渉が行われている間も，使用されることはなかった。さらに数カ月戦争が継続していたとしたら，核兵器が使用されたかどうか，使われたとしたらどこでどのように使われたか，あるいは，あのとき北朝鮮か中国において核兵器が使用されていたとしたらその後の歴史はどのようなものになっていたかということは，もちろん推測の域を出ない。仮に戦場ではなく中国で核兵器を使用する可能性があると脅していたとしても，停戦交渉に影響を及ぼしたかどうかはわからずじまいである。

バンディー（McGeorge Bundy）（訳注：ケネディー政権とジョンソン政権の国家安全保障担当大統領補佐官）の著書『危険と生存——50年間における原爆を巡る選択』[1] には，核兵器を巡ってのアイゼンハワー大統領とダレス国務長官の興味深いやりとりが記録されている。アイゼンハワーの大統領就任後3週間足らずの1953年2月11日に開催された国家安全保障会議において，「ダレス国務長官は原爆の不使用にまつわる道徳的問題を論じた……その誤った特別扱いをやめるべきというのが彼の主張だった」と記されているのだ（p.241）。いかなる措置がこの特別扱いをやめさせることにつながるのか，そしていかなる措置や不作為によってこの特別扱いが維持・強化されるのかについて，このとき米国政府内でどのような分析が行われたのかは私の知るところではない。だがダレス長官は，この抑制が誤りで好ましいものではない——国家安全保障会議全体も当然のこととしてそのように考えていた——にせよ，抑制は現に存在していると考えていたのは明らかである。

ダレス長官は，1953年10月7日にも，「われわれは何とかして核兵器使用にまつわるタブーを取り除かなければならない」と述べた（p.249）。その数週間後にアイゼンハワー大統領は，国家安全保障の基本方針に関する公式文書において「戦争が生起した場合には，米国は他の兵器と同じく核兵器も使用に供することができると考えることになる」と宣言することを承認した（p.246）。この宣言は事実というよりレトリックとして理解されるべきであることは確かである。タブーは捨てると公言したところで簡単に消滅するようなものではない。公言した当人の心の中から消し去ることさえ簡単ではないのだ。半年後に

---

1) McGeorge Bundy, *Danger and Survival: Choices about the Bomb in the First Fifty Years* (New York, Random House, 1988).

開催された北大西洋条約機構（NATO）会議における米国の立場は，核兵器は「いまや通常兵器になったという事実に即して扱われるべき」というものだったが（p. 268），これもまた，そのように言うことは実際にそのようになることを意味しない。暗黙のうちに存在する慣習は，時として明示された慣習よりも破られにくい。破棄可能な紙のうえにではなくそもそも御しがたい意識の中に存在するからだ。

　バンディーによれば，核兵器に通常兵器の地位を授けようというこのような動きの中での最後の公式発言は，台湾海峡危機の際に見られた。1955 年 3 月 12 日，アイゼンハワー大統領は，質問に応じて，「いかなる戦闘においても，厳密な軍事目標に対する厳密な軍事目的のために使用できるものならば，弾丸その他が使用されるのとまったく同じなのであり，厳密にそれが使用されることがあってはならないという道理はない」と述べたのだ（p. 278）。これはまたしても政策決定というより警告の意味合いが強いというのがバンディーの見解であるが，私もそれに同意する。

　結果的にはそうする必要はなかったのだが，アイゼンハワーには本当に金門島そして台湾そのものを守るために核兵器を使う覚悟があったのだろうか。核砲弾がわざわざ人目につくように台湾に持ち込まれたのが脅しの意図をもっていたのは明らかであったが，ダレスの指摘した観点からすれば，はったりは危険だったかもしれない。核兵器が使用されることのないまま中国が台湾を征服するようなことがあれば，タブーが墓標に刻まれたような確固たるものになってしまったであろうからだ。一方，ダレスにとっては，金門島はタブーを一掃する絶好の機会に見えたかもしれない。純粋な防御目的で，敵攻勢部隊，とくに民間人を避けられる海上や海岸堡に所在する敵に限定して短射程の核兵器を使用するというのは，アイゼンハワーが快く承認し欧州の同盟国も容認するようなことだったのかもしれない。そして核兵器は「弾丸その他が使用されるのとまったく同じように」使用されうることが証明されていたかもしれない。だが中国がそのような機会を与えることはなかった。

　核兵器の地位についてのアイゼンハワー政権の立場と，ケネディー政権とジョンソン政権の立場は好対照をなしていた。政権内で閣僚が果たす役割にも変化があった。第二次大戦後に生まれた者のほとんどがアイゼンハワー政権の国防長官ウィルソン（Charles Wilson）の名前を覚えてはいないが，少しでも米国の歴史をかじったことがある者ならダレスの名前は知っている。バンディーの著作物の索引にダレスは 31 回登場するが，ウィルソンはたった 2 回だけ

282

だ。ケネディー政権とジョンソン政権においてこの関係は逆転している。マクナマラ国防長官は 42 回登場するが，ラスク（Dean Rusk）国務長官は 12 回だ。

　ケネディー政権において反核兵器の動きを主動したのは国防総省だった。マクナマラは 1962 年，費用はかかるが NATO 正面の通常戦力を増強することで欧州防衛における核への依存を減ずるため，ケネディー大統領とともに行動を起こした。その後の 2 年間で，マクナマラは，アイゼンハワーとダレスが意図したいかなる意味においても核兵器は「使える」兵器ではないと考えるようになった。1962 年 10 月の「キューバ・ミサイル危機」のトラウマが，ケネディー政権の主要閣僚・補佐官と大統領自身に核兵器に対する嫌悪感を抱かせる一因になったのは疑いない。

　アイゼンハワー政権とケネディー－ジョンソン政権の核兵器に対する立場における好対照は，1964 年 9 月のジョンソン大統領発言に見事に要約されている。「間違ってはならない。通常核兵器などというものは存在しない。19 年にわたる危険に満ちた年月の中で相手に核エネルギーを解き放った国はない。そうすることはいまや最高レベルの政治決断なのだ」という発言だ[2]。この発言によって核兵器が軍事的有効性によって測られるという考え方は葬り去られた。「最高レベルの政治決断」を「他の兵器と同じく使用に供することができる」に対比させることで，ダレスの「特別扱いは誤り」という考え方を葬り去ったのである。

　私は「19 年にわたる危険に満ちた年月」という言いまわしにとくに感銘を覚えた。19 年にわたって米国は，ダレスが望んでいたこと，つまり米国が核兵器を使用したいと思うならそうすればよいのだという誘惑と戦ってきたことをジョンソン大統領は示唆していたからだ。そして，米国が，あるいは米国と他の核保有国がこの 19 年間共に核兵器不使用というものに投資し財産を築き上げてきたこと，そして核兵器使用にかかわるいかなる決定も最高レベルの政治決断としたからこそ核兵器を封じ込めたこの 19 年間が実現したこともこの言いまわしが示唆していたからである。

　ここでいったん立ち止まって，「通常核兵器といったものは存在しない」というのが文字どおりどのような意味であるのかについて考えてみるのもよいだろう。つまり，第二次大戦で使用された最大級の大型爆弾よりも威力が小さい核爆弾，遠い深海における控えめな爆発規模での潜水艦に対する攻撃，戦車の

　2）*New York Times*, September 8, 1964.

前進を食い止めたり土砂崩れによって山間接近経路を塞いだりするための核地雷といったものを在来手段として見なすことができないのかということだ。1953 年にディエンビエンフーで包囲されたフランス軍を救出するためにインドシナ半島で 3 つの「小型」原子爆弾を使用することが検討されたことのどこがそれほど恐ろしいというのか。台湾海峡に侵攻した中共軍の小型艦隊に対して沿岸配置された砲兵が核砲弾を撃ち込むことの何が間違っているというのか。

　この疑問に対して 2 通りの答えが考えられてきた。1 つはもっぱら直感的なもので，もう 1 つはいくぶん分析的なものだったが，いずれの答えも核兵器はとにかく違う，すべてにおいて違うのだという信念や感情——分析の埒外にある感情——に根ざしている。こうした答えよりもさらに直感的な反応は，おそらく「そんな疑問を持つようでは，正解を理解することなどできないだろう」といったところであろう。何であれ核というものすべてに当てはまる性格は，もっぱら理論家が言うところの原線や公理といったものなのであり，分析する価値もその必要もないということだ。

　一方，より分析的な反応においては，法的根拠，外交，交渉理論，そしてしつけと自律を含めた規律の理論に依拠した議論を展開する。この議論では，輝線理論，危険な坂道理論，明確に定義された境界理論，そして伝統と暗黙の慣例が生む本質といったことが強調されている（アルコール依存症を治療している患者への「たった一杯の酒」との類推がよくなされる）。どの議論の筋道を辿っても同じ結論に至る。つまり，核兵器がいったん戦闘に持ち込まれれば，抑制し，封じ込め，制限することはできないかもしれない，あるいはおそらくできないだろうということだ。

　こうした議論は時に明確だった。最初に使用される核兵器がいかに小型であろうとも，大型化の方向にエスカレートするのは不可避であり，それが止まりうる境界は存在しないという議論だ。また，軍は規律で縛る必要があるが，どんな核兵器であろうといったん軍に使用を許可したら核エスカレーションを止めることはできないだろうという議論も時としてあった。

　「中性子爆弾」はこの議論にとってわかりやすい事例だ。中性子爆弾とは，爆風や熱線が比較的小さい爆心距離においても人員を殺傷可能な「即発中性子」を放射する物質から製造されるきわめて小型の爆弾，あるいは爆弾のようなものである。その謳い文句によれば，建造物を破壊することなく中の人間を殺すことができる。この種の兵器を製造・配備することについての論争がカー

あとがき

ター政権の時代にあったが，結局，反核運動に遭ってお蔵入りとなった。だが，その15年前に少なくとも中性子爆弾と同じ範疇にある核兵器そのものが，このときよりもはるかに激しい議論の対象になっていたのであり，そのときの議論が研ぎ澄まされて1970年代に再び繰り返されたというのが本当のところだ。その議論は，単純明快であり，決定的とは言えずともたしかに有効なものだった。それは，核兵器と通常兵器の境——防火帯と呼ばれた——を曖昧にすべきではないという議論であった。そこでは，本来なら承認されないような核兵器使用への強い誘惑に駆られることや，核兵器の使用が敷居を侵食し，防火帯を曖昧にし，漸進的な核エスカレーションの道を開くことなどが論じられ，威力が小さかろうと殺傷力において「害がない」ものであろうと核兵器は恐れられていた。

この議論はいわゆる平和的核爆発（peaceful nuclear explosions）（訳注：土木工事や採掘などに利用するための平和的な核爆発）への反対論と大差がない。平和的核爆発反対論における決定的な論拠は，それによって世界は核爆発に慣れてしまい，核爆発は本質的に悪であるという考え方が脅かされ，核兵器に対する禁忌が弱まってしまうというものだ。ロシア北部での河川敷の爆破，ナイル川でのバイパス運河建設，あるいは途上国の港湾建設において平和的核爆発が予期されたために，核爆発が「正当化」される懸念が生じたこともあった。

こうした核に対する嫌悪感の発露は，1970年代に，地下洞穴で小型水素爆弾を爆発させて生じる水蒸気によって発電するクリーン・エネルギーへの展望をわが国の軍備管理当局者やエネルギー政策アナリストが一致して拒否したことで示された。まるで説明など要しないくらい明白だと言わんばかりに，議論もせずに皆が一致してこの構想を却下したのを私は目のあたりにした。私が言えるのは，「良い」熱核爆発といえども悪なのであり，ずっと悪のままにしておかなければならないというのが反対意見の常だったということだ（アイゼンハワー大統領が「いかなるエネルギー危機においても，厳密な民間施設において厳密な民間目的のために使用できるものならば，石油その他が使用されるのとまったく同じなのであり，厳密にそれが使用されることがあってはならないという道理はない」と言い，それに対してダレスが「われわれは何とかしてクリーンな熱核エネルギー資源の使用にまつわるタブーを取り除かなければならない」と応じる光景が目に浮かぶようだ）。

しかしながら，核兵器だけが量や規模にかかわらない本質的な特異性という性格を有しているとは考えないことが重要である。有毒ガスは第二次大戦で使

285

用されなかったのであり，アイゼンハワーとダレスの議論は有毒ガスにも適用できるであろう。「いかなる戦闘においても，厳密な軍事目標に対する厳密な軍事目的のために使用できるならば，弾丸その他が使用されるのとまったく同じように厳密に有毒ガスが使用されることがあってはならないという道理はない」ということだ。だが私が知る限り，アイゼンハワー将軍は連合国遠征軍最高司令官としてそのような方針をとらなかったわけでは決してなかった。もしその当時アイゼンハワー将軍が自問自答したとしたら，有毒ガスは決して使用すべからざるものということではなく，少なくとも弾丸とは別物であるということ，そしてその使用決定は新たな戦略上の問題になるということを確信していただろう。そして 10 年後に，アイゼンハワーは，この自問自答における論理展開を思い起こすことになっていたかもしれない。有毒ガスについては欧州戦線での使用を考えていなかったのは明らかだったのに，核兵器については実際に使用すべくダレスを促した――不本意ながらではあると思うが――のかもしれないのだ。

　戦争においてこのようなオール・オア・ナッシングの性質を持つものは他にもある。介入者の帰属国というのはその 1 つである。朝鮮戦争において中国は，軍事介入の時が訪れるまで明確な介入を行わなかった。一方，米国の軍事支援要員は，戦闘と解釈されうることに関与していると見られないように，細心の注意を払う。米国は，ディエンビエンフーの戦いにおいてインドシナへの介入を検討したが，地上からの介入ではなく，空から，しかも爆撃ほど「介入」と見なされることはないと考えられる航空偵察による介入だった。また，武器供与は兵力支援より介入の度合いが小さいという考え方が一般的である。米国は，イスラエルに武器を供与し戦時下にあってさえ弾薬を供給しているが，歩兵部隊の 1 個中隊を派遣するほうが，50 億ドル相当の燃料・弾薬・部品よりも大きな介入であると見なされるだろう。

　以上私が縷々述べたのは，根強く存続し繰り返し現れる知覚的で象徴的な現象があるということ，そしてそれが核にまつわる現象の解明に資するということを示すためである。そして私は，この知覚される制約や抑制がいかに文化の壁を越えるのかという驚くべき事実を見出した。朝鮮戦争において米国は，中国の参戦後も中国の航空基地を決して爆撃しなかった。一方，中国は，航空機は北朝鮮から出撃するという「ルール」を定め，それにしたがって満州から発進した航空機をいったん北朝鮮の滑走路にタッチダウンさせた後に米軍攻撃に向かわせたのだった。このことによって，国家の領土が介入者の帰属国のよう

になっていることに気づかされる。地上からであれ空からであれ、鴨緑江（中朝国境）の越境には質的な不連続性が伴うのだ。仮に北朝鮮全域を制圧できていたとしても、マッカーサー将軍は、「ほんの少し」なんだから問題なかろうと、ほんの少し中国本土に侵攻する考えを提起することさえできなかっただろう。

それでもなお、このような質的にオール・オア・ナッシングという敷居は、それを毀損しようとする行為に対してしばしば脆弱である。タブーなど存在しないことを望むダレスのような人間は、価値あるタブーなら無視しようとするかもしれないが、さしたる価値がないなら、タブーの壁を越えることが本当に困難になるときのことを予期してそのタブーを根絶するためにその才覚を使うかもしれない。ディエンビエンフー防衛で核爆弾を使用する可能性が議論された際、ダレスと統合参謀本部議長のラドフォード（Radford）海軍大将が、ディエンビエンフーのインドシナ半島における局地的な価値のみならず、「原爆の使用を国際的に容認させる」という両人が共有する目標の価値をも念頭においていたということを、バンディーは示唆している。

核兵器に対する嫌悪感──憎悪と言っても過言ではない──は、おそらく次第に強められ、十分に検討されないばかりか意識さえされずに軍事ドクトリンに組み込まれていくことだろう。ケネディー政権は、核兵器は絶対に使用されるべきではないし、欧州で戦争が起きても核兵器はおそらく使用されないだろうという前提に立って、通常戦力による欧州防衛の積極的な推進に着手した。1960年代を通じてソ連は、公式的には欧州における非核戦争勃発の可能性を否定していたが、欧州における非核戦争遂行能力の向上──とくに、通常爆弾を運搬できる航空機──に巨額を投じた。この高価な軍事力は、核が使用されるに至ったいかなる戦争においても、まったく無用の長物になっていただろう。このことは、双方が非核戦争遂行能力を有しているであろうこと、そして非核戦争遂行能力を有することによって戦争の非核化が維持されるのに双方の利害があることにソ連が暗黙のうちに同意していたことを反映していた。

軍備管理は、多くの場合、兵器の保有・展開の制限と同一視されているため、こうした非核戦力への投資における相互作用というものが、正式承認されずとも相互返報的に軍備管理が行われている顕著な例になっているということが見過ごされている。ここに言う軍備管理とは、単なる核兵器使用における潜在的な抑制でなく、非核戦闘を遂行する能力を国家に付与する兵器体系への投資である。このことによってわれわれは、「核の先行使用」の抑制というもの

は宣言せずとも強力なのだろうということに気づかされる。たとえ一方の側が自ら抑制していることを認めるのを拒否している状況であってもそうなのである。

　弾道弾迎撃ミサイル制限条約という例外がありうることを除けば，欧州におけるこの通常兵器の増強は，ソ連崩壊に至るまでの東西間における，軍備にかかわるもっとも重要な認識の一致であった。それは，曖昧なものであり，両国は否定したかもしれないが，まぎれもなく軍備管理だったのであり，核戦争を回避するという利害において，巨額の財源と人力を通常戦力に投じることを義務付けた条約にあたかも両国が署名したかのごとくの真実味があったのだ。こうした核兵器使用の抑制への投資は，象徴的だったのみならず現実的でもあったのだ。

　ソ連がこうした核への禁忌を身につけていたことは，長期に及んだアフガニスタンとの戦争において劇的に示された。アフガニスタンにおける手痛く屈辱的な敗北を回避するためにソ連が核不使用の伝統を破ったかもしれない可能性について書かれた本や巷の議論を読んだり耳にしたりしたことはない。核兵器使用への禁忌は，世界の共通認識——確信をもって共有された姿勢——だったのであり，仮にアフガニスタンで核が使用されたならほぼ世界中がソ連を強く非難しただろう。だが，そもそもそのようなことは考えられさえしなかったのだ。

　こうしたことの一因は，ジョンソン大統領が述べた19年に及ぶ核不使用の期間が40年そして50年へと延びていったこと，そして，この破られることのない伝統がわれわれの共通財産であると責任ある立場にいる誰しもが気づいたことにあるのかもしれない。であるとすればわれわれは，仮にこの伝統がもし一度でも破られていたとしても自ずと修復されていたのかどうか自問してみなければならない。中国が朝鮮半島で猛攻に出ている時にトルーマンが核を使用していたら，1964年にジョンソンがそうだったように，ニクソンは1970年の時点で19年に及ぶ核不使用に心を強く動かされていただろうか。ヴェトナム戦争においてニクソンが核兵器を使用していたとしたら——控えめな使用だったとしても——，ソ連はアフガニスタンで，サッチャーはフォークランドで，核使用を控えていただろうか。ニクソンが1969年か70年に核兵器を使用していたとしたら，イスラエルは1973年にスエズ運河北部のエジプト軍海岸堡に対して核兵器を使用する誘惑に打ち勝っていただろうか。

　その答えはもちろん知る由もないが，広島と長崎の戦慄が繰り返され，さら

に悲惨な惨禍がもたらされていた可能性は考えられる。他にも，長い沈黙が破られ，核兵器が軍事的に効果的な手段として浮上していた可能性もあっただろう。とくに，核を保有しない相手に対して一方的に使用された場合には，広島に原爆を投下した際に誰ぞやが考えたように，彼我双方の戦争犠牲者を減らすことができたとして賛美されたかもしれない。そのいずれであったのかは，核兵器が軍事目標に限定されたか，それとも「防御的」な流儀を誇示するために使用されたかということに大きく影響されていたかもしれない。

　1991年の湾岸戦争の際に米国は核兵器使用の誘惑から免れた。イラクは「非通常兵器」である化学兵器を保持しており，使用するつもりでいたとされていたが，もし化学兵器が米軍部隊に対して用いられ圧倒的な効果をもたらしていたとしたら，これに対して米国が適切に反応する中で，核兵器使用の問題が浮上していただろう。そのような状況において，大統領が通常戦をエスカレートさせることが必要であると見なしたなら，戦場での核使用が軍事的選択肢になっていたことは間違いない。陸海空軍は核兵器を使用するために装備し訓練しているのであり，気象・地形がその効果に及ぼす影響もよくわかっている。軍人は，伝統的に有毒ガスに対する嫌悪があるため，使用法をもっともよくわかっている非通常兵器で対抗する誘惑を強く感じることになっていたであろう。もしその誘惑に負けたとしたら，その時点での危険に満ちた45年間の伝統は終わっていただろう。だがわれわれはいま，大統領がそのような「最高レベルの政治決断」を行わないよう願うことができる。ただし，どんな大統領も最高レベルの政治決断を行っているのだと自認するであろうことは間違いないだろうが。

　私は，核兵器の現在の位置付けとそこに至るまでの経緯に大きな注意を払ってきた。核兵器の位置付けの進化が核兵器そのものの進化と同じくらい重要であると考えるからだ。不拡散の努力は，核兵器の開発・製造・配備に向けられてきたが，ほとんどの政府が予期した以上の成功を収めてきた。だが，これまで積み上げられてきた核使用を禁忌する伝統の重みこそ，何よりも感慨深いものだし，何よりも価値があると私は考える。われわれは，これまで核兵器を製造・配備する国家の数を制限することに不拡散の努力を傾注してきたが，核使用への禁忌を世界中が共有することにその努力を傾注することもできるのだ。この禁忌を維持するとともに，そのノウハウをわれわれが有しているのであれば，現在この禁忌を共有していない文化圏や地域にそれを拡大することこそがわれわれの核政策における喫緊の課題なのである。

ここに，著名な物理学者であるワインバーグ（Alvin M. Weinberg）が広島・長崎への原爆投下40周年に際してアトミック・サイエンティスト誌に寄稿した論文の一節を引用したい。ワインバーグは，日本への原爆投下が日米双方の人命を救ったのだということをつねに信じてきたとした上で，広島（長崎ではなく）が人類の運命を左右することになったと考える理由について以下のように述べている。「広島が次第に神格化される，つまり，広島での出来事が大いなる神秘性を帯びるようになり，最終的には聖書の中での出来事と同じような宗教的な力を持つようになっていくのを，いまわれわれは目の当たりにしているのではないだろうか。私はそのことを証明できないが，広島への原爆投下40周年に際して，膨大な関心が呼び覚まされ，大規模なデモが生起し，広くメディアに取り上げられたことは，主要な宗教の祝日になぞらえることができよう……かかる広島の神格化は核時代におけるもっとも希望を持てる展開の1つである」と。

　ワインバーグが上品に語った核兵器を嫌う本能というものが「西側」文化圏にのみ存在するのかどうかはきわめて重大な問題である。核兵器にかかわる一連の姿勢や期待というものは，先進国の人々やエリート層の間に，より顕著に浸透していると私は考えているが，北朝鮮やイランなどの国は将来核を使用するかもしれないと見られていることが物語っているように，そうした国がこの伝統をしっかり継承することには確証が持てない。だが，そうした国と同じように，ソ連の指導者がこうした伝統を継承したり共に培っていこうとしていたようには見えなかったことは安心材料である。1950〜60年代においては，ソ連が核兵器は存在しないかのごとく振る舞いつつ戦争を遂行して敗北する（1980年代のアフガニスタンではそうだった）などということは，多くの者にとって思いもよらぬことだったであろう。

　ソ連がアフガニスタンでそのように振る舞い，血なまぐさかったが核兵器は使用されることのなかった戦争の記録が歴史に加えられたことに対して，われわれは感謝してもよい。ワインバーグが言及した広島への思い，ダレスが分かち合わなかった国民の反核感情，ジョンソン大統領が抱いた危険に満ちた40年間への畏怖といったものをソ連の指導者が感じることはないだろうと，40年前のわれわれだったら考えていたかもしれない。われわれを脅かす核拡散が始まっている地域にまで核に対する西側の姿勢が及んでいるかどうかを推測する上で，ソ連と西側におけるこのようなイデオロギーの類似性は心強い出発点になる。

あとがき

　ここで，インドとパキスタンの指導者がいまや両国が保持する核兵器を十分に畏怖しているだろうかという疑問がにわかに沸いてくる。われわれに心強いと思わせるシナリオが2つある。1つは，私が議論してきた禁忌を彼らも共有する——タブーを尊重する——ことである。もう1つは，米ソがそうだったように，核による報復の可能性がゆえにいかなる核戦争であっても勃発することがほぼ考えがたくなるということである。

　私が議論してきた核が使用されなかった実例は，すべて核兵器を保持しない相手に対して核使用を思いとどまった場合のことであった。だが，米ソが核使用を思いとどまったのにはこれとは異なる誘因がある。つまり，核による報復の可能性がゆえに，想像しうる最悪の軍事的な緊急事態にある場合を除いてはどんなことであっても始めるのは賢明ではないと思われたし，そうした緊急事態であってもそのような誘惑に駆られることはなかったということだ。おそらく印パ両国は，米ソ対立の経験に鑑みて，核兵器を用いた何らかの限定的な試みを招くような類の軍事的な緊急事態にどちらかが直面することがもっとも大きなリスクであるという印象を強く持っているだろう。その次に何が起こるかを語る歴史をわれわれも彼らも持ち合わせていないのだ。

　最近，イランと北朝鮮が少数の核爆弾を将来保有する，あるいはすでに保有している可能性が懸念されている（リビアは核開発競争から撤退したと見られる）。核兵器の保有を断念させる，あるいはその意図を挫くためには，老練な外交手腕と国際協力を必要とする。一方，核兵器使用の禁忌に対する期待や禁忌を担保する制度を創出したり促進したりするためには，同様の，いやそれ以上の老練さが求められるのである。

　ジョンソンが語った19年は，いまや60年にまで延びた。アイゼンハワーが軽視したとみられる——あるいは軽視したふりをしたのかもしれない——タブーは，その10年後にはジョンソンを畏怖させ，いまやほぼ世界中が認知する確固たる伝統となった。

　次に核兵器を保持するのは，おそらくイランと北朝鮮であり，場合によってはいくつかのテロ組織がそうするかもしれない。いまやほぼ世界中に行きわたっている核使用の禁忌を彼らは受け入れるだろうか。あるいは少なくとも，タブーが広く賞賛されていることを認識するがゆえに核兵器使用を控えることになるだろうか。

　その答えは，米国がこうした禁忌をどう認識するかどうかにもかかってい

291

る。とくに、それを、慈しみ、育て、そして守り抜くべき財産として認識するか、それとも、アイゼンハワー政権におけるダレスのように「何とかして核兵器使用にまつわるタブーを取り除かなければならない」と考えるかが大きい。

最近、「抑止」は過去のものになり、いまや米国の安全保障において大した役割を果たしていないという議論をよく耳にする。抑止すべきソ連はもはや存在しないし、ロシアにとっては米国よりチェチェンのほうが気がかりだ。中国は、フルシチョフがベルリンでそうだったほど、台湾に軍事的リスクをかけることに関心を持っているようには見られない。テロリストにいたっては、われわれが脅しをかける対象になるであろう彼らの価値というものが何なのかわからないばかりか、そもそも相手が誰でどこにいるのかすらわからないのだから、いずれにしても抑止できない。

だが私は、抑止があらためて尊重されるようになると予期している。すべての外交努力や経済制裁にもかかわらずイランが少数の核兵器を保持するに至れば、おそらくわれわれは、抑止する側ではなく抑止される側がどのようなものなのかということにあらためて気づかされることになるだろう（1956年のハンガリー動乱と1968年のプラハの春においては、抑止されたのはわれわれ——当時はNATO——の側だったと私は考えている）。文民であれ軍人であれイランの指導者が抑止という観点から考えることを学んでいないのなら、彼らがそれを学ぶことがきわめて重要であるとも私は考えている。

イランは、少しばかりの核弾頭で、自らの体制を崩壊させること以外に何ができようか。核兵器というものは、誰かに与えたり売ったりするには、あるいは温存することで米露やその他の国々の軍事行動を躊躇させることができるのに人を殺傷することで無駄に使ってしまうには、あまりにもかけがえのない貴重なものである。1945年8月以降、核兵器が効果的かつ成功裏に用いられたとすれば、戦場の攻撃目標や人口目標に対してではなく、影響力として用いられたのである。

テロリストに関してはどうだろう。いかなるテロ組織も、爆弾を作れるだけの核物質を手に入れたとしても、高い適格性を持つ多くの科学者・技術者・機械工を必要とする。その者らは、何カ月も家族から引き離され隔離されて作業に従事し、そこで話すことと言えば原爆が誰のためにどう役に立つのかといったことくらいだろう。おそらく彼らは、その貢献に見合うよう、爆弾の使用にかかわる意思決定に何がしかの参画をしてしかるべきだと感じることだろう（1950年の英国議会もそうだった。原爆開発のパートナーとして、朝鮮戦争における

あとがき

原爆使用についてトルーマンに物申す権利が英国にはあると考えたのだ)。

テロリストたちは，数週間にわたる議論のすえ，テロの観点からしても核爆弾のもっとも効果的な使い方は影響力として用いることであるとの結論に至る——私はそう願う——。テロ組織は，使える核兵器を保持することによって，しかもそれを誇示することができるなら——実際に爆発させなくても誇示することはできよう——，国家としての地位のようなものを帯びることになる。テロリストは，単なる破壊行動に出て爆弾を使い果たすよりも，軍事目標に対して使用するとの脅しをかけ，もし脅しが効いたなら何もしないままでいるほうをおそらくよしとするだろう。テロリストは，多くの人間を殺すよりも主要国を縛り付けておくことで満足するとさえ考えるかもしれない。

核弾頭の保管には，事故，過誤による損傷，破壊工作，あるいは『博士の異常な愛情』のような予期せぬ出来事が生起しないための特段の安全措置が必要である。米国は，そのことを学ぶのに時間を要したが，最終的（1961年）には学んだ。核兵器不拡散条約に違反した国に核弾頭の安全な保管のための技術を提供するべきか，それともそうせずに核兵器を無防備のままにさせておくか，ジレンマはつねにつきまとう。少なくともわれわれは，新たな核クラブ会員に対して，核兵器国になった当初の15年間において米国がよく理解していなかったこと，そして核兵器の保管にはもっとも信頼できる技術者が必要であるということをわからせるために手助けしてみることはできる。

1999年に米上院が退けた包括的核実験禁止条約（CTBT）について，核兵器に対する世界的な嫌悪感を促進する潜在力があるという以上に説得力のある議論があるとは私には思えない。核実験を名目的に禁じただけのCTBTに200カ国近くが批准しているということには象徴的な意味がある。CTBTは，核兵器は使用されるべきでないし核兵器を使用するいかなる国も広島が残した遺産の冒瀆者と見なされるという慣習に，大きな意味を付加しているはずなのだ。だが，CTBTに賛成する議論においても反対する議論においても，このような観点から論じられているのを聞いたことがない。この条約が再度上院に上程されたときには，この潜在的な利益が見過ごされるべきではなく，そうでないことを私は願っている。

米国政府にとってもっとも重大な核兵器にかかわる疑問は，広く浸透した核兵器にまつわるタブーと核兵器使用の禁忌というものが，はたして米国にとって好ましいことなのか，それともそうでないのかということである。もしこの禁忌が米国の益にかなうなら——それは明白なことと私は考えている——，核

293

兵器に依存し続けることを喧伝する，つまり，敵に対して核を使用することは論外として，米国における核兵器使用の即応態勢や新たな核能力（および新たな核実験）の必要性を主張し続けることで得られることと，それによって60年にわたる世界的な抑制を通じて培われてきたほぼ世界中に浸透する核兵器に対する姿勢が毀損されるという悪影響とを，慎重に比較検討すべきなのである。

訳者あとがき

本書『軍備と影響力——核兵器と駆け引きの論理』は，Thomas C. Schelling, *Arms and Influence: With a New Preface and Afterword*（New Haven, Yale University Press, 2008）の全訳である。これは 1966 年に刊行された初版全文に加え，新たな序文と著者のノーベル賞受賞を記念して行われた講演録が収録されたものである。

シェリングは，2005 年にノーベル経済学賞を受賞した現代の知的巨人である（2016 年に逝去）。ノーベル賞は，「ゲーム理論の分析を通じて対立と協力の理解を深めた」功績を称えて贈られたものであり，「繰り返しのゲーム理論」で知られるオーマン（Robert Aumann）との共同受賞であった。シェリングは 1930 年代の世界恐慌に触発されて経済学を志すようになったが，その関心は次第に第三次世界大戦をいかに防ぐかに移っていき，『紛争の戦略（*The Strategy of Conflict*)』を出版した 1960 年から本書（初版）を出版した 1966 年の間は，その関心のほぼすべてが核の駆け引きに向けられるようになっていた。

シェリングの活動や業績は学術界にとどまらない。シェリングは，米政府の実務者や助言者としての豊富な経験と確かな実績を有しており，カリフォルニア大学バークレー校を卒業した 1944 年からイェール大学の教員になる 1953 年までの間，マーシャルプランに関与したり，ホワイトハウスに勤務するなどしていたし，大学教員となってからも，50 年代後半から 60 年代にかけてランド研究所で政策を提言したり，政権への助言を行ったりした。とくに，ケネディー政権においては，核政策に関する数多くの政府委員会で議長を務め，ホットラインの導入や ABM 制限条約（Anti-Ballistic Missile Treaty，戦略弾道ミサイルを迎撃するミサイル・システムの開発・配備を厳しく制限する米ソ間の取決め）の締結に寄与するなど，米国の核政策に顕著な貢献をしている。

本書の初版が出版された 1966 年は，冷戦の真っただ中にあって，「相互確証破壊（MAD: Mutual Assured Destruction)」が米国の核戦略の中核に据えられた時期であった。相互確証破壊とは，米ソが互いを破壊する能力こそが双方に

戦略核戦争を避けようとする現実に可能なもっとも強い動機を与え，そうした戦争の生起しにくい状態が「戦略的安定」をもたらすという考え方である。本書は，そうした考え方に根拠を与え，冷戦期の米ソ間の戦略的安定の維持に大きく貢献したのである。このような観点から，米国の核戦略の変遷を簡単に振り返っておきたい。

　米国は，核戦力においてソ連を圧倒していたアイゼンハワー政権時代には，「大量報復（Massive Retaliation）戦略」，つまりソ連の挑発行動に対してソ連本土に対する大規模な核攻撃をもって応じる意思を示すことによってそのような挑発を思いとどまらせようとした。しかしながら，1950年代後半にはその優位性が次第に失われていき，ケネディー政権は当初，大量報復戦略の下では東側からの重大な侵害に対して「自殺か降伏か」の選択を迫られかねないと考え，挑発の程度に見合う水準の軍事力の発動を企図する「柔軟反応（Flexible Response）戦略」によって挑発を抑止しようとした。非核侵攻には非核戦力で応じることを基本としつつ，戦略核が使用される事態になっても，「都市回避（City-Avoidance）」戦略，つまりソ連から核攻撃を受けても少なくとも当初は都市や産業施設に対する報復を控え，戦略核を初めとする軍事標的にのみ反撃を加える選択肢を保持しようとしたのである。ところが，ソ連は都市回避戦略を第一撃（対兵力先制攻撃）能力の達成を狙ったものと解釈し，これに激しく反発した。こうしたことから都市回避戦略に代わって，核戦争が勃発した場合に未使用のソ連戦略核の破砕や戦略防衛によって米国の都市や産業施設にもたらされる被害を局限しようとする「損害限定（Damage Limitation）」戦略が前面に出されるようになったが，いずれにせよ，ソ連核戦力を標的とする対兵力打撃が依然として強調されていた。

　しかしながら，1960年代後半，ソ連の戦略核が本格的に展開されるようになると損害限定が現実性を失ったと見られるに至り，次第に「確証破壊」戦略に傾斜していった。これは，敵からいかなる形の先制攻撃を受けた場合も報復攻撃によって敵に耐えがたい損害を確実に与える能力を保持することでソ連の先制攻撃を抑止することを狙いとする戦略であり，ソ連に付与すべき耐えがたい損害の基準として，人口の5分の1から3分の1，産業の2分の1から3分の2が設定された。そして，米国のみならずソ連も確証破壊戦力を保持する「相互確証破壊」状況の成立が不可避であるだけでなく，米ソ間の核戦争を防止する観点からはそれが望ましいものとして是認されるようになっていったのである。そうした経緯を経て，1972年にはABM制限条約，およびICBM（大

陸間弾道ミサイル）を残存性の高い SLBM（潜水艦発射弾道ミサイル）に代替することを容認した第一次戦略兵器制限条約（SALT-I）が調印された。その後，ニクソン政権における「シュレジンジャー・ドクトリン（Schlesinger Doctrine）」やカーター政権における「相殺戦略（Countervailing Strategy）」によって，対兵力打撃の能力を積極的に位置づける方向へ修正されていったが，あくまでも「相互確証破壊」状況の維持は米国核戦略の根幹にあり続けた（レーガン大統領が打ち出した戦略防衛構想〔SDI: Strategic Defense Initiative〕は，弾道ミサイル防衛によって核兵器を無力化するという構想であったが，実現を見ることなく冷戦は終結した）。

　冷戦後，米国は核の役割の見直しを行ってきているが，中でも 2002 年 1 月のブッシュ政権による核態勢の見直し（NPR: Nulcear Posture Review）は，核使用の敷居を下げるもので，核搭載の地中貫通爆弾で北朝鮮の核施設に予防攻撃をする意図が読み取れるものだった。一方，2008 年には，キッシンジャー元国務長官らが連名でウォール・ストリート・ジャーナルに掲載した『核兵器のない世界へ』と題された論評が掲載されたが，そこには「核抑止には相互確証破壊（MAD）が必要だと解釈するのは，……今日の世界において，時代遅れの政策である」といった記述があった（論評への賛同者には，マクナマラ元国防長官など歴代政権の名だたる閣僚や著名な学者が名を連ねていたが，シェリングの名はなかった）。2009 年には「プラハ演説」において核なき世界追求への決意を明言したオバマ大統領がノーベル賞を受賞，同政権が策定した NPR には「核兵器の役割縮小」が明記された。しかしその後，核廃絶に向けての進展は見られておらず，トランプ政権が策定した NPR においては，ロシア，中国，北朝鮮，イランを核の脅威のある国家として列挙しつつ核兵器の役割を再評価し，核抑止力の強化にかじを切っている。こうした現下の核兵器をめぐる状況において，シェリングの本質的な議論はまったく色褪せていないし，これからもそうであろう。

　本書は，初版刊行の 6 年前に発刊された『紛争の戦略』をはじめとするシェリングのそれまでの研究を発展的に統合したものであり，核の駆け引きについての自らの研究の結実である。

　『紛争の戦略』は，ゲーム理論の概念や枠組みを用いて，戦略的意思決定に関するさまざまな問題を解き明かした名著である。シェリングは，ゲーム理論を「お互いにとっての適切な選択が相手の選択に依存する状況において，何を

なすべきかをどのように決定するかについての論理」であるとした上で，自身を「ゲーム理論家」ではなく「ゲーム理論をときおり使う社会科学者にすぎない」と評しつつも，『紛争の戦略』では，核抑止，限定戦争，奇襲攻撃といった生々しい国際政治上の問題を，ゲーム理論の主な手法である数学的シンボルを多用して分析している。一方，本書においては，数学的シンボルを用いる手法はなりを潜め，シナリオ分析的なアプローチが主体となっているが，そのほぼすべての理論的基盤が『紛争の戦略』に敷衍されていると考えてよいだろう。

　ゲーム理論は，プレイヤーの合理性（rationality），つまりプレイヤーが自己利得の最大化を追求することを前提としている。ところが，ほとんどのゲーム理論家は，現実世界において人間がつねに合理的に振る舞うとは考えておらず，現実世界におけるゲーム理論適用の限界を認識している。シェリング自身，本書初版の序文で「本書は政策の書ではない」「原則から直接政策が導かれるのは稀である」と述べている。しかしながら，まず合理性を措定することではじめて理論を構築したり原理的側面を認識したりすることが可能となるのであり，それを出発点として現実世界の分析を進めていくことができるのである。現実の国際問題を分析する上でもゲーム理論を用いることには大きな意義があるのであり，事実，『紛争の戦略』における精緻な理論的アプローチは本書の説得力を揺るぎなきものにしている。以上のことを認識したうえで，誤解を恐れずに言えば，『紛争の戦略』は理論に重きをおいた原理の書であり，本書は現実の政策に適用されるべき原則の書であると言えよう。

　精緻な理論的アプローチによって導かれる原理や原則は，しばしばわれわれの直観的な認識と相違する。これは自然科学においては常識的なことであり，たとえば，相対性理論によれば時間の進み方は一定ではないし，不確定性原理においては素粒子が粒子性と波動性という古典物理学では同時に成立しえない性質を併せ持っている矛盾を「相補性」として受け入れている。核抑止のメカニズムを理論的に解明しようとするなら，シェリングの精緻な理論的アプローチから導かれる原理・原則――たとえば，主動性を放棄することで優位に立てる，不確実性を作為することで脅しの信憑性が獲得できる，大量殺戮兵器による攻撃態勢は防御的でありそれに対する防衛態勢は攻撃的である，そして，兵力を攻撃目標とするのではなく人命を大量に毀傷する残忍な攻撃態勢をとることで戦略的安定が維持される，といったこと――は，いかにわれわれの直観的な認識や道徳心に反していようとも冷徹に認識されるべきなのである。

訳者あとがき

　本書は，クラウゼヴィッツの『戦争論』と同じく時代を超えて読み継がれるべき永遠の名著であろう。

　『戦争論』と本書には多くの共通点がある。両書とも，戦争や紛争の本質（原理）を見極めたうえで現実に適用されるべき原則を明らかにしようとしていることである。これは実用書や政策書としての性格が強い類書とは決定的に異なる。たとえば，ジョミニ（Antoine H. Jomini）の『戦争概論』は，戦勝獲得のための実用書としてはむしろクラウゼヴィッツよりも優れていると評されることもあるが，戦争の本質を見極めようとした『戦争論』の時代を超えた価値は実用書としての価値とは異質なのであり，本書の価値についても同じことが言える（『戦争概論』や他の類書に価値がないと言っているわけではない）。両書とも多くの歴史上の事例に言及しているが，そこから経験則を導き出そうとしたり理論の真偽を証明しようとしているわけではない。シェリング自身「（本書で）私は歴史上の事例に言及するが，それは描写のためであって証拠事実として提示しているわけではない」と述べている。

　クラウゼヴィッツが論じた「観念上の戦争」──暴力と破壊が妨げられることのない純粋な形の戦争──と「現実の戦争」──政治の手段であるがゆえに抑制された戦争──という本質的な議論は，核時代においても大きな意味を持っている。核兵器がもたらす暴力と破壊の極致はクラウゼヴィッツの時代に想定できなかったであろうが，それを見越したような議論をクラウゼヴィッツは展開している。「……絶対戦争に近似するにつれて……戦争における諸般の出来事の連関はいよいよ緊密となり，最初の一歩を踏み出す際に，最後の一歩をすでに考慮することがますます必要になるのである」（『戦争論』篠田英雄訳，岩波文庫，下巻272頁）というクラウゼヴィッツの主張は，まさに核エスカレーションの議論そのものである。一方，クラウゼヴィッツは「戦争は政治におけるとは異なる手段をもってする政治の継続にほかならない」（同書，上巻58頁）としたが，核時代の戦争はもはや政治の合理的な継続ではなくなったのか。その答えは本書から読み解くことができるだろう。

　一方，『戦争論』で論じられている原則の多くがゼロサムゲームにおける戦勝獲得に適用されるべきものであるが，本書におけるそれは非ゼロサムゲームにおける共通の利益（核戦争の回避）のために適用されるべきものであるという違いを認識する必要がある。たとえば，クラウゼヴィッツが論じた「戦場の霧（fog of war）」つまり戦場（戦争）における不確定要素は，解消することは

299

できずとも克服すべきものと捉えられているが，シェリングには核抑止の信憑性を創出するために活用すべきものとして捉えられているといった違いだ。戦争や紛争の本質（原理）は不変だとしても，適用されるべき原則は現実世界の環境条件によって異なるのである。

　本書の出版後，シェリングの関心は，人種住み分けや中毒の理論など他の分野にも向けられるようになっていったのだが，現象の背後にある原理を解明しようとするシェリングの研究姿勢は一貫していた。こうした基本姿勢は「複雑系（Complex System）の科学」と軌を一にする。複雑系の科学とは「相互作用をしている多数の要素の集合で生じる現象」に共通する原理を解明しようとする学際的な研究分野であり，系をその構成要素に還元するミクロの視点ではなく，構成要素に還元すると失われてしまう系の性質（創発〔emergence〕特性）というマクロの視点で解明しようとする。1978 年に出版されたシェリングの名著『ミクロ動機とマクロ行動（*Micromotives and Macrobehavior*）』は，まさにそうしたアプローチをとっており，複雑系科学の進展にも大きな影響を及ぼしたと評されている。

　複雑系の科学の視点に立てば，国際システムは非線形な開放システムであり，一時的な停止状態（モラトリアム）はあったとしても平衡状態には到達しない動的平衡の状態にある。すなわち，環境との交換過程を通じてダイナミクスを展開し，その状態を変化させうるようなシステムであると考えられる。かかるダイナミクスはあらゆる複雑系に共通するものと考えられており，確率的なゆらぎの中で現出する系の構造がその後の系の構造を規定する情報となって複雑な構造が形成され，その複雑性を維持するだけの持続的なエネルギーの流れによって維持され蓄積されていくというメカニズムとして説明される。つまり複雑系の構造は，偶然の産物（一意ではなく確率的ゆらぎの中から選択されるという意味）が記憶として蓄積された結果生じたものと見ることができるのである。ジャーヴィス（Robert Jervis）は，ある時点でのシステムの状態はどのようにしてそうした状況に至ったかという経緯に依拠する現象——物理学でいう履歴現象（hysteresis）——が国際システムにおいてもみられることを豊富な例をあげて言及している（『複雑性と国際政治——相互連関と意図されざる結果（*System Effects: Complexity in Politicd and Social Life*）』荒木義修ほか訳，ブレーン出版）。複雑系科学の視点からすれば，フォーカル・ポイントとしての「核のタブー」も，ゲーム理論から演繹的に導かれる一意の最適解ではなく，複数

訳者あとがき

の可能世界の中から現出した世界の記憶——既成事実と言ってよいだろう——
によって形成されたものなのであり，そうした見方はシェリングのそれと軌を
一にする。そのようにして出現した核の不使用という状態——シェリングは
「広島の遺産」と評した——が，動的平衡にある国際システムにおける一時的
なモラトリアムであるとするなら，その状態が破られた時に出現する世界と過
去の世界との間にそれまで存在した連続性は断ち切られ，複数の可能世界——
人類の滅亡も含まれる——のうちのどれが出現するかは原理的に全く予測でき
なくなってしまうのだ。

　一方，系における記憶の蓄積は，たとえば生物系においては DNA という物
理的なメカニズムでなされるが，国際システムにおいてどのようなメカニズム
でなされるのかは解明されていない。法や規範や伝統，イデオロギー，民主主
義や人権などのシンボル・システムが物理的な記憶メカニズムのように確たる
ものであるのかどうかはわからない。原爆ドームという物理的な遺産は形とし
て残り続けるだろうが，シェリングのいう「広島の遺産」は脆いものなのかも
しれない。シェリングは，「核兵器使用に対する主たる抑制は，核兵器が使わ
れた途端に消滅するだろう」と述べている。いかなる理由であれ核を使用する
ということは「核のタブー」という人類の貴重な「伝統」を捨て去ることであ
り，それが何をもたらすのかは至当に認識されねばならない。

　最後に，本書の出版に際して大変なご尽力を頂いた勁草書房の上原正信氏を
はじめとする関係諸氏に対して，この場を借りて心より御礼申し上げたい。

2018 年 6 月
訳者

301

事項索引

ア 行

アラブ　21, 80, 147, 176, 255

アルジェリア　2, 14, 23, 65, 164, 170, 176, 194, 247

アルバニア　66

安定性　108, 231, 237-40, 242, 248, 250

イスラエル　1, 4, 143, 147, 150, 176, 238, 239, 255, 286, 288

痛めつける力　5, 10-16, 20, 28, 32, 36, 38, 39, 167

イタリア　73, 127, 238

イラク　54, 289

イラン　2-4, 43, 61, 158, 173, 260, 290-92, 297

インド　3, 6, 56-58, 65, 91, 122, 158, 173, 181, 184, 244, 284, 286, 287, 291

ヴェトナム　1-3, 64, 66, 79, 80, 83, 86-88, 136, 140, 141, 143-45, 147-50, 154, 155, 157, 162, 164, 167, 168, 170-73, 182-84, 194, 209, 288

エスカレーション　106, 115, 154, 156, 170, 284, 285, 299

越境追撃　61, 151, 165-67, 210

エルサレム　17, 27, 255

鴨緑江　59, 130, 132-34, 137, 139, 162, 287

オーストリア　20, 34, 216, 253

オープン・スカイ構想　227

カ 行

海岸線　133, 137, 139, 140, 159, 162

科学技術　38, 39, 97, 215, 217, 218, 227, 269

核実験禁止　67, 152, 259, 262, 293

核動力航空機　267（「爆撃機」も参照）

核の敷居　113, 164（「敷居」も参照）

過剰殺戮（過剰攻撃）　25, 30, 225

議会　26, 52, 55, 246, 257, 292

奇襲攻撃　15, 59, 79, 220, 221, 226, 238, 253, 298（「先制戦争」「動員」も参照）

北大西洋条約機構（NATO）　1, 6, 51, 57, 77, 86, 108, 112, 113, 178, 185, 230, 245, 247, 268, 282, 283, 292

軌道上兵器　232, 257, 258

究極の制限　155

キューバ　6, 44, 46, 47, 59, 62, 63, 65, 66, 68, 69, 72, 73, 79-81, 84-88, 90, 93, 96, 98-100, 108, 121, 122, 124, 160, 163, 172, 200, 219, 230, 235, 239, 244, 258, 261, 270, 272, 273, 283

境界　37, 52-54, 56, 72, 76, 77, 84, 95, 108, 130, 132, 133, 135, 137, 140, 148, 151, 160-62, 165-67, 175, 257, 260, 280, 284

共産中国　56-61, 64, 70, 86, 180, 182

強制　4, 7, 9, 10, 12-17, 20, 22-25, 29, 36-39, 73, 75, 78-80, 82-84, 89, 94, 95, 136, 140, 146, 147, 150, 164-73, 175-77, 181-84, 194, 195, 209, 210, 212, 229-31, 234, 242, 244, 247, 261, 271（「強要」も参照）

恐怖の均衡　26, 30

強要　4, 29, 66, 73-85, 87-89, 91-94, 102, 105-107, 139, 147, 169, 171, 172, 208, 247

ギリシャ　14, 28, 57, 65, 99, 175, 194, 254, 272

均衡　20, 26, 30, 88, 178, 210, 242, 251, 269, 270, 272, 273, 275（「優位」も参照）

金門島　44, 49, 56, 63, 67, 69-71, 77, 85, 86, 97, 108, 121, 282

「偶然に委ねられた脅し」　121

偶発戦争　223, 224, 240, 247

軍拡競争　224, 228, 248-50, 256, 259-62, 266, 268, 269, 271-74

軍縮　55, 224-27, 240-43, 245-50, 262-65, 267, 270, 271, 273（「軍備管理」も参照）

軍備管理　7, 189, 203, 205, 213, 240, 254, 256, 270, 272, 285, 287, 288（「軍縮」も参照）

警報　95-97, 99, 109, 112, 200, 210, 215, 221-27, 229-31, 239-41, 273（「動員」を参照）

警報システム　96, 210, 222, 227, 241

ゲリラ戦　31, 128, 175

原爆　25, 127, 128, 281, 287, 289, 290, 292, 293, 301

降伏　5, 6, 13, 18-20, 24, 25, 29, 30, 32, 36, 37, 78, 80, 89, 104, 119, 127, 128, 130, 161, 164, 169, 175, 179, 186, 189, 191, 197-99, 204, 206, 210-12, 242, 244, 296

合理性　7, 42, 45, 101, 179, 223, 247, 298

国際連盟　33

国防総省　4, 15, 49, 75, 189, 192, 265, 271, 275, 283

国連　1, 14, 37, 45, 59, 68, 125, 130, 258（「ジュネーヴ交渉」も参照）

誤警報　99, 200, 221-23, 225, 229, 230, 239, 240, 273

コミットメント　41, 45, 49, 53-61, 64-73, 76, 77, 80, 83, 84, 86, 96, 98-100, 102, 107, 125, 142, 157, 180, 189, 261, 265, 272（「信頼性」も参照）

コミュニケーション　96, 116, 253, 255-58, 263, 265, 274-76

サ　行

再軍備　223, 241-44, 246-49

サラミ戦術　71, 72, 81

示威行動　115, 229, 231, 232, 234

シェルター　219, 232-35, 255

仕掛け線　52, 72-75, 77, 85, 95, 101-103, 107, 108

敷居　52, 71, 72, 84, 95, 108, 113, 135, 150, 151, 153-58, 160, 162, 164, 185, 285, 287, 297

指揮・統制　112, 157, 206, 207, 225（「コミュニケーション」も参照）

自動性（自動的）　38, 45, 48, 52, 55, 73, 76, 84, 91-93, 104, 159, 161, 197, 201, 212, 239, 245, 248

ジュネーヴ議定書（1925年）　131

ジュネーヴ交渉　226, 253, 263, 270

首脳会議　136, 262

消極的防衛　232, 234, 274（「民間防衛」も参照）

シリア　4, 18, 150, 175

信頼性　7, 42, 48, 53, 55, 59, 66, 75, 78, 84, 91, 119, 184, 197, 227, 237, 245, 246, 251, 273

スイス　55, 83

スプートニク　225, 258, 259, 263, 267

制限戦争　27, 31, 37, 61-63, 105-10, 123, 130, 131, 135, 142, 145, 158, 160, 163, 164, 169, 172, 173, 180, 184, 186, 246, 274, 277（「ヴェトナム」「強要」「降伏」「朝鮮戦争」も参照）

脆弱性　63, 191, 202, 206, 219, 220, 225-29, 235, 238, 239, 261

積極的防衛　232, 234, 269, 274（「弾道ミサイル防衛」も参照）

瀬戸際政策　93, 94, 101, 113, 115, 121, 123, 163, 164, 172

事項索引

先制戦争　224, 242, 248
全面戦争　27-29, 31, 47, 51, 63, 98-100,
　108-14, 116, 131, 155-59, 163, 169, 180,
　181, 185, 186, 192, 200, 220, 221, 233,
　253, 256, 262, 274, 275, 277
戦略空軍　112, 225, 230, 261
戦略爆撃　24, 29, 130, 175, 176, 195, 226
前例　37, 72, 119, 131, 132, 135, 138, 140,
　142, 150, 152, 154, 155, 168, 172, 193,
　265

タ 行

第一撃能力　100, 189, 190, 238, 269
　（「先制戦争」も参照）
第一次大戦　23, 28, 32, 35, 215, 217, 229,
　261
第二次大戦　17, 23, 24, 26, 32, 33, 36, 97,
　127, 130, 131, 138, 237, 241, 248, 282,
　283, 285
大量報復　22, 50, 185, 191, 196, 197, 213,
　244, 276, 296
台湾　3, 54-56, 60, 65, 71, 77, 85, 155,
　181, 282, 284, 292
弾道ミサイル防衛　6, 232, 239, 258-60,
　264, 267, 268, 297
チェコスロバキア　64
チキンゲーム　118, 121-23, 125
朝鮮戦争　37, 58, 61, 72, 97, 130, 131,
　134, 136, 138, 150, 153, 155, 163, 164,
　167, 172, 173, 184, 209, 258, 268, 280,
　286, 292
懲罰　5, 12, 17, 21, 22, 24, 25, 30, 36, 39,
　68, 74, 75, 78-80, 83, 91, 110, 164, 165,
　167, 168, 170, 174-76, 178, 179, 195,
　244, 245（「痛めつける力」「復仇」も
　参照）
偵察　62, 106, 146, 151, 193, 203-205,
　219, 258, 286
停戦　5, 18, 28, 36, 108, 202, 203, 206,

　210, 243, 255, 281
テロ　2, 3, 5, 7, 14, 15, 24, 170, 172, 176,
　212, 291-93（「痛めつける力」「強制」
　も参照）
デンマーク　17, 20
ドイツ　13, 14, 24, 28, 29, 32, 36, 38, 42,
　44, 57, 71, 77, 99, 122, 127, 129, 138,
　175, 180, 200, 211, 216, 237, 244, 253,
　265, 271, 272
動員　35, 55, 215-17, 219, 220, 229, 231,
　232, 234-37, 239, 241, 243-46, 248-51,
　253, 261
同盟　18, 24, 42, 44, 49, 52, 57, 62, 64, 70,
　90, 99, 121, 122, 188, 195, 205, 208, 209,
　211, 212, 247, 255, 261, 266, 282
都市　1, 17, 18, 25-27, 29, 31-33, 53, 60,
　62, 63, 65, 70, 114, 124, 129, 135, 138,
　146, 152, 153, 160-63, 168, 173, 177,
　184-93, 196-99, 208, 213, 219, 220, 226,
　227, 232, 233, 239, 258, 260, 274, 296
トルコ　14, 86, 90, 99, 158, 194, 260
トンキン湾　7, 121, 144, 149, 150, 165

ナ 行

内戦　14, 35, 36, 217, 248
ナポレオン戦争　34, 35
日本　1, 24-27, 37, 89, 127, 128, 167, 191,
　290
ノルウェー　35, 55, 90, 145

ハ 行

パキスタン　3, 58, 61, 145, 146, 291
爆撃機　6, 62, 63, 158, 191, 197, 198, 200,
　202, 205, 219, 220, 226, 227, 229-31,
　247, 253, 263, 264
パレスチナ　14, 23, 164
ハンガリー　42, 57, 65, 69, 77, 78, 121,
　292

305

非合理的　11, 46, 47, 72, 177, 179, 180, 223, 263（「合理性」も参照）

人質　15, 22, 32, 80, 130, 186, 188, 190, 210, 212

広島　1, 22, 25, 279, 280, 288-90, 293, 301

フィードバック　253, 266, 276

フィンランド　57, 83

不確実性　72, 91, 95, 97-99, 101-105, 116, 118, 183, 213, 298（「偶発戦争」「瀬戸際政策」「チキンゲーム」も参照）

復仇　15, 22, 26, 54, 83, 129, 138, 140, 144, 145, 147, 150, 151, 153, 154, 159, 165-67, 169, 170, 173-75, 177-79, 204, 205, 210, 219, 244, 246

ブラフ　46, 101, 198, 206（「コミットメント」「信頼性」も参照）

フランス　7, 13, 14, 20, 29, 32, 35, 41, 45, 48, 55, 65, 73, 129, 180, 186, 211, 237, 253, 269, 272, 284

「分別の均衡」　251

平和的共存　272

ベルリン　44, 45, 52-54, 60, 67, 69, 73, 77, 89-93, 95, 97, 106, 117, 121, 122, 155, 172, 200, 262, 271, 272, 292

防空　112, 175, 201, 202, 210, 258, 264（「弾道ミサイル防衛」も参照）

報復　5, 15, 22, 26, 30, 38, 45, 46, 48, 50, 51, 55, 61, 63, 64, 86, 91, 99, 108, 110, 136, 145, 150, 153, 170, 171, 174, 178, 180, 182, 183, 185, 191, 196, 197, 199, 213, 219-22, 224-27, 238, 239, 241, 242, 244-47, 249, 261, 269, 276, 291, 296（「大量報復」「復仇」も参照）

ホットライン　239, 253-56, 272, 295

捕虜　5, 13, 14, 20, 31, 38, 81, 129, 130, 135, 138, 139, 142, 175, 186, 187, 210, 211

マ　行

ミサイル・ギャップ　258, 259, 261, 264-66, 268

ミサイル迎撃用ミサイル　232（「弾道ミサイル防衛」も参照）

民間防衛　112, 232, 233, 235, 262（「シェルター」も参照）

メキシコ　18, 38, 129

ヤ　行

優位　4, 36, 50, 54, 59, 74, 90, 105, 108, 116, 118, 121, 151, 158, 178, 228, 242, 243, 249, 258-61, 265, 269, 270, 273, 296, 298

ユーゴスラビア　57, 61, 66

U-2　81, 122, 136, 145, 146, 174, 200, 258, 262

予防戦争　79, 242, 247, 248, 261

予防展開　54, 57

ヨルダン　54

ラ　行

ラオス　145, 146, 151

リスク・テイキングの競い合い　94, 164

リスク・テイク競争　96, 99

劣勢　100, 190, 191, 269, 271, 272, 276（「優位」も参照）

レバノン　54, 57, 97

人名索引

ア 行

アーウィン（Erwin, Robert）　8
アイゼンハワー（Eisenhower, Dwight D.）
　1, 71, 136, 156, 261, 280-83, 285, 286,
　291, 292, 296
アチソン（Acheson, Dean）　51, 58
アトリー（Atlee, Clement）　280
アルキダモス（Archidamus）　187
アレクサンダー（Alexander）　17, 50
ウィルソン（Wilson, Charles）　282
ウェゲティウス（Vegetius）　50
ウェルマン（Wellman, Paul I.）　22
ウォナー（Warner, Rex）　21
ウォルステッター（Wohlstetter, Albert）
　46, 85, 228
ウォルステッター（Wohlstetter, Roberta）
　46, 85, 230
ウルフ（Wolfe, Thomas W.）　8, 276,
　277
オーウェン（Owen, Henry）　230
オーマン（Oman, C. W. C.）　83, 175
オーランスキー（Orlansky, Jesse）　8

カ 行

ガーソフ（Garthoff, R. L.）　277
カウフマン（Kaufmann, William W.）
　8, 160
カストロ（Castro, Fidel）　86
ガロア（Gallois, Pierre）　45
ガンディー（Gandhi）　47
キッシンジャー（Kissinger, Henry A.）
　8, 297

キング（King, James E., Jr.）　7
ギンズバーグ（Ginsburgh, Robert N.）
　8
クウェスター（Quester, George H.）　8,
　24, 26
クセノフォン（Xenophon）　20, 21, 50,
　254, 256
クノール（Knorr, Klaus）　174
クラークソン（Clarkson, Jesse D.）
　238
クライン（Klein, Burton H.）　175
クラウゼヴィッツ（Clausewitz, Karl von）
　217, 299
グロムイコ（Gromyko, Andrei）　253,
　254
ケチケメート（Kecskemeti, Paul）　128,
　129
ケネディー（Kennedy, John F.）　44-46,
　68, 69, 81, 87, 121, 122, 149, 255, 262,
　275, 281-83, 287, 295, 296
コクラン（Cochran, Thmas C.）　238
ゴリアテ（Goliath）　119, 143
コンラッド（Conrad, Joseph）　43

サ 行

シーザー（Caesar）　7, 18, 22, 174, 175,
　212, 256
シェリダン（Sheridan, General P. H.）
　22, 25
シェリング（Schelling, T. C.）　137, 228,
　295, 297-301
シャーマン（Sherman, General W. T.）
　23, 25, 32, 36
シュシュニック（Schuschnigg, Kurt）

307

19

シュレシンジャー（Schlesinger, Arthur M., Jr.）　149, 297

蒋介石　49, 54, 56, 70, 77

ジョンソン（Johnson, Lyndon B.）　1, 3, 87, 116, 134, 141, 148, 155, 255, 281-83, 288, 290, 291

シラード（Szilard, Leo）　173, 174

シンガー（Singer, J. David）　75

シングルタリー（Singletary, Otis A.）　18, 129

スキピオ（Scipio）　50

スコット（Scott, General Winfield）　18, 129

スナイダー（Snyder, Glenn H.）　83

スノー（Snow, C. P.）　279

セリンコート（Selincourt, Aubrey de）　18, 70

ソコロフスキー（Sokolovskii, V. D.）　260, 276, 277

孫子　50

タ　行

ダビデ（David）　119, 143

ダレス（Dulles, John Foster）　50, 51, 56, 69, 71, 86, 279, 281-83, 285-87, 290, 292

チェンバレン（Chamberlain, Neville）　223

チャーチル（Churchill, Winston S.）　16, 26, 35, 41, 115, 231, 265, 271, 272

チンギス・ハン（Genghis Khan）　13, 14

ディズレーリ（Disraeli）　231

ディナースタイン（Dinerstein, H. S.）　276

テイラー（Taylor, Maxwell D.）　157

トゥキディデス（Thucydides）　7, 142, 187

トーマス（Thomas, T. H.）　237

ドゴール（DeGaulle, Charles）　73

ドナヒュー（Donahue, Thomas C.）　8

トルーマン（Truman, Harry S.）　73, 280, 288, 293

トルテロット（Tourtellot, Arthur, B.）　98

ナ　行

ニクソン（Nixon, Richard）　3, 288, 297

ネルー（Nehru）　58

ハ　行

ハーター（Herter, Christian）　253, 254

バッセイ（Bussey, Donald S.）　8

ハリス（Harris, Seymour E.）　269

ハリマン（Harriman, W. Averell）　44, 45

ハルペリン（Halperin, Morton H.）　7, 8, 130, 151, 228

ハワード（Howard, Michael）　217, 236

ハンチントン（Huntington, Samuel P.）　269

バンディー（Bundy, McGeorge）　281, 282, 287

ハンドフォード（Handford, S. A.）　18

ピアジェ（Piaget, Jean）　147, 148

ヒッピアス（Hippias）　38

ヒトラー（Hitler）　19, 20, 24, 32, 35, 47, 89, 162

ファークツ（Vagts, Alfred）　231, 232

フィッシャー（Fisher, Roger）　8, 55

フィンケルシュタイン（Finkelstein, Lawrence S.）　8

プトレマイオス1世（Ptolemy）　50

フラー（Fuller, J. F. C.）　19, 23

フリードリッヒ（Friedrich, Carl J.）　269

308

ブルームフィールド（Bloomfield, Lincoln P.）　8, 248
フルシチョフ（Khrushchev, Nikita）　44-46, 52, 54, 85, 121, 122, 136, 145, 146, 149, 174, 258, 262, 292
ブロディー（Brodie, Bernard）　7, 24, 236
ペリクレス（Pericles）　196
ヘロドトス（Herodotus）　18, 38
ベントン（Benton, Senator, William）　258
ヘンリー5世（Henry V）　19
ボウイ（Bowie, Robert R.）　8
ホーグ（Hoag, Malcolm）　228
ポータル（Portal, Lord）　21, 80
ホーマー（Homer）　118
ホーリック（Horelick, Arnold）　85
ホワイティング（Whiting, Allen）　59

マ　行

マキシム（Maxim, Hudson）　237
マクナマラ（McNamara, Robert S.）　31-33, 46, 47, 63, 131, 152, 160, 163, 185-87, 275, 283, 297
マクノートン（McNaughton, John T.）　153, 189
メルマン（Melman, Seymour）　55
モード（Maude, Colonel F. M.）　217, 218, 223, 238
モサデク（Mossadegh）　43, 48
モントロス（Montross, Lynn）　13, 14, 17

ヤ　行

ヤディン（Yadin, Yigael）　143

ラ　行

ラーソン（Larson, David L.）　69
ラーナー（Lerner, Max）　25, 223, 247
ライト（Wright, Quincy）　34, 39
ラウズ（Rouse, W. H. D.）　118
ラスク（Rusk, Dean）　283
ラッセル（Russell, Bertrand）　117
ラドフォード（Radford）　287
リア王（King Lear）　78
リード（Read, Thornton）　174
リウィウス（Livy）　142
レイテス（Leites, Nathan）　8
レイナーズ（Reiners, Ludwig）　216
レヴィン（Levine, Robert A.）　8

ワ　行

ワインバーグ（Weinberg, Alvin M.）　290

著者紹介

トーマス・シェリング（Thomas C. Schelling）

1921 年米国カリフォルニア州生まれ，2016 年逝去。1944 年カリフォルニア大学バークレー校卒業。1951 年ハーヴァード大学で経済学 Ph. D を取得。イェール大学，ハーヴァード大学，メリーランド大学で教授を歴任。2005 年ノーベル経済学賞受賞。著書に *National Income Behavior*（McGraw-Hill, 1951）; *International Economics*（Allyn and Bacon, 1958）; *The Strategy of Conflict*（Harvard University Press, 1960）（河野勝監訳『紛争の戦略』勁草書房，2008 年）; *Strategy and Arms Control*（with Morton H. Halperin）（Twentieth Century Fund, 1961）; *Micromotives and Macrobehavior*（W. W. Norton and Co., 1978）（村井章子訳『ミクロ動機とマクロ行動』勁草書房，2016 年）ほか。

訳者紹介

斎藤　剛（さいとう つよし）

1962 年生まれ。元陸上自衛官（陸将補）。戦略・防衛学修士。防衛大学校卒業（応用物理学専攻）。インド国防幕僚大学および英国国防情報学校に留学。拓殖大学大学院博士後期課程単位取得退学（安全保障専攻）。
在インド日本国大使館防衛駐在官，イラク復興業務支援隊長，航空隊長，地方協力本部長，研究本部主任研究開発官などを歴任し 2017 年に退官。現在，佐川急便株式会社理事。訳書に S. セーガン＆ K. ウォルツ『核兵器の拡散——終わりなき論争』（川上高司監訳，勁草書房，2017 年），S. コーエン＆ S. ダスグプタ『インドの軍事力近代化』（原書房，2015 年）。

軍備と影響力
核兵器と駆け引きの論理

2018 年 7 月 20 日　第 1 版第 1 刷発行

著　者　トーマス・シェリング
訳　者　斎　藤　　　剛
　　　　　さい　とう　　つよし
発行者　井　村　寿　人

発行所　株式会社　勁　草　書　房
　　　　　　　　　けい　そう
112-0005 東京都文京区水道 2-1-1　振替 00150-2-175253
（編集）電話 03-3815-5277／FAX 03-3814-6968
（営業）電話 03-3814-6861／FAX 03-3814-6854
三秀舎・牧製本

Ⓒ SAITO Tsuyoshi 2018

ISBN978-4-326-30268-0　Printed in Japan

JCOPY ＜(社)出版者著作権管理機構　委託出版物＞
本書の無断複写は著作権法上での例外を除き禁じられています。
複写される場合は、そのつど事前に、(社)出版者著作権管理機構
（電話 03-3513-6969、FAX 03-3513-5979、e-mail: info@jcopy.or.jp）
の許諾を得てください。

＊落丁本・乱丁本はお取替いたします。
　　　　http://www.keisoshobo.co.jp

トーマス・シェリング　河野勝 監訳

紛争の戦略──ゲーム理論のエッセンス

　　ゲーム理論を学ぶうえでの必読文献。身近な問題から核戦略まで，戦略的
　　意思決定に関するさまざまな問題を解き明かす。　　　　　　3800 円

ケネス・ウォルツ　渡邉昭夫・岡垣知子 訳

人間・国家・戦争──国際政治の 3 つのイメージ

　　古来，あらゆる思想家が論じてきた戦争原因論を，人間，国家，国際シス
　　テムの 3 つに体系化し，深く，鋭く，描き出す。　　　　　　3200 円

ケネス・ウォルツ　河野勝・岡垣知子 訳

国際政治の理論

　　国際関係論におけるネオリアリズムの金字塔。政治家や国家体制ではなく
　　無政府状態とパワー分布から戦争原因を明らかにする。　　　　3800 円

S. セーガン＆ K. ウォルツ　川上高司 監訳　斎藤剛 訳

核兵器の拡散──終わりなき論争

　　核兵器の拡散は良いことなのか？　悪いことなのか？　二大巨頭がついに
　　激突。論争の火蓋が切って落とされる。　　　　　　　　　　3500 円

ジョン・ベイリスほか 編　石津朋之 監訳

戦略論──現代世界の軍事と戦争

　　戦争の原因や地政学，インテリジェンスなどの要点を解説する標準テキス
　　ト。キーポイント，問題，文献ガイドも充実。　　　　　　　2800 円

吉川直人・野口和彦 編

国際関係理論 [第 2 版]

　　リアリズムにコンストラクティズム，批判理論に方法論などわかりやすく
　　解説。やさしい用語解説と詳しい文献案内つき。　　　　　　3300 円

────────────────────────────── 勁草書房刊

────── ＊刊行状況と表示価格は，2018 年 7 月現在。消費税は含まれておりません。